黑龙江优秀学术著作出版资助项目

混沌振子接收机原理与实现

付永庆　刘春霞　李雅楠　肖易寒
于　蕾　李星渊　王艳伟　　　　　著

哈尔滨工程大学出版社
Harbin Engineering University Press

内容简介

本书详细介绍了一种新概念混沌振子接收机的构建原理与工程实现方法，所涉及的概念和技术与现有混沌通信技术截然不同。全书内容由混沌的基本理论、混沌振子模型及基于相空间轨迹映射的信号调制方法、混沌振子调制信号相空间区域分割检测法、混沌振子接收机的设计与实现四章组成。

本书既适合从事混沌通信领域研究的科技人员阅读，也可作为高等院校通信、信号处理等相关专业研究生的教材和参考书。

图书在版编目(CIP)数据

混沌振子接收机原理与实现/付永庆等著. —哈尔滨：
哈尔滨工程大学出版社,2021.1
ISBN 978 - 7 - 5661 - 2254 - 4

Ⅰ.①混…　Ⅱ.①付…　Ⅲ.①混沌 - 偶极天线 -
通信接收机 - 研究　Ⅳ.①TN914

中国版本图书馆 CIP 数据核字(2019)第 229508 号

选题策划　石　岭　丁　伟
责任编辑　张　昕　丁　伟
封面设计　博鑫设计

出版发行　哈尔滨工程大学出版社
社　　址　哈尔滨市南岗区南通大街 145 号
邮政编码　150001
发行电话　0451 - 82519328
传　　真　0451 - 82519699
经　　销　新华书店
印　　刷　哈尔滨市石桥印务有限公司
开　　本　787 mm×1 092 mm　1/16
印　　张　14.75
字　　数　388 千字
版　　次　2021 年 1 月第 1 版
印　　次　2021 年 1 月第 1 次印刷
定　　价　60.00 元
http://www.hrbeupress.com
E-mail:heupress@ hrbeu.edu.cn

前　　言

本书在我们获得的 4 项授权发明专利和 4 篇被美国《科学引文索引》(SCI)收录的论文的基础上撰写完成,是对我们自 2008 年起在国家自然科学基金的两项面上项目(项目编号:60772025,61172038)的支持下开展的混沌振子接收机理论与工程实现技术研究所获成果的工作总结。

我们撰写此书的目的是想把我们 8 年来在混沌振子接收机构建理论研究中取得的经验和心得同在混沌通信领域里辛勤耕耘的同行们分享,同时也希望为混沌通信理论的工程应用提供一个全新的观察与解决问题的手段和途径。

研究表明,混沌通信系统具有可与常规通信系统性能比肩的潜力,但受信道非完美因素(延迟、畸变、噪声)的影响,至今人们还未能找到实际性能接近常规通信系统的混沌通信系统结构。造成此问题的根源在于,现有的混沌通信技术都或多或少、直接或间接(隐含)地对收、发信机之间达成的理想混沌同步存在着某种依赖。因此,寻找无需混沌同步的混沌通信方法越来越受到人们的关注。

本书站在与现有混沌通信技术完全不同的角度,详细介绍了一种利用混沌振子相轨迹图像特征实现基带信息传送的混沌通信新方法。本书除详细介绍了运用混沌振子构建无线电接收机的原理外,还全部公开了我们在混沌振子接收机设计方面取得的专有技术和技巧。

全书内容共分为四章。第 1 章主要介绍了混沌的基本理论,混沌系统的频变敏感性和参数敏感性,典型混沌振子及其微弱信号检测应用,混沌通信技术的发展现状及面临的问题;第 2 章介绍了混沌振子模型及基于相空间轨迹映射的信号调制法,主要包括 Duffing 振子调制法、Hamilton 振子调制法、Jerk 振子调制法,以及射频调制技术等内容;第 3 章介绍了混沌振子调制信号相空间区域分割检测法,主要包括 Duffing 振子混沌调制信号解调法,Hamilton 振子混沌调制信号解调法,Jerk 振子混沌调制信号解调法,加性高斯噪声对混沌振子调制信号相轨迹区域边界的影响,接收机中的位同步问题,匹配滤波与基带信息恢复等内容;第 4 章详细介绍了 Duffing 振子检测 DPSK 信号的原理及同频 Duffing 振子阵列对DPSK 信号的检测性能分析,并在此基础上介绍了基于同频 Duffing 振子阵列的 Duffing 振子常规(非混沌)调制信号 DPSK 接收机的设计和实现,以及对该接收机的性能评价结果。

本书从理论分析、数学建模、计算机仿真和工程实现四个方面入手,以通俗易懂的语言,由浅入深、全面完整地阐述了混沌振子接收机的设计原理,同时也给出了混沌振子接收机的实测性能曲线和硬件实现电路。

本书自成系统,便于自学。适合混沌通信领域的科研人员和从事通信工程专业的技术人员阅读,也可作为高等院校通信与信息系统、信号与信息处理专业的研究生教材或参考书。

本书由哈尔滨工程大学付永庆教授统稿;由哈尔滨工程大学付永庆教授,黑龙江大学刘春霞副教授,哈尔滨工程大学博士生李雅楠、李星渊,哈尔滨工程大学硕士研究生王艳伟,哈尔滨工程大学肖易寒讲师、于蕾副教授共同完成。其中,付永庆教授、刘春霞副教授和博士研究生李雅楠执笔完成此书;哈尔滨工程大学博士研究生 Hany Amin 和硕士研究生王艳伟、陈利民为本书提供了部分理论分析、硬件实现电路和性能曲线的相关资料。此外,需要注明的是,本书第 2 章、第 3 章及第 4 章的部分内容引自博士研究生李雅楠的未答辩博士论文。最后,我们要对本书所引用的参考文献及学位论文的作者表示衷心的感谢。

由于作者水平有限,书中错误和不妥之处在所难免,恳请读者批评指正。

著　者

2019 年 6 月

目　　录

第1章 引　言

混沌是非线性动力学系统所具有的一种特殊运动形式,是介于确定性和随机性之间的一种伪随机现象,比有序更加常见,混沌现象广泛存在于自然现象和社会现象中。为便于讲述混沌振子接收机的原理,本章对有关混沌的基本概念、基本特征和用混沌理论检测微弱信号及实现通信的基本方法进行介绍;最后简要介绍了本书的主要内容和章节安排。

1.1　什么是混沌

混沌用以描述古人想象中天地未开辟以前宇宙模糊一团的状态,英文译为 chaos。在古代,虽然对混沌没有统一、严格的定义,但东方和西方都将混沌作为一种自然状态,一种演化形态,一种思维方式。而现在,随着非线性动力学研究的深入,"混沌"也逐渐发展成为一门新的学科和一个尚待深入研究开发且有着巨大影响潜力的新领域。

可是什么是混沌,去哪才能找到混沌呢? 只要你细心观察,其实混沌现象无处不在。每天出门前,人们最关心天气情况——是晴空万里,还是绵绵细雨? 是带着雨伞上班还是骑着自行车出游? 你可能会说:"这难不倒我,我可以看天气预报啊!"可是天气预报完全可信吗? 明明眼前已阴云密布、大雨倾盆,可是预报却显示天气晴朗。事实上,天气变化具有不可预见性,长期准确地进行天气预报根本就是不可能的。再比如,拥挤的道路上车辆时走时停;突发的交通事故会导致交通堵塞;城市中有的道路车水马龙,而有的道路人车稀少;商业区和人口密集的地方交通拥挤不堪,而非商业区和人口稀少的地方交通却宽松有余;一条道路上的交通流量存在着高峰期和低峰期,随时间不断地变化,尽管每天同一时刻交通流量具体的变化规律都有很大的不同,但都遵循着大致相同的变化规律;不同的人选择的交通方式也不同,而各种交通方式的交通流量却遵循着一定的变化规律。可能你想不到,这些看似平常的、每天发生在我们身边的事情,其实都是混沌现象。

实际上,大量自然现象都遵从非线性规律,在它们当中出现混沌现象也是很常见的,例如,天体问题、水龙头滴水的时间间隔、人的脑电信号、心脏搏动、流行病的发病率等问题。不仅如此,许多社会现象也遵从非线性规律,诸如人类社会的发展,人口或经济的增长,就业机会的变化,甚至股票行情的变化,这些都可表达为混沌问题。

混沌无处不在,但这也带来了问题,例如,在一些社会科学或经济领域中人们常常把一些看似十分复杂、一时难以把握的现象认为是混沌现象,其实它们并不具有严格的混沌特征,只是周期非常长,行为的规律一时还不清楚而已。为了对混沌现象进行深入研究,特别是搞清它的定性、定量特征,我们需要给出混沌的定义。

1.2　混沌的定义

混沌理论作为 20 世纪最重大的科学成就之一,引起了各个领域专家学者的重视,取得了很多成果。然而目前为止,混沌尚没有一个完备的普适性定义,但是综合各种不同的观点,可以对混沌做如下解释:混沌是一种具有数学表示的、确定的非线性系统,但其运动形式在一定的参数条件下呈现不可预测的随机现象,是一种既包含确定性、规则性、有序性,又包含不确定性、非规则性和无序性的现象。

在引入混沌的定义之前,我们先介绍一维离散动力学系统中著名的沙尔可夫斯基定理。1964 年,苏联科学家沙尔可夫斯基论证了一维映射 $x_{n+1} = f(x_n)$ 存在式(1.1)所示的自然数列:

$$\begin{cases} \text{第一排是从 3 开始的奇数:} & 3,\ 5,\ 7,\ 9,\ 11,\ 13,\ 15,\ \cdots \\ \text{第二排 = 第一排×2:} & 6,\ 10,\ 14,\ 18,\ 22,\ 26,\ 30,\ \cdots \\ \text{第三排 = 第一排×4:} & 12,\ 20,\ 28,\ 36,\ 44,\ 52,\ 60,\ \cdots \\ & \cdots \\ \text{最后一排 = 按 2 的幂方依次递减:} & \cdots,\ 64,\ 32,\ 16,\ 8,\ 4,\ 2,\ 1 \end{cases} \tag{1.1}$$

沙尔可夫斯基证明,如果该系统存在周期数为某数的解,那么这个系统一定有式(1.1)所示数列中排在这个数后面的那些数的周期解。若映射中有周期数为 3 的解,那么按照式(1.1),该系统就存在一切数目的周期解。1975 年,Li 和 Yorke 合写的文章[1](Period Three Implies Chaos)阐述的就是这个含义。这篇文章,首次引入"混沌"一词,并给出了其数学定义(Li – Yorke 混沌定义),它是目前公认的、影响较大的混沌的数学定义。Li – Yorke 混沌定义是从区间映射的角度出发对"混沌"进行定义的。

Li – Yorke 定理　设 $f(x)$ 是 $[a,b]$ 上的连续自映射,若 $f(x)$ 有 3 周期点,则对任何正整数 n,$f(x)$ 有 n 周期点。

Li – Yorke 混沌定义　对于一个闭合的区间 V,若 $V{\rightarrow}V$ 的连续自映射 $f(x)$ 满足如下条件,则称其为混沌:

①f 的周期点的周期无上界;

②存在着一个不可数的集合 U 为闭区间 V 上的子集,U 不含周期点,且满足:

a. 对于 $\forall x,y \in U(x \neq y)$,有 $\lim\limits_{n \to \infty} \sup |f^n(x) - f^n(y)| > 0$;

b. 对于 $\forall x,y \in U(x \neq y)$,有 $\lim\limits_{n \to \infty} \sup |f^n(x) - f^n(y)| = 0$;

c. 对于 $\forall x \in U$ 及 f 中的周期点 y,有 $\lim\limits_{n \to \infty} \sup |f^n(x) - f^n(y)| > 0$,式中,$f^n(x) = f(f(\cdots f(x)))$ 具有 n 重函数关系。

Li – Yorke 混沌定义用数学语言描述了混沌系统的特征,主要体现在以下三个方面:

①各个阶的运动都存在其各自的周期性轨道;

②如果特定集合中任何轨道都没有周期性变化的趋势,且均为混沌轨道,其中任意两轨道的运动轨迹并不是单一的,趋向远离的状态或者趋向接近,而是在两种方式之间跃变,则该集合存在不可数集合;

③系统内部的运动具有不稳定的轨道。

例如下列映射:

$$x_{n+1} = f(x_n) = \begin{cases} 3x_n, & 0 \leq x_n \leq \dfrac{1}{3} \\ \dfrac{17}{9} - \dfrac{8}{3}x_n, & \dfrac{1}{3} \leq x_n \leq \dfrac{2}{3} \\ \dfrac{1}{9}, & \dfrac{2}{3} \leq x_n \leq 1 \end{cases} \tag{1.2}$$

因为 $f\left(\dfrac{1}{9}\right) = \dfrac{1}{3}$，$f\left(\dfrac{1}{3}\right) = 1$，$f(1) = \dfrac{1}{9}$，所以 $x = \dfrac{1}{9}$ 是周期 3 点，按照 Li – Yorke 混沌定义，式(1.2)中有混沌。

混沌的定义方式有很多种，尽管逻辑上并不等价，但本质上是一致的。下面给出更为直观的 Devaney 定义[2]。Devaney 的混沌定义是另一种影响较广的混沌数学定义，它是从拓扑的角度出发进行定义的。

Devaney 定义 度量空间 V 上的映射 $f(x):V \to V$，若满足下列条件，则称 $f(x)$ 是混沌的:

①对初值的敏感依赖性，即存在 $\delta > 0$，对任意的 $\varepsilon > 0$ 和任意的 $x \in V$，在 x 的 ε 邻域 I 内存在 y 和自然数 n，使得 $d(f^n(x), f^n(y)) > \delta$；

②拓扑传递性，即对于 V 上的任意开集 X、Y，存在 $k > 0$，$f^k(x) \cap Y = \Phi$（如一映射具有稠轨道，则它显然是拓扑传递的）；

③周期点集的稠密性指 f 的周期点集在 V 中稠密。

对初值的敏感依赖性，意味着无论 x 和 y 离得多近，在 f 的作用下两者都可能分开较大的距离，并且在每个点 x 附近，都可以找到离它很近但在 f 的作用下最终"分道扬镳"的点 y。对于这样的 f，如果用计算机计算它的轨道，任意微小的初值误差经过多次迭代后都将导致计算结果的失败。

拓扑传递性意味着任一点的邻域在 f 的作用下将"遍撒"整个度量空间 V，这说明 f 不可能细分解为两个在 f 作用下相互不影响的子系统。

周期点集的稠密性表明，系统具有很强的确定性和规律性，绝非混乱一片，形似混乱实则有序，这正是混沌的耐人寻味之处。

该定义说明混沌的映射具有三个要素:不可预测性、不可分解性、含有规律性的成分。

Melnikov(梅尔尼科夫)的混沌定义[3] 在二维系统中，最具有开创性的研究是 Smale 马蹄理论[4]。

马蹄映射 F 定义于平面区域 D 上，$F(D) \subset D$，其中 D 由一单位正方形 S 和两边各一个半圆构成。映射规则是不断把 S 纵向压缩，同时横向拉伸，再弯成马蹄形后放回 D 中。已经证明，马蹄映射的不变集是两个 Cantor 集之交，映射在这个不变集上呈混沌态。如果某一动力系统在迭代中有 Smale 马蹄映射出现，则该系统具有 Smale 马蹄意义下的混沌。但是 Smale 马蹄映射的不变集 D 不一定是混沌吸引子，它可能是混沌吸引子，也可能是周期吸引子，还可能既有混沌吸引子又有周期吸引子。

由 Holmes 转引的 Melnikov 方法是对混沌的另一种严格描述，概括起来可表述为:如果存在稳定流形和不稳定流形且这两种流形横截面相交，则必存在混沌。马蹄映射就具有这种特性。Melnikov 给出了判定稳定流形和不稳定流形横截面相交的方法,不过这种方法只适用于近可积的 Hamilton 系统。

1.3　混沌系统的基本特征

混沌运动是确定性非线性系统所特有的复杂运动形态,出现在某些耗散系统、不可积 Hamilton 保守系统和非线性离散映射系统中。混沌是一种不稳定有限定常运动,它的定常状态不是通常概念下确定性运动的三种状态(静止(平衡)、周期运动和准周期运动),而是一种始终局限于有限区域且轨道永不重复的、形态复杂的运动。与其他复杂现象相比,混沌运动有其独有的特征,其表现如下[5-7]。

①对初始条件的敏感依赖性。混沌信号对初始值的扰动是非常敏感的,因而很小的初始值扰动会使它偏离原来的解很远。

②相轨迹的有界性。混沌是有界的,它的运动轨道始终局限于一个确定的区域,这个区域称为混沌吸引域,无论混沌系统内部多么不稳定,它的轨道都不会走出混沌吸引域,所以从整体上说混沌系统是稳定的。

③分维性质。混沌具有分维性质,但其非整数维不是用来描述系统的几何外形的,而是用来描述系统运动轨道在相空间的行为特征的。

④奇怪吸引子。当用相空间来表示系统所有可能的状态时,系统在相空间中的变化可用一条轨道线来描述。混沌运动在相空间中某个区域内无限次地折叠,构成一个有无穷层次的自相似结构——奇怪吸引子。

吸引子是一个数学概念,描述运动的收敛类型,它存在于相平面上。简单来讲,吸引子是指这样的一个集合,当时间趋于无穷大时,在任何一个有界集上出发的非定常流的所有轨道都趋于它。这样的集合有很复杂的几何结构。吸引子与混沌现象密不可分,在动力学里,就平面内的结构稳定系统而言,吸引子不外乎是单个点和稳定极限环等情况;在非混沌体系中,这两种情况都是一般吸引子,而在混沌体系,第二种情况则被称为奇怪吸引子,它本身是相对稳定的、收敛的,但不是静止的。更确切地说,奇怪吸引子是稳定的、具有分形结构的吸引子。

当相空间中同时存在几个吸引子时,整个相空间将以各吸引子为中心被划分为几个区域,每个区域内的轨道都以相应的吸引子为归宿,每个区域称为相应吸引子的吸引域或流域。吸引子理论认为,复杂系统在状态空间中的行为轨线是由动力学方程来表示的,它的动力学方程一般是由一组吸引子所决定的。系统向哪个吸引子演化,取决于初态落在哪个吸引域里,系统最终到达哪个吸引子是不确定的,一些微小的涨落都会导致系统走向的改变。

⑤内随机性。如果系统的某个状态既可能出现,也可能不出现,该系统就被认为具有随机性。通常人们习惯把随机性的根源归结为来自系统外部的,或某些尚不清楚的原因的干扰作用,认为如果一个确定性系统不受外界干扰,它自身不会出现随机性,这称为外随机性。在原来完全确定的系统(用确定的微分方程描述)内部产生的随机性,称为内随机性。混沌常被称为自发混沌,具有确定性、随机性等,主要强调的就是混沌现象产生的根源在系统自身,而不在

外部。内随机性的另一个表现是局部不稳定性。一般来说,产生混沌的系统具有整体稳定性,混沌态与有序态的不同之处在于,它不仅具有整体稳定性,还具有局部不稳定性。

⑥普适性和 Feigenhaum 常数[8]。所谓普适性是指不同系统在趋向混沌时所表现出来的共同特性,它不随具体的系数及系统的运动方程而改变。普适性有两种,即结构的普适性和测度的普适性。前者是指趋向混沌的过程中轨线的分岔情况与定量特性不依赖于该过程的具体内容,而只与它的数学结构有关;后者指同一迭代在不同测度层次之间嵌套结构相同,结构的形态只依赖于非线性函数展开的幂次。混沌的这种普适性,为研究和把握混沌带来了许多方便,只要研究一种最简单的模型,就可以将所得结论放心地运用到同类运动形态中。著名的 Feigenhaum 常数就是通过对 Logistic 方程的研究得到的。系统在通向混沌的过程中,最常见的方式是倍周期分岔方式,它反映了系统在趋向混沌时的一种普遍的动态不变性,即在系统趋向混沌时,把标尺缩小或放大,看到的仍然是相似的"几何结构"。Feigenhaum 常数的发现标志着混沌理论的相对成熟。

⑦遍历性。混沌运动在其混沌吸引域内是各态历经的,即在有限时间内混沌轨道经过混沌区内每一个状态点。

⑧长期不可预测性。由于混沌系统具有轨道的不稳定性和对初始条件的敏感性特征,因此不可能长期预测它在将来某一时刻的动力学特性。

1.4 混沌系统的参数敏感性

混沌系统不仅对初值具有敏感性,对系统中的参数也具有敏感性。非自治的非线性动力学系统的相平面轨迹从混沌状态到大尺度周期状态转变表现出混沌系统的参数敏感性。下面结合最常用的 Duffing 方程,对混沌系统的参数敏感性进行说明。

Duffing 方程的一般形式如下:

$$\ddot{x} + k\dot{x}(t) - x(t) + x^3(t) = f = \gamma\cos(\omega_0 t) \tag{1.3}$$

式中,f 为系统周期驱动力;γ 为驱动力幅值;k 为阻尼比;$(-x + x^3)$ 为非线性恢复力。

1.4.1 幅值敏感性

$f = 0$ 时,该非自治系统的相平面相轨迹将最终停在相平面的两焦点之一处。$f \neq 0$ 时,该非自治系统表现出复杂的动力学形态:f 较小时,系统表现出线性系统的特征,相点在两焦点之一附近做周期运动;当 f 增大并超过一定阈值时,相轨迹出现同宿轨道,并随着 f 的进一步增大相轨迹出现倍周期分岔。分岔到一定程度后系统进入混沌状态,以后在很大范围内系统都处于混沌状态,直到 f 大于另一个阈值时,系统进入大尺度周期运动,相轨迹将焦点、鞍点统统围住,形成明晰的大周期。由该混沌系统的运动状态可知,存在一个驱动力幅值阈值 γ_c(系统由混沌到大周期的临界阈值),当驱动力幅值小于阈值 γ_c 时,系统处于混沌状态;当驱动力幅值大于阈值 γ_c 时,系统处于清晰大周期状态。

若将被检测信号作为周期驱动力的摄动送入系统,即系统的总驱动力 $f = f_p + f_x = \gamma\cos(\omega_0 t) + a\cos(\omega t)$,其中 f_p 为预置驱动力;γ 为预置驱动力的幅值;ω_0 为预置驱动力的角频率;f_x 为待检测信号;a 为待测信号幅值;ω 为待测信号角频率。设预置驱动力 $f_p = $

0.819cos t,待测信号幅值 $a = 0.008$ 时,系统处于大尺度周期状态,$a = 0.007$ 时,系统处于混沌状态两种状态下变量的时序图和相平面图如图 1.1 所示。由图可见,大尺度周期状态下,混沌系统的输出信号幅值呈现周期性变化;而混沌状态下,混沌系统的输出信号幅值变化处于非周期状态,即混沌状态,此时系统的最低检测门限为 10^{-3}。仿真结果表明,混沌系统有很好的幅值敏感性。据参考文献[9]报道,如果调整方程,引入五次方项,则 Duffing 混沌系统的最低检测门限可达到 10^{-9}。

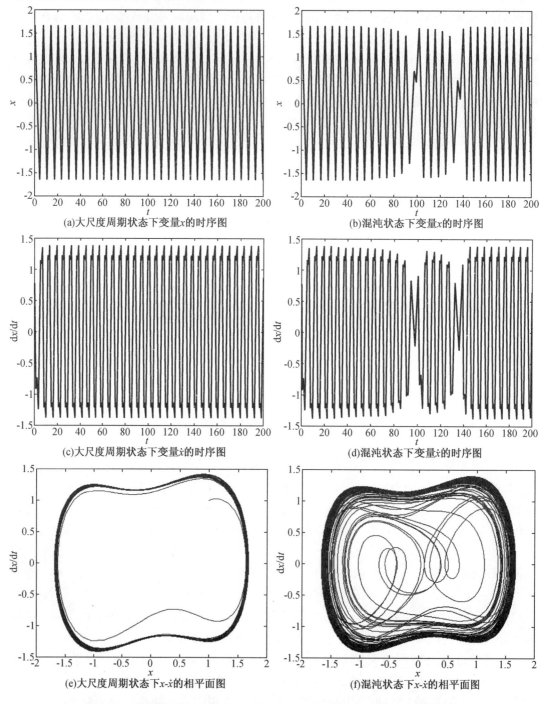

(a)大尺度周期状态下变量 x 的时序图

(b)混沌状态下变量 x 的时序图

(c)大尺度周期状态下变量 $\dot{x}$ 的时序图

(d)混沌状态下变量 $\dot{x}$ 的时序图

(e)大尺度周期状态下 x-$\dot{x}$ 的相平面图

(f)混沌状态下 x-$\dot{x}$ 的相平面图

图 1.1　预置驱动力 $f_p 0.819\cos(t)$,$k = 1.0$ 时,Duffing 振子的状态对比图

1.4.2　频变敏感性

仍以 Duffing 振子为例说明混沌系统的频变敏感性。以下在 $0.726 \sim 0.826$ 之间预置不同驱动力 f_p 的条件下研究被测信号摄动力的幅值 a 与角频率 ω 对混沌状态的影响[10]。

①设预置驱动力 $f_p = 0.826\cos(t)$，被测信号 $f_x = 0.001\cos(\omega t)$。当未加入信号时，系统处于混沌状态；加入被测信号时，$f = 0.826\cos(t) + 0.001\cos(\omega t)$。仿真结果表明，只有 $0.97 \leqslant \omega \leqslant 1.02$ 时，系统才有清晰的状态转换，待测频率在驱动力频率（中心频率）2%的范围内可测。

②设预置驱动力 $f_p = 0.817\cos(t)$，被测信号 $f_x = 0.01\cos(\omega t)$。当未加入信号时，系统处于混沌状态；加入被测信号时，$f = 0.817\cos(t) + 0.01\cos(\omega t)$。仿真结果表明，只有 $0.998 \leqslant \omega \leqslant 1.002$ 时，系统才有清晰的状态转换，待测频率在驱动力频率（中心频率）2‰的范围内可测。

③设预置驱动力 $f_p = 0.727\cos(t)$，被测信号 $f_x = 0.1\cos(\omega t)$。当未加入信号时，系统处于混沌状态，加入被测信号时，$f = 0.727\cos(t) + 0.1\cos(\omega t)$。仿真结果表明，只有 $0.9998 \leqslant \omega \leqslant 1.0003$ 时，系统才有清晰的状态转换，待测频率在驱动力频率（中心频率）0.2‰的范围内可测。

由于判别系统处于混沌状态还是大尺度周期状态的三组相图是相似的，故这里仅给出第一组的相平面图，仿真结果如图 1.2 所示，预置驱动力 $f_p = 0.826\cos(t)$，$\omega = 1.02$。图 1.2(a)、(c)、(e) 为 $a = 0.001$ 时，系统处于大尺度周期状态的时序图和相空间轨迹图，由图可见，此时变量 x 和 $\dot{x}$ 的信号幅度呈现非周期性变化，为混沌信号；图 1.2(b)、(d)、(f) 为 $a = 0.0012$ 时，系统处于混沌状态的时序图和相空间轨迹图，此时变量 x 和 $\dot{x}$ 的信号幅度呈现周期性变化。

仿真结果显示，系统对频率具有敏感性，不同的幅值时系统的敏感程度也不同。当引入与内部驱动力同频率的信号时，即使信号幅度很小，仍然会使系统状态发生变化，以此可以检测到微弱周期信号；而系统对白噪声和与参考信号频差较大的周期干扰信号具有免疫力，不同频率的信号或噪声都不能引起混沌系统状态的改变。

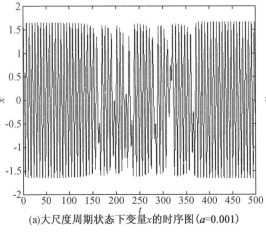

(a)大尺度周期状态下变量x的时序图(a=0.001)

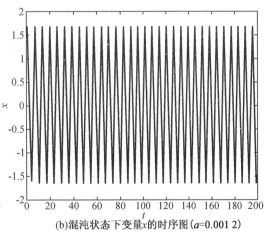

(b)混沌状态下变量x的时序图(a=0.0012)

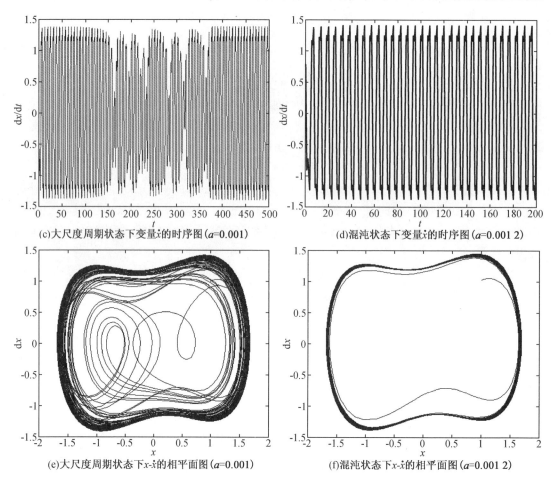

(c)大尺度周期状态下变量 $\dot{x}$ 的时序图 ($a=0.001$)

(d)混沌状态下变量 $\dot{x}$ 的时序图 ($a=0.001\,2$)

(e)大尺度周期状态下 x-$\dot{x}$ 的相平面图 ($a=0.001$)

(f)混沌状态下 x-$\dot{x}$ 的相平面图 ($a=0.001\,2$)

图 1.2　预置驱动力 $f_p = 0.826\cos(t)$, $\omega=1.02$ 时 ,Duffing 振子的状态对比图

1.4.3　相位敏感性

　　混沌系统对幅值、频率具有敏感性,实质原因都是混沌系统对相位的敏感性。基于混沌振子相轨迹变化的幅值估计方法要求系统处于锁相状态,即外界信号与驱动信号相位相同。因为相位差 φ 的存在会产生测量误差,所以基于混动振子相轨迹变化的幅值估计方法必须要考虑相位差的影响,并应采取一定的措施,使待检信号与驱动信号的相位尽量一致。

　　很多文献讨论了混沌振子检测微弱信号的机理,注意力主要集中在系统对幅值的敏感性和对频率的敏感性,但很少考虑待检信号与系统驱动信号之间相位差 φ 对系统的影响,实际上两信号之间的相位差对混沌振子能否检出微弱信号有着至关重要的影响。继续以 Duffing 系统为例来说明相位差 φ 对系统的影响。考虑相位差 φ 的存在,此时总驱动力为[11]

$$
\begin{aligned}
f(t) &= f_p + f_x = \gamma_c \cos(\omega_0 t) + a\cos[(\omega_0 + \Delta\omega)t + \varphi] \\
&= \gamma_c \cos(\omega_0 t) + a\cos(\Delta\omega t + \varphi)\cos(\omega_0 t) - a\sin(\Delta\omega t + \varphi)\sin(\omega_0 t) \\
&= \Gamma(t)\cos[\omega t + \theta(t)]
\end{aligned}
\tag{1.4}
$$

式中, $\Gamma(t) = \sqrt{\gamma_c^2 + 2\gamma_c a\cos(\Delta\omega t + \varphi) + a^2}$; $\theta(t) = \arctan\dfrac{a\sin(\Delta\omega t + \varphi)}{\gamma_c + a\cos(\Delta\omega t + \varphi)}$ 。

因为待检测信号的幅值 a 远小于临界幅值 γ_c，所以 $\theta(t)$ 很小，其对系统的影响也很小，可以忽略。因此，系统状态是否改变的关键在于 $\Gamma(t)$ 与 γ_c 的关系。当待检测信号和内部驱动信号的频率相同，即 $\Delta\omega = 0$ 时，有 $\Gamma(t) = \sqrt{\gamma_c^2 + 2\gamma_c a\cos\varphi + a^2}$，可见系统是否会发生相变与待检测信号和内部驱动信号的相位差有关，且当 $\pi - \arccos\left(\dfrac{a}{2\gamma_c}\right) \leqslant \varphi \leqslant \pi + \arccos\left(\dfrac{a}{2\gamma_c}\right)$ 时，$\Gamma(t) \leqslant \gamma_c$，系统始终处于混沌状态。只有当 φ 不在这个范围内时，状态迁移才可能发生。

例如，图 1.1 所示的系统，$f = f_p + f_x = \gamma\cos(\omega_0 t) + a\cos(\omega_0 t + \varphi)$。预置驱动力 $f_p = 0.819\cos(t)$，被测信号幅度为 $a = 0.008$ 时，系统处于大尺度周期状态，其仿真默认条件为待检信号与系统预置驱动信号间的相位差 $\varphi = 0°$。这时可算出使系统始终处于混沌状态的相位差范围为 $\varphi \in [90.28°, 269.72°]$。分别对 $\varphi = 108.434\ 1°$、$\varphi = 179°$、$\varphi = 251.565\ 9°$ 等情况进行的仿真验证结果显示系统都处于混沌状态。因系统状态类似，故在此只给出 $\varphi = 179°$ 时系统的时序图和相位图，如图 1.3 所示。仿真结果说明，待检信号与驱动力信号存在相位差时，变量 x 和 $\dot{x}$ 相对 $\varphi = 0°$ 时都发生了相应的变化，从而使系统始终处于混沌状态，可见相位差对系统状态迁移有决定性作用。

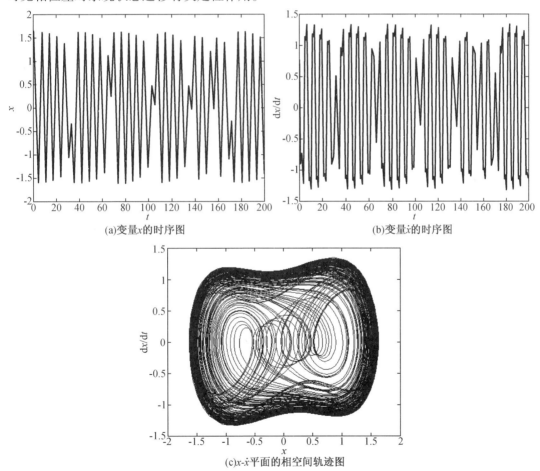

(a)变量 x 的时序图   (b)变量 $\dot{x}$ 的时序图

(c)x-$\dot{x}$ 平面的相空间轨迹图

图 1.3　待检信号与驱动力存在 $\varphi = 179°$ 的相位差时的系统状态图

混沌振子的驱动信号相位可以预先设定，但在实际应用中，待检测信号注入混沌振子时的初相位一般无法预先知道,所以它们之间的相位差能否落入混沌振子的信号检测窗口具有明显的不确定性,如图 1.4 所示。图中 f_c 为使混沌振子状态发生改变的总驱动力的临界幅值,这就意味着,如果混沌振子的信号检测窗口不能覆盖 2π 范围,则无法实现对具有任意初相位信号的检测。参考文献[12]较早地注意到了上述问题,给出了一种通过改变混沌振子参数以达到模型适配进而实现对信号初始相位检测的方法,但因适配过程需要花费较多的计算时间,故很难用于对实时性有较高要求的应用场合;参考文献[13]提出设置混沌振子模型驱动信号相位的集合 $\left\{0, \dfrac{\pi}{4}, \dfrac{\pi}{2}, \dfrac{3\pi}{4}, \dfrac{5\pi}{4}, \dfrac{3\pi}{2}, \dfrac{7\pi}{4}\right\}$,从而进行循环检测的方法,只要混沌振子有一次相变,即可判断出存在所检测的信号;参考文献[14]提出了相位阵的方法,即用 N 个 Duffing 方程组成的方程组检测任意初相位的信号,当待检信号加入混沌系统时,验证每一个方程,看是否有能够将信号检测出来的方程,当然用的方程越多,灵敏度就会越高,但是同时会增加检测时间。

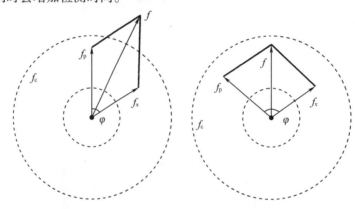

图 1.4 存在相位差时总驱动力矢量合成图

从数学的角度看,参数敏感性与初值敏感性是等价的。所以,利用混沌振子进行微弱信号检测,既可以说是利用了系统的参数敏感性,也可以说是利用了混沌系统对初值的敏感性。

1.5 几种典型的混沌振子

1.5.1 Lorenz 系统

美国著名气象学家 E. N. Lorenz 在 1963 年提出了用于描述热对流不稳定性的模型——Lorenz 模型,其方程形式为

$$\begin{cases} \dot{x} = a(y - x) \\ \dot{y} = cx - xz - y \\ \dot{z} = xy - bz \end{cases} \tag{1.5}$$

式中,a、b、c 均为参数。

当参数取值为 $a = 10$, $b = \dfrac{8}{3}$, $c = 28$ 时,Lorenz 系统的混沌吸引子如图 1.5 所示。

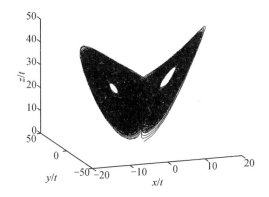

图 1.5　Lorenz 系统的混沌吸引子

1.5.2　Logistic 映射

Logistic 映射是简单且典型的一维逻辑映射,是离散时间混沌系统,也是可以产生混沌的最简单的非线性映射中的一个,方程如下:

$$x_{k+1} = f(x_k, p) = px_k(1 - x_k) \quad ,0 < p \leqslant 4 \tag{1.6}$$

式中,$p > 0$ 为实参数。显然,系统的状态是 p 的函数,即 $x_k = x_k(p)$,故 p 的变化会显著改变系统的动力学行为。系统的倍周期特性如图 1.6 所示。

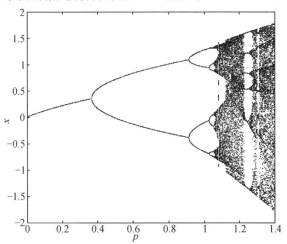

图 1.6　Logistic 系统倍周期特性图

1.5.3　Duffing 振荡器

无阻尼 Duffing 振荡器的形式为

$$\ddot{x} + p\dot{x} + x^3 = 0 \tag{1.7}$$

而带有阻尼的 Duffing 振荡器的形式为

$$\ddot{x} + k\dot{x} + px + x^3 = 0 \tag{1.8}$$

式(1.8)表示一类带有坚固弹簧的自由振动系统方程,其中 k 和 p 是常参数。

还有一类是强迫且有阻尼的系统,其形式为

$$\ddot{x} + k\dot{x} + px + x^3 = \gamma\cos(\omega t) \tag{1.9}$$

式中，ω 是常频率，其他的系统参数 k、$\gamma > 0$，但是通常 $p < 0$。当 $k < 0$ 时，该方程可描述类似承受强迫横向振动的弯曲梁的振荡运动；当 $k > 0$ 时，也可描述周期场内带电质点行为的动力学方程，这时强迫振荡器可以重新写为

$$\ddot{x}(t) + k\dot{x}(t) - x(t) + x^3(t) = \gamma\cos(\omega t) \tag{1.10}$$

式中，$\gamma\cos(\omega t)$ 是系统周期驱动力；k 为阻尼比；$(-x + x^3)$ 为非线性恢复力。在阻尼比固定的情况下，随着周期性驱动力幅值 γ 的变化，系统将表现出丰富的非线性动力学特性。在 $x - \dot{x}$ 相平面内，系统产生的典型周期和混沌轨道如图 1.7 所示。

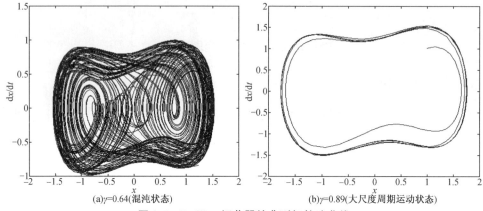

(a)γ=0.64(混沌状态)　　　　　　　　　(b)γ=0.89(大尺度周期运动状态)

图 1.7　Duffing 振荡器的典型相轨迹曲线

1.5.4　Halmiton 映射

Hamilton 映射族的一般表达式为

$$\begin{cases} x_{k+1} = x_k + f(y_k) \\ y_{k+1} = g(x_{k+1}) + y_k \end{cases} \tag{1.11}$$

式中，函数 f 和 g 需满足雅克比式

$$\boldsymbol{J} = \begin{pmatrix} 1 & f'(y_k) \\ g'(x_{k+1}) & 1 + g'(x_{k+1})f'(y_k) \end{pmatrix} \tag{1.12}$$

显然，$|\boldsymbol{J}| \equiv 1$，当取对称的 f 和 g 时，可将对称性植入映射的结构。为便于讨论，不失一般性，本书函数选取如下：[15]

$$\begin{cases} f(y_k) = -p\sin\left(\dfrac{\pi y_k}{2}\right) \\ g(x_{k+1}) = p\sin\left(\dfrac{\pi x_{k+1}}{2}\right) \end{cases} \tag{1.13}$$

把式(1.13)代入式(1.11)得到离散 Hamilton 振子模型为

$$\begin{cases} x_{k+1} = x_k - p\sin\left(\dfrac{\pi y_k}{2}\right) \\ y_{k+1} = p\sin\left(\dfrac{\pi x_{k+1}}{2}\right) + y_k \end{cases} \tag{1.14}$$

式中，x_k 和 y_k 分别为第 k 点 Hamilton 振子的输出；p 为控制参数。若给定参数 p 和初始条件 (x_0, y_0)，通过迭代计算式(1.14)，可获得如图 1.8 所示的分布在整个二维 $x - y$ 空间内的相

轨迹图,其为多个不规则的菱形指纹状区域,每个指纹区域由多个环状相轨迹构成。

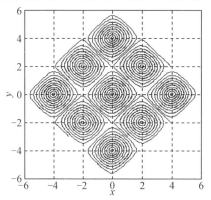

图 1.8　Hamilton 振子的相轨迹图

由图 1.8 可见,Hamilton 振子具有多个分布在不同区域的吸引子,且各自互不重叠。而迭代计算时,Hamilton 振子的轨迹线收敛到哪个区域则由初始值 (x_0, y_0) 始于哪个区域决定。

1.5.5　Jerk 振子

2000 年,Sprott 基于计算机穷举法,提出了一类新型三阶自治混沌系统,其对三阶 Jerk 系统的研究引起了国内外混沌研究者的关注[16]。Poincare-Bendixson 定理中,一个自治系统能产生混沌的必要条件是其至少有三个变量和一个非线性项,而 Jerk 系统是一类满足 Poincare-Bendixson 定理的数学形式非常简单的三阶自治混沌系统。Jerk 系统的一般形式为 $\dddot{x} = J(\dot{x}, \ddot{x}, \dddot{x})$,其中,$\dot{x}$ 是位置的一阶导数,即速度;二阶导数 $\ddot{x}$ 是加速度;三阶导数 $\dddot{x}$ 称为 Jerk。考察如下 Jerk 系统:

$$\begin{cases} \dot{x} = y \\ \dot{y} = z \\ \dot{z} = -x - y - az + f(x) \end{cases} \tag{1.15}$$

式中,$f(x) = \text{sgn}(x) + \text{sgn}(x+2) + \text{sgn}(x-2) + \text{sgn}(x+4) + \text{sgn}(x-4)$;$a$ 为系统控制参数。当 $a = 0.6$ 时,运用 Matlab 6.0 数值仿真软件进行计算机数值模拟,其结果可产生 6 涡卷混沌吸引子[17],系统变量的时序图和相位图如图 1.9 所示。

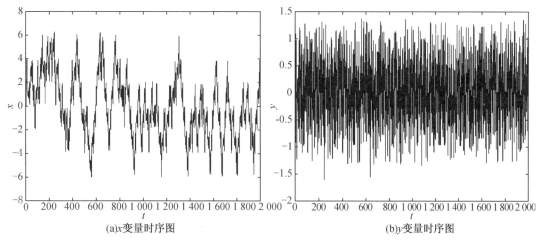

(a)x 变量时序图　　　　　　　　　　(b)y 变量时序图

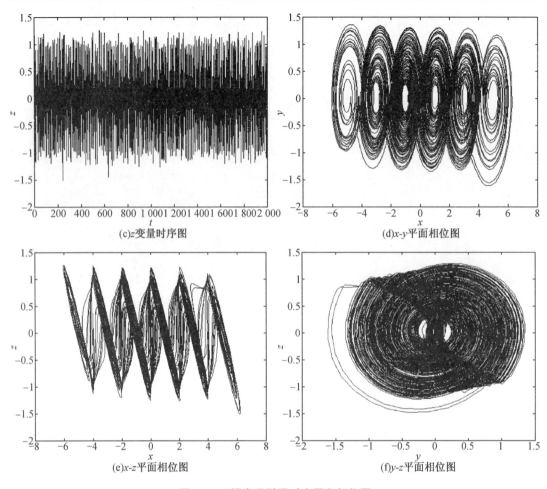

(c)z变量时序图
(d)x-y平面相位图
(e)x-z平面相位图
(f)y-z平面相位图

图1.9　6涡卷吸引子时序图和相位图

1.6　混沌振子在微弱信号检测中的应用

　　近年来,微弱信号检测技术取得了较大进展,但随着人类对自然探索的进一步深化,需要检测的信号更加微弱,这就给微弱信号检测带来了极大的挑战。将混沌理论引入微弱信号检测领域具有非常重要的意义,它开辟了微弱信号检测领域的新篇章。

　　目前,在国内外学者的共同努力下,利用混沌理论检测微弱信号的研究取得了一定的成果。国外研究较早,发展也比较完善。1992年Birx首次提出将Duffing混沌振子用于微弱信号检测,但该项研究只是获得了一些试验结果,在原理上并未进行深入探讨[18]。随后,Stark等提出了一种从混沌背景下提取慢时变、小信号的方法[19]。Haykin等利用混沌和人工神经网络理论检测海杂波中的微弱雷达目标信号[20]。Broomhead等提出了非线性逆滤波相空间重构法,成功提取了混沌背景中的微弱信号,其基本思想是用一个从非线性动力学系统得到的时间序列来重构系统的相空间[21]。Leung等提出基于相空间体积的混沌和信号分离方法,并研究了混沌噪声中AR模型的参数估计和正弦信号频率估计[22]。1997

年,Short 利用混沌信号可短时间预测的特性,研究混沌通信系统中信号的提取,取得了良好的效果[23]。Haykin 等采用正规化径向基函数神经网络建立了预测模型,检测结果达到了很高的检测精度,使混沌背景下的信号检测理论有了新的发展[24]。Hu 等将 Duffing 混沌振子运用到早期故障特征信号检测方面,并取得了良好的效果[25]。2004 年,Aldridge 等在噪声背景下对纳米机器谐振器进行研究并检测相关信号的频率,发现在噪声不太强烈时检测效果较好[26]。Lim 等提出一种新方法,运用 Duffing 谐波振荡器进行分析并用它对频率进行高精度的估计,并通过仿真试验验证了结果的正确性,但是其最低能够检测的信号幅值为0.01[27]。2007 年,zis 等提出运用能量平衡法对 Duffing 谐波振荡器中的频率和相位进行估计,在信号幅值一定时估计信号的最低检测幅值为 0.1,该研究给出了相关的表达式,但并未对具体信号进行检测[28]。随后,Lou 提出基于混沌理论的弱信号频率估计,其可检测的弱信号幅值达到 0.3 V[29]。Ma 利用混沌振子中的间歇混沌原理实现对微弱正弦周期信号的测量,能够在信号最低幅值为 0.01 时实现对其频率的检测[30]。2015 年,Perkins 等研究了噪声条件下,相位滞后对基于双稳态 Duffing 振子的信息传输速率的影响[31]。

国内对微弱信号的研究起步较晚,但发展较迅速。1998 年,何建华等提出利用神经网络对淹没在混沌背景下的信号进行检测的方法,但当接收信号受到噪声干扰时,会产生很大误差[32]。稍后,夏军利等提出利用小波多尺度分解算法实现混沌和噪声分离的方法,并利用小波多分辨率分析实现混沌和掩藏在其中的目标信号的分离[33]。程文青等又把Simon Haykin 方法推广到对不同海域情况下自动目标弱信号的检测,设计了多层面神经网络[34]。2001 年,汪芙平等利用正交切空间投影法提取了混沌噪声背景下的谐波信号[35]。

国内,应用 Duffing 振子进行微弱信号检测最早的是浙江大学的王冠宇等人,他们利用非线性振子对初值具有敏感依赖的特性,估计微弱信号的幅值和相位[36]。具体如下。

将待检测信号作为周期策动力的摄动而注入系统。假设待检信号形式为 $a\cos(t) + n(t)$,其中 a 为有用信号的幅值,$n(t)$ 为噪声平均幅值。调整 Duffing 方程,使驱动力幅值处于使系统状态变化的边缘,且为噪声幅值的 $15 \sim 20$ 倍。这样可形成如下有利条件:噪声肯定对系统无丝毫影响,$a\cos(t)$ 对系统状态变化起着关键作用。系统方程可重写为

$$\begin{cases} \dot{x} = y \\ \dot{y} = -ky + x - x^3 + (\gamma + a)\cos(t) + n(t) \end{cases} \tag{1.16}$$

选择从混沌到周期状态的相变为判断依据,也就是说将 γ 设置在 γ_c 附近。整个过程是这样进行的:在第 n 个采样时刻,经 A/D 转换从环境中采集信号 $a\cos(t) + n(t)$,并加上 $\gamma_c\cos(t)$ 一起作为 Duffing 系统的离散输入信息;采用四阶 Runge-Kutta 法递推计算式(1.16)的数值解,此时算法步长 h 应等于 A/D 的采样周期 T_s;计算产生数值解 $\{x(n),y(n)\}$,$\{x(n+1),y(n+1)\}$,…,将其画成曲线图(相轨迹图)即可反映 Duffing 系统的某一运动形态。计算机通过辨识很容易得知系统是处于混沌还是大尺度周期运动状态,由此可判断输入是纯粹噪声还是含有周期信号。当取 γ_c 为 0.734 6 时,采用该方法可从系统输出形态中成功检出信噪比为 -26 dB 的输入信号。随后,Wang 等利用 79 个 Duffing 振子构建 Duffing 振子阵列来进行信号频率的测量,信噪比可扩展至 -68 dB[37]。

吉林大学的李月等在 Wang 等人工作的基础上,利用混沌检测理论来检测纳伏级正弦信号,并分析了白噪声和色噪声条件下微弱信号检测的方法,在基于混沌振子进行微弱信号检测领域做了大量工作[38]。其采用的混沌检测系统如下:

$$\ddot{x} + k\dot{x} + (-x^3 + x^5) = \gamma\cos(\omega t) \tag{1.17}$$

首先调整系统内置信号幅值 γ，使系统运动处于阈值附近，将信号 $a\cos(\omega t) + n(t)$ 并入系统内置驱动力，正弦信号 $a\cos(\omega t)$ 为待检测信号，$n(t)$ 为白噪声背景。采用四阶 Runge-Kutta 法对方程求解，经过若干次迭代运算，系统稳定在某一运动形式上，根据系统是否是大尺度周期状态，判断输入信号中是否带有微弱正弦信号。仿真结果为：当 $a = 0.725\ 617\ 12$ V 时，混沌系统的相轨迹仍为混沌临界状态；当 $a = 0.725\ 617\ 121$ V 时，混沌系统的相轨迹为稳定的周期状态。

此系统可以检测最低门限为 10^{-9}，即 $20\lg 0.000\ 000\ 01 = -180$ dB。同时，经过大量仿真试验测得信噪比门限为 $SNR \approx -111.46$ dB。

此后，研究人员在 Wang 和李月等人工作的基础上，不断改进测量方法，试图进一步提高检测信号的性能，并将混沌振子检测微弱信号的方法应用到不同的领域。长春大学的聂春燕等利用互相关理论和混沌理论相结合的方法对微弱信号进行研究，其检测信噪比达到 -77 dB[39]。熊丈亮等提出混沌背景下基于混沌神经网络的弱信号检测。林红波等提出了一种提取混沌噪声背景下微弱谐波信号的 GRNN 检测方法，以 Duffing 系统产生混沌时序作为混沌背景，通过仿真验证了信噪比在 -36 dB 时可以检测出谐波，但不能检测信号的参数[40]。李健等利用混沌理论来检测微弱信号的相位，提出了一种采用一组非线性微分方程组检测随机相位正弦信号的方法[14]。2005 年，路鹏等采用线性最小二乘法确定待测微弱信号幅值和混沌动力学系统特征指数之间的关系，利用估计式测定弱信号的幅值，当幅值最小为 0.001 时，检测效果较好，但当噪声较大时，无法进行有效的检测[41]。李瑜等利用 Duffing 振子阵列实现对正弦信号频率的检测，采用 Duffing 振子阵列间的频率比为 1.01 对弱正弦信号进行检测，可以检测幅值在 0.05 V 以上的弱正弦信号的频率[42]。周玲等利用 Duffing 混沌振子在弱信号频率已知的情况下检测信号的幅值和相位，并将其应用于高频地波雷达海洋回波信号的检测中，结果表明，与快速傅立叶变换（fast fourier transformation，FFT）方法相比，回波多普勒谱的信噪比可提高 5 dB[43]。2008 年，代理等采用双耦合混沌振子阵列实现随机相位微弱正弦信号的检测，并阐述了单个双耦合混沌振子的检测原理，但分别求取对应相位的系统阈值工作量太大，检测效率低[44]。同年，倪云峰等基于混沌 Duffing 振子和改进型 FFT 算法，提出一种可用于接地网络故障诊断中微弱信号幅值测量的方法，其最低可以检测的幅值为 11.26 μV[45]。王凤利等基于 EMD 的混沌振子方法对旋转系统进行早期故障诊断，在噪声信号不太强烈的情况下可以预测出是否有故障产生，但噪声强烈时无法检测[46]。李香莲等提出并设计了基于 Duffing 方程的微弱振动信号频变跟随器，可以检测具有复杂频率变化特征的微弱信号，但只是局限于实验室仿真[47]。2010 年，Wang 等对混沌振子检测微弱信号做了一些研究，可实现在高斯白噪声方差为 4，最低信号幅值为 0.01 时的频率检测，但不能检测更微弱信号的频率[48]。贺莉等针对引信产品测试中的非周期梯形增幅波信号提出了基于 Duffing 振子的梯形增幅波弱信号检测的新方法，有效地检测出了低信噪比下的微弱非周期梯形增幅信号[49]。徐艳春等采用高阶 Rossler 混沌系统和比例微分控制相结合的方法，提出强噪声背景下正弦周期信号频率检测的新方法，与 Duffing 方程检测信号频谱相比，新方法不需要多个振子[50]。2014 年，张刚等针对强噪声背景中微弱信号检测的问题，在传统检测方法基础上提出了基于伪 Hamilton 量的变尺度 Duffing 振子弱信号检测方法，将待测高频工程信号经尺度变换为固定低频信号，从而唯一确定了相变阈值,并克服了传统方法中低频参数信号的限制[51]。2007 年,行鸿彦等基于复杂非线性系统的相空间重构理论,提出了一种基于遗传算法的支持向量机预测方法,该方法能够有效地从混沌背景噪声中检测出微弱目标信号,所得的均方根误差为 0.000 495 21(信噪比为 − 89.770 4 dB),这比传统支持向量机方法的均方根误差 0.049(信噪比为 − 54. 60 dB)降低了两个数量级[52]。2015 年,金芳等提出了一种基于矩阵理论的通信信号数据融合算法,并对算法的性能进行了仿真,仿真结果表明,基于矩阵理论融合算法能明显提高同信噪比条件下的微弱信号的检测概率[53]。

综上所述,混沌微弱信号检测的研究取得了一定的成果,但现有的混沌振子检测微弱信号的方法多是局限于理论分析和实验仿真,尚存一些关键问题制约了检测方法在实际领域的应用:首先,检测方法对混沌同步的严重依赖,只能检测同频或相位同步的信号;其次,信号检测速度慢,有些检测是基于相轨迹状态转换来判断的,甚至需要人眼来判断,准确性和实时性都无法保证;最后,有些检测方法中提到的可检测信噪比极低,但评价方法的信息公布不完整,其合理性有待进一步验证和商榷。

1.7 混沌信号在通信领域中的应用

目前,人们在常规通信研究领域中已取得了巨大的进展,典型的通信方案有二进制相移键控(binary phase shift keying, BPSK),正交相移键控(quadrature phase shift keying, QPSK),正交频分复用(orthogonal frequency division multiplexing, OFDM),正交振幅调制(quadrature amplitude modulation, QAM),多输入多输出(multiplc-input multiplc − output, MIMO),扩谱(直扩、跳频、跳时)等。但是,这些通信方案本身不能提供信息隐匿,须靠码加密技术来保证通信安全。

混沌通信则不然,它利用有类噪声特性的混沌信号传输信息,本征上具备信息隐匿能力,其可应用于保密通信系统的潜力受到人们的广泛关注。

把混沌学引入通信领域始于 1990 年 Pecora 等人(美国海军实验室)对混沌同步的试验研究[54]。1992 年和 1993 年相继出现了以同步为基础的三大混沌通信技术:混沌掩盖技术、混沌调制技术和混沌键控技术。

混沌掩盖技术是最早获得的混沌通信技术,它采用连续混沌波形传载信息,这种通信方式的实现程度完全依赖于混沌系统同步的实现程度。这种通信方式的问题是信道中很小的噪声就能破坏系统的同步效果,造成较大的误码率,因而在应用中存在困难。

2001 年,Nikolai 提出了基于混沌掩盖思想的混沌脉冲位置调制技术(chaotic pulse-position modulation, CPPM)[55]。为了避免通信中令人困扰的噪声影响和信道畸变问题,这一技术采用的不是连续混沌波形,而是混沌定位的脉冲序列。虽然仿真试验表明该系统有较好的性能,但目前 CPPM 通信还达不到非相干移频键控(frequency shift keying, FSK)和理想脉冲位置调制技术(pulse-position modulation, PPM)的性能。

混沌调制技术将发送的信息隐藏在系统参数内,收到了良好的保密性能[56],但同步质量不高也是阻碍其发展的共性问题。

作为一种研究较多的混沌通信方式,混沌键控已经派生出许多各具特色的、较为成熟的通信方案,如混沌开关键控(chaotic on-off keying,COOK)、混沌位移键控(chaos shift keying,CSK)、差分混沌键控(differential chaos shift keying,DCSK)、频率调制差分混沌键控(frequency modulation-differential chaos shift keying,FM-DCSK)等。有资料表明,这些混沌通信系统的噪声性能以 CSK 系统最佳,在理想同步下可达到经典 BPSK 系统的最佳性能限[57]。但遗憾的是,CSK 系统的实际性能与最佳性能限存在很大的距离,其原因在于混沌系统对信道噪声和畸变过于敏感,使以混沌控制和统计估值理论为基础的混沌同步难以在低信噪比下实现。

本书利用时空混沌振子调制信号的相轨迹平面分布结构和信号间相轨迹互不重叠(干扰)的特点,提出了一种基于混沌振子相轨迹图案实现二进制或多进制信息嵌入和抽取的调制解调方法。与现有混沌调制解调方案不同的是,它不要求任何形式的混沌同步,信息嵌入(调制)和抽取(解调)过程具有很好的实时性,并且显著提高了信息传输速率,故可为混沌通信的实际应用提供一条新的实现途径。

1.7.1 混沌同步

要了解现有混沌通信的原理和方法,从而更好地解决现有混沌通信存在的问题,应从混沌同步开始。

混沌同步是指两个或者两个以上随时间变化的量在变化的过程中保持一定的相对关系。同步是自然界中普遍存在的一类现象,比如多个萤火虫能够同时发光就是一种同步现象;生命体也具有同步现象,例如左脑和右脑的同步等。同步的类型多种多样,例如数据库同步、文件同步、通信同步和混沌同步等。

混沌同步也是自然界中一种常见的自然现象,它通常是指两个或者两个以上的振动系统相位间的关系达到协调一致的现象。关于混沌同步现象最早的研究可以追溯到1673 年,荷兰物理学家惠更斯(C. Huygens)发现了两个单摆在振荡过程中可以达到完全同步的现象。从一般意义上讲,混沌同步就是指基于不同初始条件的两个混沌系统在经过一段时间的运动之后,两个系统的轨迹路线逐渐达到一致,并且将会一直保持这种相同性的过程。然而,由混沌系统的参数敏感性可知,对于两个结构完全相同的混沌系统,即使它们的初始条件存在很小的差异,这两个系统在空间运行的轨迹也会迅速分开,并且最后的结果是它们的轨迹会变得毫不相关。所以,理论上讲,让人们联想到的似乎是两个独立且相同的同步混沌系统是不存在的。

由于混沌行为的最大特点是运动轨迹对初始条件的极大敏感性,以前人们认为在实验室里重构相同的完全同步的混沌系统是不可能的,但混沌同步的发现打破了这个禁锢,打开了混沌应用的新天地,混沌的应用研究由此出现了新的生机。人们竞相投入研究,发展了一些新的混沌同步方法,下面对现有的几种主要混沌同步的方法、原理及其特点进行介绍。

1. 驱动 – 响应同步及串联同步(简称 P – C 混沌同步法)

Pecorra 和 Carroll 首次用电路方法实现并验证了 P – C 混沌同步方法,他们以马里兰大学的 Robert Newcomb 设计的电路为基础,运用该同步方法,实现了两个混沌系统间的同步[54]。该方法的基本思想是:将混沌系统分解为一个稳定的子系统和一个不稳定的子系统,对不稳定的子系统复制一个响应系统,当响应系统满足条件,即 Lyapunov 指数均为负值时,驱动和响应系统才能同步。

P - C 混沌同步法得到了广泛的研究和应用,因为有很多经典的混沌系统,如 Lorenz、Rossler、Chua's 电路等混沌系统都是很容易被分解的。但对于更多的非线性系统,由于其物理本质或固有特性,无法分解出一个稳定的子系统和一个不稳定的子系统,使其应用范围受到一定的限制。总之,P - C 混沌同步法给人们以观念上的改变,Pecorra 和 Carroll 工作的意义不仅在于其方法本身,更在于使人们对混沌的认识更加深刻。他们的开创性工作启迪了人们,为混沌同步的研究与应用开辟了广阔的道路。

2. 主动 - 被动同步法(简称主 - 从混沌同步法)

由于 P - C 混沌同步法在实际应用中受到特定分解的限制,具有一定的局限性,1995 年,Kocarev 和 Parlitz 提出了改进方法——主动 - 被动同步法[58]。该法最大的特点是可以不受任何限制地选择驱动信号的函数,具有更大的普遍性和实用性。其基本原理为一个自治的非线性动力学系统 $z = f(z)$,可以将它写作非自治系统形式 $\dot{x} = f(x, s(t))$ 和 $\dot{y} = f(y, s(t))$,其中 $s(t)$ 为所选的某种驱动变量。

构造误差状态方程 $\dot{e} = f(x, s(t) - f(x - e, s(t)))$,其中 $e = x - y$。在微小误差下应用线性化稳定性分析或 Lyapunov 函数方法,可证明其能达到稳定同步。在很多情况下,$s(t)$ 可以是一般函数,它不仅依赖于系统的状态,而且可以与注入系统的信息信号有关。这个特点使之更适用于保密通信。

3. 耦合混沌同步法

耦合混沌同步问题起源于耦合非线性振荡器理论,这个问题研究得较早,但直到 P - C 混沌同步法出现以后才受到重视。因为在现实世界中,除了驱动 - 响应、主动 - 被动这些单方向作用下的同步情况外,更多的是系统间的相互作用所达到的同步,在这种情况下就分不清谁是主动,谁是被动,谁是驱动,谁是响应。因而,早在 20 世纪 80 年代初,方锦清等在研究流体湍流时就提出了一种相互耦合系统的同步方案[59]。为了简单起见,下面来研究互耦合混沌同步法的一个特例——连续变量反馈同步法。

考虑如下混沌系统

$$\dot{X}(t) = AX(t) + f(X(t)) + u(t) \qquad (1.18)$$

式中,$A \in \mathbf{R}^{n \times n}$ 为常数矩阵;$X \in \mathbf{R}^n$ 为系统状态向量;$AX(t)$ 为线性部分;$f(X(t))$ 为非线性部分,且满足 Lipschitzian 条件,即存在常数 $L > 0$,对任意的 $X \in \mathbf{R}^n$ 有 $\|f(X(t)) - f(X'(t))\| \leq L\|X(t) - X'(t)\|$;$u(t) \in \mathbf{R}^n$ 为系统的外部输入向量。

利用单向耦合法,可得到式(1.18)的同步系统为

$$X'(t) = AX'(t) + f(X'(t)) + u(t) + K(X(t) - X'(t)) \qquad (1.19)$$

式中,$K = \text{diag}(K_1, K_2, K_3, \cdots, K_n)$ 为耦合参数矩阵。

式(1.18)和式(1.19)的误差系统为

$$e(t) = X(t) - X'(t) = Ae(t) + f(X(t)) - f(X'(t)) - Ke(t) \qquad (1.20)$$

如果耦合参数矩阵 K 满足下列不等式条件:$(A - K)^{\mathrm{T}} P + P(A - K) + L^2 P^{\mathrm{T}} P + I < 0$,其中 P 为某个正定对称矩阵,即 $P > 0, P^{\mathrm{T}} = P$,则式(1.18)和式(1.19)所示的两个混沌系统达到渐进同步,即

$$\lim_{t \to \infty} \|e(t)\| = \lim_{t \to \infty} \|X(t) - X'(t)\| = 0 \qquad (1.21)$$

尽管相互耦合的混沌系统在一定条件下可达到混沌同步,但遗憾的是目前尚无一般的

普适性理论。

4. 自适应混沌同步法

在系统控制中,当对系统的结构或参数不完全知晓时,适合采用自适应同步控制方式,它可以调节控制规律以减少不稳定因素的影响。自适应混沌同步法是对可得到的系统参数进行控制,使系统的所有变量自由演化[60]。

基本原理如下。考虑带有可变参数的混沌系统方程为

$$\dot{\boldsymbol{X}} = \boldsymbol{F}(\boldsymbol{X}, \boldsymbol{\mu}) \tag{1.22}$$

式中,$\boldsymbol{\mu} = (\mu_1, \mu_2, \mu_3, \cdots, \mu_n)^{\mathrm{T}}$ 为参数;$\boldsymbol{F}(\boldsymbol{X}, \boldsymbol{\mu}) = (f_1(\boldsymbol{X}, \boldsymbol{\mu}), f_2(\boldsymbol{X}, \boldsymbol{\mu}), \cdots, f_n(\boldsymbol{X}, \boldsymbol{\mu}))^{\mathrm{T}}$ 为依赖于参数 $\boldsymbol{\mu}$ 的非线性函数。设混沌目标系统为 $\dot{\boldsymbol{X}} = \boldsymbol{F}(\boldsymbol{\mu}_0, \boldsymbol{X})$,混沌受控系统为 $\dot{\boldsymbol{Y}} = \boldsymbol{F}(\boldsymbol{\mu}, \boldsymbol{Y})$,引入参数 $\boldsymbol{\mu}$ 的微小变化来修改系统的演化过程,使受控系统与目标系统达到同步。

$\boldsymbol{\mu}$ 微小的变化规律为 $\mu_j = \varepsilon \mathrm{sgn}\left(\dfrac{\mathrm{d}f_j}{\mathrm{d}\mu_j}\right)(Y_j - X_j) - \delta(\mu_j - \mu_{j0})$。再由受控系统 Lyapunov 指数全为负的条件,得到 ε、δ 的一定系数变化范围,从而使两个混沌系统同步,即实现自适应混沌同步。

必须注意受控参数的变化依赖于两个因素:①受控系统输出变量与期望轨迹的相应变量之差;②受控参数的值与期望轨道相应的参数值之间的差别。运用自适应方法可以使一些典型的混沌系统(Lorenz、Chua's、Rossler 等)达到同步,也可以实现高阶混沌系统和超混沌系统的同步。

自适应混沌同步方法是一种很有吸引力的同步方法,其在电子学领域的应用中有着较成熟的理论和应用基础。自适应混沌同步的选择余地也很大,可以选择控制系统中每一个参数,也可以选择不同的控制函数,因而如果把它应用到混沌通信中,保密性能非常强。其应用的难点在于如何选择自适应控制函数,若选择稍复杂的控制函数,性能会提高,但也会使系统的复杂性增加,不易掌握。因而,怎样才能建立比较理想而且容易实现的自适应控制函数,还需理论上的进一步推导、论证。另外模型参考自适应方法过分依赖于系统模型,这也给实际应用带来了困难。

5. 脉冲同步法

脉冲同步法是一种新型的混沌同步方法,它是将发送端的混沌状态以脉冲的形式不连续地传送到接收端以实现两个混沌系统的状态同步[61]。其基本原理如下。

考虑如下形式的一类自治混沌系统

$$\dot{\boldsymbol{X}} = f(\boldsymbol{X}), \boldsymbol{X}(t_0) = \boldsymbol{X}_0, \boldsymbol{X} \in \boldsymbol{R}^n \tag{1.23}$$

为了方便起见,将式(1.23)写成如下形式

$$\dot{\boldsymbol{X}} = \boldsymbol{A}\boldsymbol{X} + \boldsymbol{\varphi}(\boldsymbol{X}), \boldsymbol{X}(t_0) = \boldsymbol{X}_0, \boldsymbol{X} \in \boldsymbol{R}^n \tag{1.24}$$

式中,$\boldsymbol{A}\boldsymbol{X}$ 为混沌系统的线性部分;$\boldsymbol{\varphi}(\boldsymbol{X})$ 为非线性部分。

对于驱动系统式(1.24),构造其脉冲同步的响应系统为

$$\begin{cases} \dot{\boldsymbol{Y}} = \boldsymbol{A}\boldsymbol{Y} + \boldsymbol{\varphi}(\boldsymbol{Y}), t \neq \tau_k \\ \Delta \boldsymbol{Y}|_{t=\tau_k} = I_k(\boldsymbol{X}, \boldsymbol{Y}), k = 1, 2, \cdots \end{cases} \tag{1.25}$$

式中,$\boldsymbol{Y} \in \boldsymbol{R}^n$,$I_k(\boldsymbol{X}, \boldsymbol{Y})$ 为 $t = \tau_k$ 时刻的脉冲控制量。在离散点 τ_k,驱动系统的状态变量传输到响应系统,对响应系统的状态变量施加脉冲控制,使其产生跳变。通过离散点 τ_k 的脉冲控制,使响应系统的状态变量逐渐趋向于驱动系统的状态变量。

令 $e \in \mathbf{R}^n$，且 $e \in X - Y$ 为同步误差矢量，由系统式（1.24）和式（1.25）可得脉冲同步的误差系统为

$$
\begin{cases}
\dot{e}(t) = Ae(t) + \boldsymbol{\varphi}(X) - \boldsymbol{\varphi}(X - e), t \neq \tau_k \\
\Delta e \big|_{t=\tau_k} = -I_k(X, Y), k = 1, 2, \cdots
\end{cases}
\tag{1.26}
$$

可以证明当抽样脉冲间隔 Δ 满足条件 $0 < \Delta < \Delta_{\max}$ 时（$\Delta_{\max}$ 为最大稳定抽样脉冲间隔），会得到同步误差 $e \to 0$，即两系统的轨迹逐渐趋向一致，即实现脉冲同步。

脉冲同步方法是一种很有发展前途的混沌同步方法，它的与众不同之处在于，它所传送的是一种不完全的混沌信号，即把混沌驱动信号化为一个个脉冲就可以使响应系统同步。这似乎是难以理解的，因为按照一般的想法，驱动信号如果发生变化，很可能会失去同步，但事实是，如果取样脉冲频率达到了一定要求，依然可以较好地实现同步。这种脉冲同步在数值传送方面具有很好的应用前景。目前，虽然应用脉冲同步方式可以使混沌系统做到很好的同步，但在这种同步方式中，对混沌状态的采样要求非常高，采样频率和脉冲的占空比必须足够高，否则就不能做到同步，但是较高的采样频率和脉冲占空比必然会影响数据传输速率。因此，这种同步方式在应用中需选择适当的采样频率，而系统的数据传输速率与抽样脉冲频率、占空比之间的关系问题还有待进一步研究。

6. 神经网络同步方法

神经网络本身就是非线性系统，而在某些参数空间内能产生混沌特性。神经网络同步的基本思想是：对于离散混沌系统，在接收方复制其预测神经网络，然后利用这个复制系统及反馈控制常数来修正同步的神经网络系统及状态[62]。

混沌同步的方法还包括 D－B 方法[63]、基于相互耦合的同步方法、外部噪声法等[64]。关于混沌同步的方法一直被不断更新，但绝大多数仍处于理论分析、试验研究阶段，涉及系统的实际应用和硬件实现还有待进一步完善。并且，现有的混沌同步方法都是从控制论角度提出的混沌渐近同步法，是随着时间的演变而呈现的误差逐渐缩小、最终趋于一致的过程。

1.7.2　几种典型的混沌通信方法

按目前的研究水平，混沌通信方法主要分为以下四大类：混沌扩频、混沌键控、混沌参数调制、混沌遮掩。前三类属于混沌数字通信，最后一类属于混沌模拟通信。如何围绕这四大类混沌通信体制进行理论分析、仿真和试验研究已成为信息科学界关注的要点之一。下面对几种典型的混沌通信方法逐一介绍[65－66]。

1. 混沌遮掩

混沌通信技术中研究最早的当属混沌遮掩技术，它又被称为混沌隐藏或者混沌遮盖技术。其基本思想是：在发送端利用具有类似高斯白噪声统计特性的连续混沌波形作为一种载体来隐藏或遮掩待传送的信息，形成混沌遮掩信号，在接收端则利用同步后的混沌信号进行去遮掩从而恢复有用信息。现阶段常用的混沌遮掩技术主要有相加、相乘和加乘结合的方式。

图 1.10 所示为采用相加混沌遮掩技术的通信系统图。在发送端，将需要传送的信号 $S(t)$ 加入混沌信号 $X_1(t)$ 后得到 $S_x(t)$，并将其送入信道；在接收端，利用同步后的混沌信号去遮掩，恢复出原有信号 $S'(t)$。

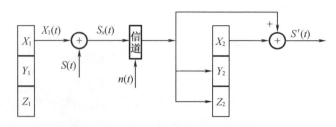

图 1.10 采用相加混沌遮掩技术的通信系统图

混沌遮掩技术实现简单，但此方法存在许多不足：一方面，它严格依赖于发送端、接收端混沌系统的同步，并且信息信号的功率要远低于混沌遮掩信号的功率，信道中很小的噪声就能破坏系统的同步效果，造成较大的误码率，因而其实际应用价值不高。另一方面，不论是采用具有一个正 Lyapunov 指数的低维弱混沌系统，还是采用具有多个正 Lyapunov 指数的超混沌系统，这种保密通信方案都易受到基于相空间重构的预测法攻击，并且方案只适用于慢变信号，还不能很好地处理快变信号和时变信号。

利用混沌遮掩的方法还有离散耦合驱动（pulse-code modulation，PCM）编码混沌遮掩、混合混沌信号驱动遮掩、神经网络同步混沌遮掩、时钟 – 间隔脉冲驱动同步数字混沌遮掩、无同步的混沌遮掩等。

2. 混沌参数调制

混沌参数调制方式是混沌保密通信系统中的一种主要通信方式[67]。混沌参数调制实现信息传输的原理框图如图 1.11 所示，它是针对数字信号的通信方案，有用信号一般为二进制比特流。其基本思想是：利用所传输的数字信号来调制混沌系统中的一个或多个参数，并且确保这个参数在混沌域中利用混沌吸引子对数字信号进行"包装"，此时混沌系统输出的混沌信号作为驱动信号；由于发送系统的参数在调整，接收端将产生同步误差，即驱动信号和接收系统产生的混沌信号存在误差，通过这个同步误差来判断传输的数字信息。

图 1.11 混沌参数调制通信系统框图

该方法的优点是首先它把混沌信号谱的整个范围都用来隐藏信息，其次它增加了对参数变化的敏感性，从而增强了保密性；缺点是同步质量不高是阻碍其发展的共性问题。

此类方法的研究有数字混沌调制的有线码分多址（code division multiple access，CDMA）通信、脉冲同步的混沌调制、无同步的脉冲无线发送的混沌调制等。

3. 混沌扩频

混沌扩频通信技术是一种信息传输方式，最早应用于军事通信中，基本原理如图 1.12 所示。在发放信息数据 D 经通常的数据调制后变成带宽为 B_1 的信号（B_1 为基带信号带宽），用扩频序列发生器产生的伪随机编码去对基带信号进行扩频调制，形成带宽为 B_2（$B_2 \gg B_1$）、功率谱密度极低的扩频信号后再发射至信道中。在接收端，首先使用与扩频信号发送者相同的伪随机编码做扩频解调处理，把宽带信号恢复成通常的基带信号，再使用通常的通信手段解调出发送来的信息数据 D。混沌扩频通信的特点是：信号所占的频带宽度远大于所传信息必需的最小带宽。按照扩展频谱的不同方式，现有的扩频通信系统可分为直接序列扩频系统、跳频扩频系统和跳时扩频系统。混沌扩频通信技术主要采用混沌方法生成伪随机码(pseudorandom numbers,PN)序列[68],用于取代原有系统中的常规 PN 序列,混沌序列比常规 PN 序列(例如 m 序列)有更好的自相关和互相关特性,因此具备在同样的带宽内允许更多的通信用户共享频谱资源的潜力。

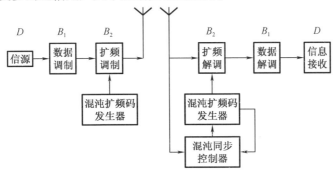

图 1.12　混沌扩频通信技术的基本原理图

4.混沌键控

混沌键控保密通信的一般原理是:在发送端,由不同结构的混沌系统或相同结构、不同参数的混沌系统所产生的混沌信号分别代表数字信息“0”和“1”进行传输;在接收端,利用混沌信号的相关特性来检测并恢复原始信息。根据接收端需要载波与否,混沌键控又分为相干解调和非相干解调两种,前者具有更好的抗噪声性能,研究得较多,但当信道质量较差、信噪比较低的时候,相干解调难以同步,此时适合使用非相干解调方式。此方法也易受到回归映射法的攻击。

混沌键控是研究较多的一大类键控式数字通信方案,现已提出的通信制式包括 COOK、CSK、DCSK、FM-DCSK 等。

无论是以上哪种方案,要使之达到混沌保密通信的应用要求,还必须实现混沌信号同步,因此可以说混沌同步技术是实现混沌保密通信的关键和核心。

1.7.3　混沌 CSK 通信系统

混沌 CSK 通信系统是数字调制系统的一种[69],利用混沌信号作为基底函数,混沌信号可由不同的混沌吸引子或相同的混沌吸引子但不同的初始条件所产生,所以每个基底函数的波形在混沌通信中是不固定的,这也是为什么即使相同的信号被传输时,在传输信道上每一符号周期 T 间的传输序列都有不同的波形。因此,经混沌调制后的传送信号是非周期性的。

1.混沌 CSK 调制

首先,考虑在只有单一用户及单一基底函数的情况,其调制后的符号序列为

$$S_m(t) = S_{m1}g_1(t) \qquad (1.27)$$

式中,$S_m(t)$ 为调制器的输出;$g_1(t)$ 为基底函数;S_{m1} 为欲传送的字符数据“1”或“0”;m 为目前传送字符的位数。单一基底函数混沌 CSK 调制器的原理图如图 1.13 所示。

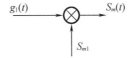

图 1.13　单一基底函数混沌 CSK 调制器原理图

在单一基底函数的情况下,输入信号有三种不同的选择。

(1)COOK

符号"1"表示为 $S_m(t) = \sqrt{2E_b}\,g_1(t)$,符号"0"表示为 $S_m(t) = 0$,权重为 $s_{11} = \sqrt{2E_b}$,E_b 表示平均字符能量。假设符号"1"和"0"出现的概率相同。

(2)单极 CSK

符号"1"和符号"0"的传输字符能量分别为 E_{b1} 和 E_{b2},且 $E_{b1} = kE_{b2}$,$0 < k < 1$。E_b 代表平均字符能量,假设符号"1"和"0"出现的概率是相等的,符号"1"表示为 $S_1(t) = s_{11}g_1(t)$;符号"0"表示为 $S_2(t) = s_{21}g_1(t)$。权重分别为 $s_{11} = \sqrt{\dfrac{2E_b}{1+k}}$ 和 $s_{21} = \sqrt{\dfrac{2KE_b}{1+k}}$。

(3)对称 CSK

符号"1"表示为 $S_1(t) = s_{11}g_1(t)$,符号"0"表示为 $S_2(t) = s_{21}g_1(t)$。权重分别为 $s_{11} = \sqrt{E_b}$ 和 $s_{21} = -\sqrt{E_b}$。

进一步考虑有多用户、多个基底函数的传输情况,用待发送的多进制数字信号对发送端混沌振子电路进行混沌键控,根据单向耦合同步法实现收发两端混沌振子电路的同步,并在接收端采用相关接收解调恢复出原信号。由于混沌信号是具有遍历性的宽带非周期信号,计算机仿真表明,其相关特性具有逼近高斯白噪声的统计特性。按照这一特性,CSK 系统在发送端把不同的码元符号 $\{b_i\}$ 分别映射到不同的混沌吸引子中,这些吸引子是由具有不同参数的混沌振子电路所产生的混沌信号,吸引子的个数等于信号集的大小。混沌调制后的信号序列定义为

$$S_m(t) = \sum_{j=1}^{N} s_{mj}(t)g_j(t),\ j = 1,2,\cdots,N \tag{1.28}$$

式中,$S_m(t)$ 为各个用户欲传送的字符数据(+1)或(-1);基底函数 $g_j(t)$ 为混沌波形;N 为用户个数;下标 j 为所指定的用户;下标 m 为目前传送字符的位数;$s_m(t)$ 为传送端的输出。此时,多用户 CSK 调制的示意图如图 1.14 所示。

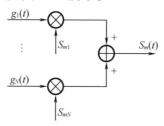

图 1.14　多用户 CSK 调制图

为了达成最佳的噪声性能,基底函数必须是正交的,而混沌基底函数只有在均值意义上具有正交规范化特性,即

$$E\left\{\int_0^T g_i(k)g_j(k)\,\mathrm{d}t\right\} = \begin{cases} 1, i = j \\ 0, i \neq j \end{cases} \tag{1.29}$$

式中,E 为期望值的运算符号;T 表示混沌信号的取样周期。混沌信号本身为非周期性的信号,且具有统计特性,因此混沌信号有类似正交的特性,有利于接收端进行信号解调。

2. CSK 相干解调

混沌 CSK 数字通信系统有相干解调和非相干解调两大类。

在单一基底函数下,其相干接收机中恢复的观测信号 z_{m1} 为

$$z_{m1}(t) = \int_0^T S_m(t) g_1(t) \mathrm{d}t = s_{m1} \int_0^T g_1^2(t) \mathrm{d}t \approx s_{m1} \qquad (1.30)$$

式(1.30)表示原始信号被正确恢复,其工作原理如图 1.15 所示。

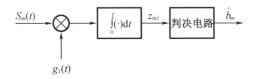

图 1.15 单一基底函数 CSK 相干解调原理图

图 1.15 中的判决电路有助于得到更精确的恢复信号,假如 $z_{m1} > z_T$,则输出符号为"1";而若 $z_{m1} < z_T$,则输出符号为"0",其中 z_T 为适当的判决门限。

在有多用户和多个基底函数的情况下,并假设无通信信道等任何噪声的干扰,接收端接收到的信号仍为 $S_m(t)$,并假设接收端有能力复制出基底函数 $g_j(t)$,则 CSK 接收端将可以解调出此用户的字符数据 z_{mj},此时有 $z_{mj}(t) \approx s_{mj}, j = 1, 2, \cdots, N$ 表示系统能够正确恢复的字符符号。此时,相干 CSK 的解调信号可表示为

$$z_{mj}(k) = \int_0^T S_m(t) g_j(t) \mathrm{d}t = \int_0^T \left[\sum_{k=1}^N s_{mk}(t) g_k(t) \right] g_j(t) \mathrm{d}t$$

$$= s_{mj} \int_0^T g_j^2(t) \mathrm{d}t + \sum_{\substack{k=1 \\ k \neq j}}^N s_{mk} \int_0^T g_k(t) g_i(t) \mathrm{d}t \approx s_{m1} \qquad (1.31)$$

注意到混沌基底函数有使 $E\left\{ \int_0^T g_j^2(t) \mathrm{d}t \right\} = 1$ 和 $E\left\{ \int_0^T g_k(t) g_i(t) \mathrm{d}t \right\} = 0$ 的特性,故选择足够大的字符周期 T,可使混沌基底函数更具统计特性,使从判决电路恢复出的字符更趋近与原始信号字符相等。多用户 CSK 相干解调电路原理如图 1.16 所示。

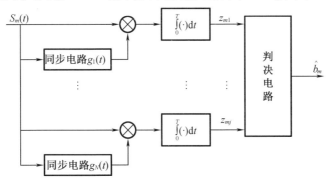

图 1.16 多用户 CSK 相干解调电路原理图

3. CSK 非相干解调

CSK 非相干解调系统是 CSK 相干解调系统的变形,它不需要在接收端产生与传送端相

同的基底函数,而是直接利用接收到的信号作为接收端恢复的基底函数进行解调。因此,其在实际应用上更为便利,而其调制系统与前面介绍的一样,CSK 非相干解调信号可用下式表示

$$z_{m1}(t) = \sqrt{\int_0^T S_m^2(t)\mathrm{d}t} = \sqrt{s_{m1}^2 \int_0^T g_1^2(t)\mathrm{d}t} \approx |s_{m1}| \tag{1.32}$$

式中,因混沌信号的正交统计特性使 $E\sqrt{\int_0^T g_1^2(t)\mathrm{d}t} = 1$,故使其能解调出发送端传送过来的原始字符信息。此外,因 $z_{m1}(t) \approx |s_{m1}|$ 的关系,所以 CSK 非相干解调传送端的信号必为"+1"或"0",而不能选用"+1"或"-1"。单一基底函数 CSK 非相干解调原理如图 1.17 所示。

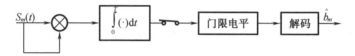

图 1.17　单一基底函数 CSK 非相干解调原理图

4. CSK 通信系统的性能

图 1.18 所示为相干 CSK、相干 COOK、非相干 COOK 的比特误码率(bit error rate,BER)性能曲线与非混沌理想 BPSK(2PSK)接收机的 BER 性能曲线理论仿真结果对比图。

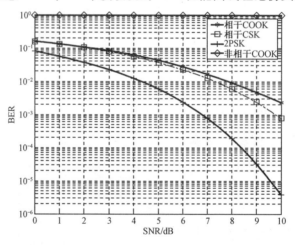

图 1.18　CSK 通信系统 BER 性能曲线对比图

1.7.4　混沌扩谱通信

混沌扩谱通信方式主要包括直接序列扩谱(direct sequence,DS)、跳频扩谱(frequency hopping,FH)两种。直接序列扩谱是利用伪随机序列对数字信号进行相位调制来完成的;跳频扩谱则是将可用的频段分成 N 个频道,利用伪随机序列控制系统载波频率在 N 个频道之间跳变形成的。扩谱通信系统传输信息所占用的带宽远远大于信息本身带宽,扩谱通信以牺牲带宽为代价所获得的优点有:抗阻塞、抗截获、可实现多用户随机访问通信并具有抵

抗多用户干扰的能力。

扩频(spread spectrum,SS)可以被认为是最重要的安全通信技术之一。这种技术创建之初主要面向军事应用,之后被推广到了民用领域。扩频技术具有很多优点,比如保密性、抗干扰、抗拥塞、抗衰落以及允许多址(multiple access,MA)接入等特性,其中最后一个特性目前已被广泛地应用于移动通信系统中。扩频通信涵盖多种技术,概括起来有直接序列扩频(direct sequence spread spectrum,DSSS)、跳频扩频(frequency hopping spread spectrum,FHSS)、跳时扩频(time hopping spread spectrum,THSS)、线性调频扩频(chirp spread spectrum,CSS)和混合扩频(hybrid spread spectrum,HSS)等技术形式。

扩频的主要思想是使用名为前向扩频码的特定码本调制或插入基带信息。此插入或调制过程所产生的宽带信号对窄带拥塞、干扰、多径影响都有一定的抑制作用,此外这个过程还为系统提供了多址能力。有许多类型的扩频码可以被用于扩展频谱处理,由线性反馈移位寄存器产生的 PN 序列是在多用户应用中最常用的扩频码。尽管 PN 码有着吸引人的特性,但它也有许多缺点,如可用(正交)序列的数量有限以及它的周期性特征,使得被截取的信号是可预测的,并且可由线性反馈移位寄存器重建,从而导致安全性的问题。

本节介绍一种基于混沌码 PN 序列构建的 DS/FFH(fast frequency hopping)/TH(time hopping)混合扩频通信系统,该系统采用零均值自平衡正交(zero mean self-balance orthogonal,ZMSBO)法产生混沌 PN 码,以解决用传统 PN 短码作为扩频码所带来的问题。性能分析结果显示,混沌 PN 码在信道存在严重衰落和多址干扰(multiple access interference,MAI)的情况下具有更优异的性能。此部分内容主要取自本书作者指导的博士生 Hany Amin 的博士论文[70]。

1. 发射机

图 1.19 为混沌 PN 序列混合扩频通信系统发射机的仿真实现结构。该发射机主要由基带数据单元、纠错编码器、直接序列扩频单元、差分相移键控(differential phase shift keying,DPSK)单元、单 – 双极性转换单元、跳频扩频单元、跳时单元、上变频单元、导频注入单元组成,最终输出为利用 2.4 GHz 载波传送的 DSSS – FHSS – THSS 混合扩频信号,信号带宽 80 MHz。

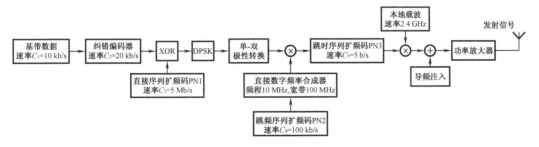

图 1.19 混沌 PN 序列混合扩频通信发射机系统结构

发射机中主要模块的作用和参数选取如下。

基带数据单元:用于生成速率为 $C_1 = 10$ kb/s 的基带数据码流,其码元持续时间为 0.1 ms。

纠错编码器:用于生成效率为 1/2 的 (2,1,3) 卷积纠错码,在保持基带数据码率 C_1 不变的条件下,该编码器的输出码率为 $C_2 = 20$ kb/s,编码数据码元的持续时间为 0.05 ms。
$(2,1,3)$ 卷积纠错编码器的实现原理如图 1.20 所示。图 1.21 提供了持续时间为 2 ms 的基
带数据和卷积器编码数据的时域波形关系。

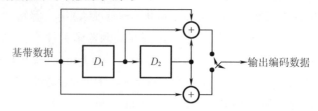

图 1.20　$(2,1,3)$ 卷积纠错编码器实现原理图

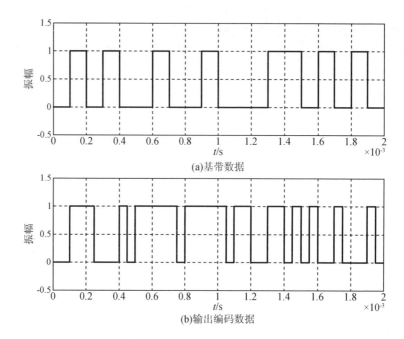

图 1.21　基带和编码数据波形

直接序列扩频单元:由混沌伪码 PN1 生成器和异或(XOR)运算器组成。混沌伪码 PN1
生成器负责产生直接序列扩频需要的扩频码 PN1。该扩频码为二电平短序列码,采用
ZMSBO 法从 Logistic 混沌映射产生,其扩频码的码率 $C_3 = 5$ Mb/s,直扩增益 $G_1 = 250$。扩频
运算由 XOR 运算器完成。

DPSK 单元:负责对扩频后的数字信号进行差分相移键控调制,以允许后继单元对其输
出信号采用 BPSK 调制和在接收机中进行 DPSK 解调,进而免除相位模糊对原始信息恢复
造成的影响。

双极性转换单元:负责把扩频后的单极性信号"0"和"1"映射为便于进行跳频调制的双
极性信号"+1"和"−1"。

跳频扩频单元:由混沌伪码 PN2 生成器、跳频信源和乘法器组成。混沌伪码 PN2 生成
器用于产生控制频率跳跃需要的扩频码 PN2,该扩频码为短序列码,采用 ZMSBO 法从
Logistic 混沌映射产生,其码率 $C_4 = 100$ kb/s。跳频图使用 8 个不同频率,最小频率为

20 MHz,最大频率为 90 MHz,限定任意相邻两跳间的频差不小于 10 MHz。这意味着产生的扩频码 PN2 应为 8 电平混沌伪码序列。跳频信源为直接数字频率合成器(direct digital synthizer,DDS),频率范围为 0~100 MHz。跳频后的信号为 BPSK 调制,最小跳频增益 $G_2 = 6$。图 1.22 显示了在 PN2 序列控制下得到的跳频信号频谱图。

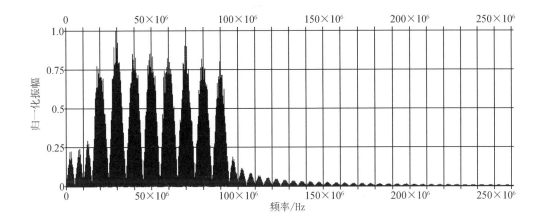

图 1.22 PN_2 序列控制下的跳频扩谱后的信号频谱

跳时单元:由混沌伪码 PN3 生成器和时隙分配器组成。混沌伪码 PN3 生成器用于产生控制跳时需要的扩频码 PN3,该扩频码为混沌伪码短序列,采用 ZMSBO 法从 Logistic 混沌映射产生,其码率 $C_5 = 5$ b/s。跳时总共使用 5 个时隙,每个时隙的时间窗口宽度为 200 ms,扩频码 PN3 为 5 电平的混沌伪码序列。

上变频单元:由 2.4 GHz 本地信源和上变频混频器组成。2.4 GHz 本地信源为上变频混频器提供 2.4 GHz 的载波频率,上变频混频器输出工作于 2.4 GHz 频段的 DSSS – FHSS – THSS 混合扩频信号,其频谱分布如图 1.23 所示。

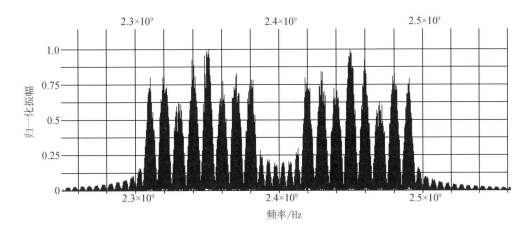

图 1.23 射频 DSSS – FHSS – THSS 混合扩频信号的频谱

导频注入单元:用于产生工作于 2.4 GHz 频段的三频组合同步导频信号并注入功率放大器中,作为射频 DSSS – FHSS – THSS 混合扩频信号的前导信号发射出去,以引导接收机进入同步接收状态。包含同步导频信息的射频 DSSS – FHSS – THSS 混合扩频信号的频谱图分布如图 1.24 所示。

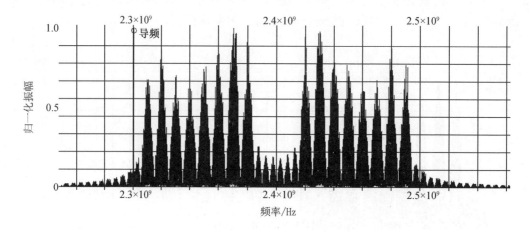

图 1.24　频谱迁移到 2.4 GHz 频段的 DSSS – FHSS – THSS 混合扩频信号的频谱

为增强通信系统的抗截获能力,还须为 PN1、PN2、PN3 分别设计一套码组,即 PN1 = $\{PN_1^0, PN_1^1, \cdots, PN_1^M\}$,PN2 = $\{PN_2^0, PN_2^1, \cdots, PN_2^M\}$,PN3 = $\{PN_3^0, PN_3^1, \cdots, PN_3^M\}$,其中 M 为码组成员数。应用时,可从每套码组中按一定规则抽取一个成员构成扩频码组 $\{PN1, PN2, PN3\}$,供发射机和接收机使用。M 的取值应结合混合扩频系统的同步方式和同步的复杂性等因素综合考虑。本设计取 $M = 8$,如此选取的主要原因是考虑用三频组合信息作为导频信号进行收 – 发信机同步时,便于接收机利用导频信息的存在与否构建状态字,并用此状态字提取对应的扩频码组,用于随后的解扩谱处理中。图 1.25 解释了扩频码组选择的基本原理。

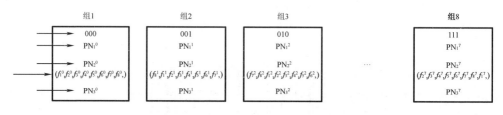

图 1.25　收 – 发信机共用的扩频码组选择原理

2. 接收机

图 1.26 为混沌 PN 序列混合扩频通信系统接收机的仿真实现结构图。

该接收机主要由低噪声选频放大器、下变频单元、时 – 频估计同步引导单元、解跳时单元、解跳频单元、双 – 单极性转换单元、DPSK 解调器、解直扩单元、纠错解码器组成,最终输出为恢复的基带数据。

接收机中主要模块的作用和参数选取如下。

低噪声选频放大器:用于抑制带外干扰和放大由天线接收到的含有信道噪声的混合扩谱信号和同步导频信号,其输出信号的频谱分布与图 1.24 所示情况相同。

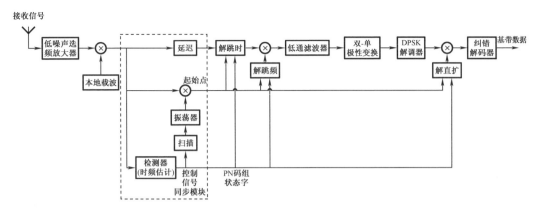

图 1.26　混沌 PN 序列混合扩频通信系统接收机结构

下变频单元:由 2.4 GHz 本地信源和下变频混频器组成,用于从接收信号中分离出带有导频信息的无载波 DSSS – FHSS – THSS 混合扩频信号。其输出信号的频谱分布如图 1.27 所示。

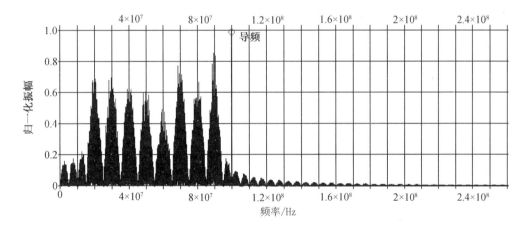

图 1.27　带有导频信息的无载波 DSSS – FHSS – THSS 混合扩频信号的频谱分布图

时 – 频估计同步引导单元:由时间频率联合估计器、滑动相关检测器、时间延迟单元组成,起引导收发信机间的跳时序列、跳频序列和直接扩谱序列同步的作用;同时还承担对信道畸变引起的时延和频移进行补偿的任务。其中时间频率联合估计器用于导频信息检测、信道时延和频偏估计,给出时频补偿信息和 PN 码组状态字;导频检测和时延、频偏估计采用短时 FFT 技术完成。滑动相关检测器用于拾取同步点信息和引导系统锁定同步状态。时间延迟单元用于补偿因时间频率联合估计、拾取同步点信息等计算所花费的时间。PN 码组状态字供接收机选取解跳时、解跳频和解直扩所需的 PN 码组。

解跳时单元:负责用 PN 码组状态字控制生成发射机使用的 PN 码组中的 PN3 码,并用之进行解跳时处理,即把来自随机时隙中的 DSSS – FHSS 扩频信号拼接起来,送给后面的解跳频单元。

解跳频单元:负责用 PN 码组状态字控制生成发射机使用的 PN 码组中的 PN2 码,并用之控制跳频信源产生解跳频所需的频率跳变信号,再通过下变频变换删除 DSSS – FHSS 扩频信号中的随机跳变频率,然后送给低通滤波器进行抗混叠和提取 DSSS 信号的处理。

双 - 单极性转换单元:负责把 DSSS 信号中双极性数据" + 1"和" - 1"映射为便于进行解直扩的单极性数据"0"和"1"。

DPSK 解调器:负责解除 DSSS 信号带有的 DPSK 调制,重建原始的直扩信号。

解直扩单元:负责用 PN 码组状态字控制生成发射机使用的 PN 码组中的 PN1 码,再用之与重建的原始直扩信号做 XOR 运算,完成解直扩处理,重建带有纠错编码的原始基带数据。

纠错解码器:用于对带有(2,1,3)卷积纠错码的原始基带数据执行解码运算,并从中恢复原始基带数据。

3. 零均值自平衡(zero mean self-balancing, ZMSB)正交混沌序列的产生

一般而言,ZMSBO 混沌序列可通过对由任一混沌映射生成的零均值自平衡二值序列的正交化获得,构造方法主要分为四个不同的阶段。

(1)由任意混沌映射生成基本混沌序列

为便于讨论,且不失一般性,选 Logistic 映射生成基本混沌序列。Logistic 方程为

$$x_{i+1} = Rx_i(1 - x_i), \quad x_i \in (0,1) \tag{1.33}$$

式中,x_{i+1} 为由 x_i 生成的新数据;R 为分岔系数。显然,序列全体 $\{x_i\}\mid_{i=0}^{N}$ 生成长度为 N 的基本混沌序列。

(2)将基本混沌序列转换为零均值(zero mean,ZM)的二值序列

将基本混沌序列映射为二值序列,且使其具有零均值特性,映射过程可使用零均值转换法完成。该方法的基本思想是将基本混沌序列的值按其统计均值进行二值化变换,进而构建出一个新的具有零均值的二值序列。

实际上,有各种方法可以用来将基本混沌序列映射为二值化序列,如数字化方法、阈值法等。但此处我们采用 ZM 转换法。该方法的映射关系可表示为

$$X_i = \text{sign}\{x_i - \text{mean}[x_i]\} = \begin{cases} 1, & x_i \geq \text{mean}[x_i] \\ -1, & x_i < \text{mean}[x_i] \end{cases} \tag{1.34}$$

式中,$\text{mean}[x_i]$ 表示基本混沌序列的统计均值。考虑到大多数情况下混沌系统呈现的随机性普遍具有各态历经性,故 $\text{mean}[x_i]$ 可用基本混沌序列的样本平均值计算来代替。

(3)基本 ZMSB 混沌序列的生成

对零均值混沌序列的自平衡(self-balancing,SB)处理由反转、倒序、基数 - S 块倒序和移位组合处理等四个主要步骤完成,具体计算过程如图 1.28 所示。

自平衡处理是针对零均值二值化处理后的基本混沌序列进行的。

第 1 步,反转处理,即将基本混沌序列乘以 - 1,其映射关系可表示为

$$f(x_i) = -x_i, \quad M \leq i \leq M + N \tag{1.35}$$

式中,M 为序列起点;N 为序列(扩频码)长度。M 的初始值设置要避免在初始条件发生微小变化时引起若干混沌序列第一个值之间的相似性。若所采用的混沌映射(Logistic 映射)只用于产生一个基本混沌序列而不用于生成任何其他的混沌序列,则 M 可以设置为零。

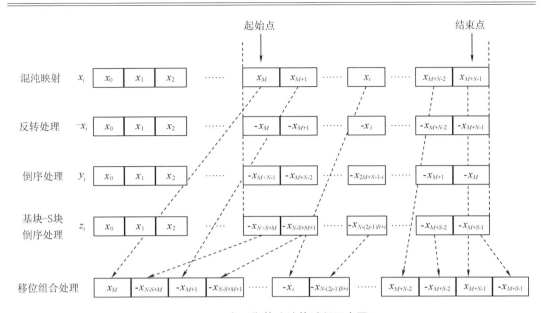

图 1.28　自平衡算法计算过程示意图

第 2 步,倒序处理,即将经反转处理后的混沌序列的排序颠倒,其映射关系可表示为

$$y_i = -x_{2M+N-1-i}, \quad M \leqslant i \leqslant M+N \tag{1.36}$$

第 3 步,基块 $-S$ 块倒序处理是将经倒序处理后的混沌序列先划分为 N/S 段,每段长度为 S 的短序列,划分过程如图 1.29 所示,然后对每个短序列内部的排序进行颠倒,其映射关系可表示为

$$z_i = y_{2M+(2j-1)S-1-i} = -x_{N-(2j-1)S+1}, \quad M \leqslant i \leqslant M+N, j=1,2,\cdots,N/S \tag{1.37}$$

式中,j 为短序列的索引号,是一个不超过 N/S 的正整数。

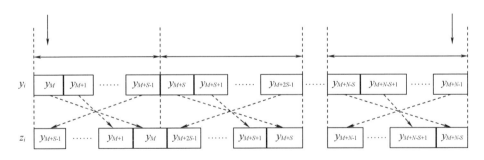

图 1.29　基数 $-S$ 块倒序处理基数 $-S$ 块的划分过程示意图

第 4 步,移位组合处理,在基数 $-S$ 块倒序混沌序列 z_i 和原始基本混沌序列 x_i 间进行,二者的序列长度都是 N,零均值自平衡序列 C_i 的映射关系可表示为

$$C_k = \begin{cases} x_{\frac{k}{2}+M}, & k \in \text{偶数} \\ z_{\frac{k-1}{2}+M}, & k \in \text{奇数} \end{cases}, \quad k=0,1,\cdots,2N-1 \tag{1.38}$$

式中,k 为长度为 $2N$ 的最终产生的零均值自平衡混沌扩频码(混沌序列)的索引号。

(4)从 ZMSB 混沌序列生成 ZMSBO 混沌扩频码

产生正交混沌扩频码的主要思想是要以特定的正交函数集与 ZMSB 混沌序列相乘来得

到。这个特定函数集由正交矩阵 $\boldsymbol{F}$ 构造,维数为 $K \times 2N$。其中 K 等于根据用户数量确定的扩频码的数量,$2N$ 是 ZMSB 混沌扩频码的长度。正交矩阵 $\boldsymbol{F}$ 的每一行都由 1 和 -1 产生,且每一行的总和等于零。正交扩频码由基本 ZMSB 码和正交矩阵 $\boldsymbol{F}$ 的相应行间的点积运算生成。

为与经典的伪随机序列比较,假定混沌码长也受到相同的二进制系统的限制。于是矩阵 $\boldsymbol{F}$ 的创建过程如下:

①生成一个长度为 $2N$ 的矢量 $\boldsymbol{v}$,包含数值 1 或者 -1。

②创建 n 个层次,这里 $n = \log_2(2N)$ 或 $2^n = 2N$,令第 n 层包含 2 个类似的段,每段的长度是矢量 $\boldsymbol{v}$ 长度的一半,即长度等于 N;第 $(n-1)$ 层包含 4 个类似的段,每段长度为 $N/2$;依此划分直到第一层,其包含 $2N$ 个段,每段长度为 1。

③矩阵 $\boldsymbol{\delta}$ 的第一行是由第一层的 $2N$ 个元素通过相邻段进行位置交换来构建的;同样,第二行也是由同层的相邻段进行位置交换来构建的;依此类推,直到第 N 行。

④从 $(N+1)$ 行开始,由第二层的相邻段进行交换,直到第 $(N + N/2)$。一般情况下,行数 $\frac{N}{2^{(l-1)}}(l - 1) + i$ 将通过在 γ 层交换这两个段 $s_{2i} = -s_{2i-1}$ 来获得,这里 $i = 1, 2, \cdots, N/2^{(l-1)}$。

⑤继续这个过程,直到第 n 层,即获得了对应于 $(2N - 1)$ 个用户的 $(2N - 1)$ 行。$2N$ 码长对应一个符号持续周期,若有 R 个符号则对应的行数为 $(2RN - 1)$,将提供 $(2RN - 1)$ 个用户。

若码长可表示为二进制数时,混沌扩频码的总数可由下式计算:

$$R = \sum_{i=1}^{n} 2^i - 1, n = \log_2(2N) \tag{1.39}$$

图 1.30 说明了创建正交矩阵的过程。这种方法的主要缺点是扩频码的数目受到限制,但它能清楚地显示出所生成的代码的数目(可用的用户数目)与信息符号的数目成正比的关系。

4. DS/FFH/TH 混合扩频通信系统的性能

图 1.31 显示了在加成性高斯白噪声信道(additive white gaussian channel, AWGN)中使用不同类型扩频码的 DS/FFH/TH 混合扩频系统的性能比较。很显然,在所有的信噪比范围内所有的扩频码几乎都具有相同的性能。这种相似性的原因是在多址干扰的情况下,分析的是单用户的性能。

图 1.32 显示了瑞利衰落信道中使用不同类型扩频码 DS/FFH/TH 混合扩频系统的性能比较。发现系统的性能优于 AWGN 信道中 BPSK 的性能,信噪比提高约 3 dB,然而必须强调的是,这种增强是通过比较所提出的系统在严重的衰落条件下的性能和在 AWGN 信道 BPSK 来实现的。

在频率选择性衰落信道的情况下,图 1.33 说明了使用不同的扩频码性能系统,并与 AWGN 信道下的 BPSK 进行了比较,可以发现,通常的混沌码与 GOLD 码具有相同的性能,若没有了多址干扰,性能也不会更好。

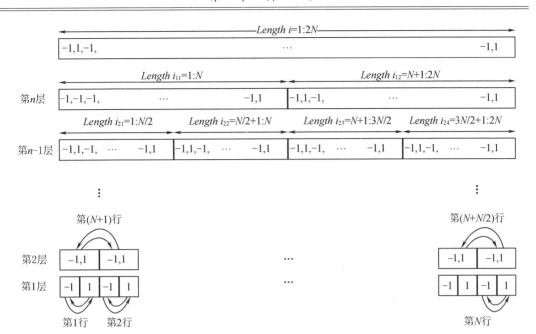

图 1.30　正交矩阵构造图

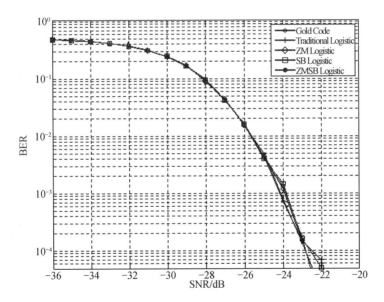

图 1.31　AWGN 信道中不同类型扩频码 DS/FFH/TH 混合扩频系统的性能比较

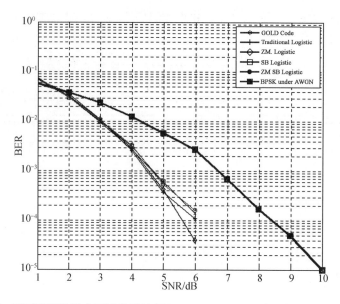

图 1.32 瑞利衰落信道中不同类型扩频码 DS/FFH/TH 混合扩频系统的性能比较

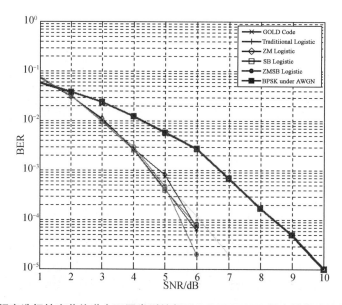

图1.33 频率选择性衰落信道中不同类型扩频码 DS/FFH/TH 混合扩频系统的性能比较

1.8 混沌通信技术的发展现状及问题

虽然目前世界范围内对混沌通信技术的研究已取得了众多研究成果,但依旧受到以下几方面因素的制约。

1. 混沌同步的制约

从现阶段国际范围内混沌通信研究取得的成果来看,收、发端混沌信号同步问题仍然是困扰混沌通信取得进展的主要因素。目前对混沌同步与混沌通信的研究主要是在理想信道的范围内进行的。研究表明,混沌信号是类似高斯白噪声的宽带连续谱非周期信号。利用理想信道(即有线信道)无失真地由发送端发送同步信息,然后在接收端建起良好的混沌同步已不再是困扰人们的技术问题。但要在混沌无线通信上取得与混沌有线通信一样的成果,却面临着巨大的困难。因为无线信道的非理想特性造成信号传输过程中的信号幅度衰落、相位非线性失真、多径干扰、多普勒频移以及环境噪声干扰等因素都将对混沌同步产生严重的影响,而这些影响导致在接收端难以建立起良好的混沌同步。

鉴于混沌无线通信研究受限于混沌同步问题的现状,现阶段开展寻找不依赖于混沌同步的混沌通信方法的研究就显得尤为必要。

2. 混沌振子信号接收窗受限

Duffing 混沌振子检测微弱信号的灵敏度高、抗干扰性强,能否将 Duffing 混沌振子应用于混沌通信中,是一个值得我们思考的问题。在 1.4 节已指出,Duffing 振子检测同频信号存在盲区,当待检信号的初相 φ 位于检测盲区时,系统不能检测出该待检信号。这就限制了 Duffing 振子在通信领域的应用,特别是在移动通信领域的应用,因为在移动通信时,待检通信信号与系统内部驱动力间的相位差是不确定的,所以不能保证待检移动通信信号能被实时检测到,即存在技术瓶颈。造成该技术瓶颈的主因是混沌振子的信号接收窗是受限的,因此若要将 Duffing 混沌振子应用到通信领域,就需要找到一种使其能覆盖全相位空间(360°信号相位接收窗)的方法,即使其对待检信号只具有幅度敏感性而无相位敏感性。

3. 实际系统误码率性能不高

实际混沌通信系统的误码率性能较差是制约其发展的另一个重要因素。有资料表明,现有的混沌数字通信系统中,以 CSK 性能最佳,在理想同步下系统性能可与经典 BPSK 系统相比较。但是从 1980 年至今,世界范围内还没有看到一个实际混沌通信系统的性能能超越 FSK 系统的理论性能限,主要原因是混沌信号对信号畸变和信道噪声比较敏感,使得以混沌同步为基础的混沌通信难以在低信噪比下实现,这也是混沌通信难以获得应用的重要因素之一。随着通信技术应用的普及,无线频谱资源越来越拥挤,无线信道环境变得越来越复杂,对通信系统的抗干扰、抗噪声性能提出的要求也越来越高,因此如何有效地提高混沌系统的抗干扰性能,也是决定混沌通信未来发展的一个主要因素。

4. 信息传输速率受限

现阶段对混沌数字通信的研究主要集中在二进制系统,信息传输速率较低,而对基于混沌信号的多进制数字通信系统的研究则不够全面和深入。参考文献[71]和参考文献[72]较早地对混沌信号在多进制数字通信系统中的应用进行了研究,分别提出了基于 Lorenz 模型和蔡式电路的多进制混沌键控调制方法。但是以上两种方法同样要求收发端系统混沌同步,这在实现上比较困难,而且混沌同步效果严重制约着通信系统的性能。虽然混沌数字通信系统的研究已经取得了众多进展,但是其信息传输速率低下是一个不可否认的事实,因此,发展多进制混沌通信技术和新型的多进制混沌通信体制应该受到特别重视。

5. 混沌保密通信仍将是保密通信研究的重点

混沌信号具有高度复杂性、难以预测性,以及宽频谱特性,正是因为混沌信号的这些特点使其被广泛应用于保密通信系统的研究中。现阶段混沌信号在保密通信系统中的地位是不可替代的,除非找到比混沌信号更具保密特性的其他形式的信号,否则在很长的一段时间内,混沌保密通信的研究仍将是所有保密通信研究的重点。

1.9　本书的主要内容

本书针对现有混沌通信存在的上述问题,采取与现有混沌通信技术完全不同的视角,结合著者在混沌振子接收机构建理论研究上取得的经验和心得,详细介绍了一种利用混沌振子相轨迹图像特征实现基带信息传送的混沌通信新方法。该方法涉及以混沌振子相轨迹为基础的调制解调、同频 Duffing 混沌振子阵列的构建、无 A/D 型混沌振子接收机硬件电路实现等一些关键技术。

第2章 混沌振子模型及基于相空间轨迹映射的信号调制方法

数字通信系统的主要特征是发送端在有限的时间间隔内发送有限波形集中的一个波形,接收端不是要精确地恢复被传输的波形,而是要从受到噪声干扰的接收信号中判断出发送端发送的是哪一个波形。此特点恰好可避免用混沌振子检测微弱正弦信号(载波信号)的幅度、频率或相位等参数,又可以让我们充分利用混沌振子检测微弱信号时所表现出的优良的抗噪声性能。

本章首先讲解基于混沌振子相空间轨迹映射的调制机理,然后介绍 Duffing 振子、Hamilton 振子、Jerk 振子的产生和计算机实现方法,最后介绍射频调制常用的几种基本调制方法。

2.1 基于相空间轨迹映射的混沌信号 调制机理与混沌振子选取原则

2.1.1 混沌吸引子相轨迹的不同形态

同一混沌方程,参数不同,混沌振子的相空间轨迹一般会呈现明显的形态差别,通常把这些存在差别的相空间轨迹形态分为两类,即周期态和混沌态。不同的混沌方程,其吸引子的相轨迹形态样式各异,相差甚远。为阐述利用它们进行混沌信号调制的机理,首先研究几种常见混沌振子吸引子的相空间轨迹特征。

1. Lorenz 系统

Lorenz 系统的方程形式如下:

$$\begin{cases} \dot{x} = a(y-x) \\ \dot{y} = cx - xz - y \\ \dot{z} = xy - bz \end{cases} \tag{2.1}$$

式中,a、b、c 均为参数。当取 $a=10, b=\dfrac{8}{3}, c=28$ 时,Lorenz 系统的混沌吸引子如图 2.1(a)所示;将方程中的参数 c 调整为 $c(t) = c_0 + c_1\cos(\omega t)$,当取 $c_0 = 26.5, c_1 = 5$ 时,得到 Lorenz 系统的大尺度周期态,如图 2.1(b)所示。

2. Van der Pol 振荡器

Van der Pol 振荡器的方程形式为

$$\begin{cases} \dot{x} = x - \dfrac{1}{3}x^3 - y + p + q\cos(\omega t) \\ \dot{y} = c(x + a - by) \end{cases} \tag{2.2}$$

式中，ω,a,b,c,p,q 均为参数。

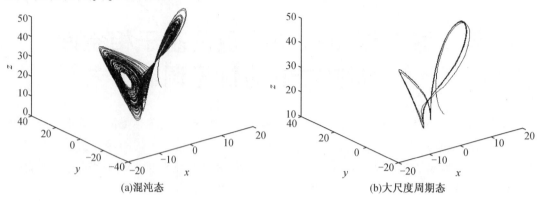

(a)混沌态　　　　　　　　　　　　(b)大尺度周期态

图 2.1　Lorenz 系统吸引子形态图

当取参数 $\omega=1,a=0.7,b=0.8,c=0.1$，并且 $p=0,q=0.74$ 时，Van der Pol 振荡器的典型混沌吸引子的相轨迹如图 2.2(a)所示；若将参数 p 调整为 $p=1.2$，则得到 Van der Pol 振荡器对应的大尺度周期态，如图 2.2(b)所示。

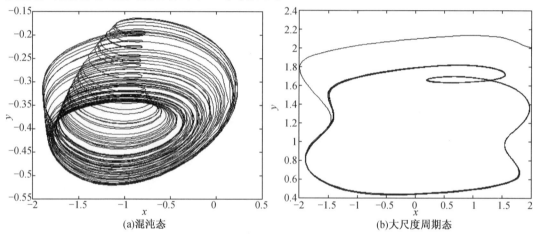

(a)混沌态　　　　　　　　　　　　(b)大尺度周期态

图 2.2　Van der Pol 振荡器吸引子形态图

3. Rössler 系统

Rössler 系统是一类比较简单的混沌系统，其方程由下式描述

$$\begin{cases} \dot{x} = -y - z \\ \dot{y} = x + ay \\ \dot{z} = b + z(x-c) \end{cases} \tag{2.3}$$

式中，a、b、c 均为实参数。图 2.3(a)给出了 $a=0.15,b=0.2,c=10$ 时 Rössler 系统吸引子的相轨迹图；若调整参数 $c=1$，则得到 Rössler 系统的大尺度周期态，如图 2.3(b)所示。

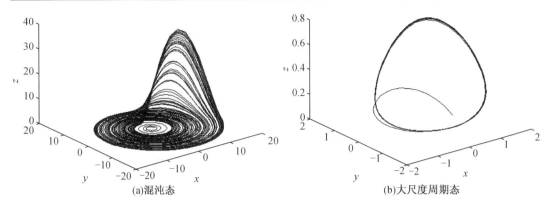

图2.3　Rössler 系统吸引子形态图

4. Birkhoff-shaw 振子

Birkhoff-shaw 振子方程中有正弦函数项,具体表达形式如下:

$$\begin{cases} \dot{x} = by + ax(c - y^2) \\ \dot{y} = -x + r\sin(\omega t) \end{cases} \tag{2.4}$$

式中,a、b、c、r 均为实参数。图2.4(a)中给出了 $a = 0.15$,$b = 0.2$,$c = 10$ 时 Birkhoff-shaw 振子的相轨迹图;当 $r = 0.65$ 时,系统为大尺度周期态,如图2.4(b)所示。

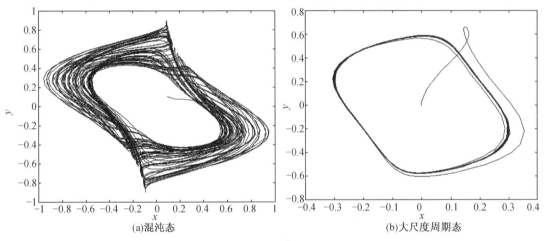

图2.4　Birkhoff-shaw 振子吸引子形态图

5. Duffing 振子

我们在第1章中给出过的 Duffing 振子的讨论,取 $p = -1$ 时,其强迫带阻尼的混沌系统方程为

$$\ddot{x}(t) + k\dot{x}(t) - x(t) + x^3(t) = \gamma\cos(\omega t) \tag{2.5}$$

当取 $\gamma = 0.64$ 和 $\gamma = 0.89$ 时,混沌吸引子的相空间轨迹的形态分别为混沌态和大尺度周期态,如图2.5(a)和图2.5(b)所示。

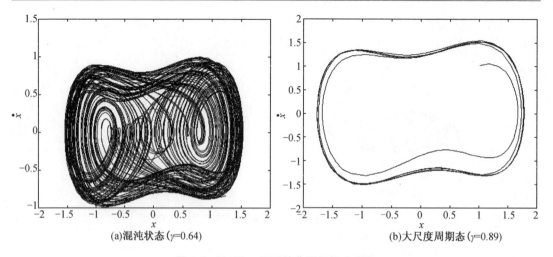

(a)混沌状态(γ=0.64)   (b)大尺度周期态(γ=0.89)

图 2.5　Duffing 振子的典型相轨迹曲线

从上述几种混沌振子的相空间轨迹图可以看出,同一方程对应不同的参数可以得到不同形态的相空间轨迹,而且这些相空间轨迹的形态特征具有唯一性,因此如果将混沌态对应数字信息"1",将周期态对应数字信息"0",则利用这些存在明显差别的相空间轨迹就能实现信息传递。但在实际应用中,哪种吸引子的相轨迹更适合用于数字信息调制还需要进行详细论证。

2.1.2　相空间轨迹映射的混沌信号调制机理

1. 利用相空间轨迹映射进行二进制信息调制的机理

从 2.1.1 节可知,若要在混沌振子相空间轨迹与数字信息间建立对应关系,先要找到混沌态和周期态对应的方程参数,然后在数字信息和方程参数之间建立"映射表",则可达到用数字信息来控制方程参数,驱动混沌方程产生相应的混沌信号,即使混沌信号形成不同形态的与数字信息对应的相空间轨迹的目的。以 Duffing 振子为例,可建立二进制数字信息与吸引子相空间轨迹的对应关系,如图 2.6 所示。

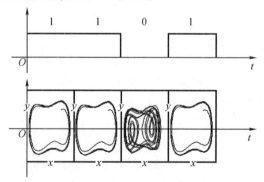

图 2.6　二进制数字信息与吸引子相空间轨迹对应图

2. 利用相空间轨迹映射进行多进制信息调制的机理

若想利用相空间轨迹映射实现多进制调制,需要寻找相轨迹分布区域可控的混沌振子模型,再通过由多进制信息控制混沌振子的参数,使其相轨迹分布区域不同,并用不同相轨迹区域来代表不同的多进制信息,进而建立混沌吸引子分布区域与多进制信息之间的映射关系,最终便可实现多进制调制。利用相空间轨迹映射进行多进制信息调制与利用混沌振子相轨迹检测微弱信号的共同点是,二者都基于混沌振子相轨迹迁移特性,所不同的是前者主要研究相轨迹迁移前后分布的二维空间区域特性的变化,而后者则主要研究相轨迹迁移前其形态特性的变化。这种调制方法,因把基带信息隐藏在混沌振子的相空间轨迹之中,故在实现多进制信息调制的同时,也获得了一定程度的信息隐匿能力。下面以四进制数字信息与吸引子相轨迹对应关系来说明多进制调制过程。四进制数字信息与吸引子相轨迹对应关系如图 2.7 所示,这里相空间被划分为 4 个子区域,每个子区域对应一个吸引子,吸引子相轨迹间互不相交,且有明显的分界线。显然,以图 2.7 示出的吸引子与多进制信息间的对应关系,便可实现四进制调制。

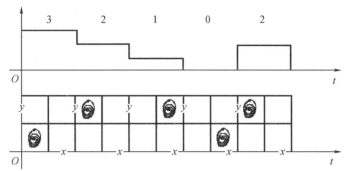

图 2.7　四进制数字信息与吸引子相轨迹对应关系图

2.1.3　混沌振子选取原则

1. 二进制调制对混沌振子相轨迹的要求及混沌振子选取原则

由图 2.6 知,通过设置不同参数可获取不同形态的相空间轨迹,把它们与基带数字信息"0"和"1"对应,便可获得二进制调制。然而,信息调制与信息解调二者是互相关联的,即信息调制时我们采用何种形态的相空间轨迹来完成,对信息解调能否简单便捷的实现具有重要的影响,因此需对混沌振子,尤其是对其相空间轨迹的形态提出具体的选择要求,以保证信息解调在接收端便于实现。

依据混沌振子二进制调制机理,并考虑实现解调器设计的便利性,要求混沌振子具有以下特征:

①吸引子的相轨迹分布空间为平面区域;

②周期轨道相对稳定,复杂性不高;

③吸引子的相轨迹状态迁移有较高的被控敏感性;

④周期态和混沌态对应的相空间区域有清晰的边界,且形态规则便于设计自动识别算法。

运用相空间轨迹映射进行二进制调制,最简便易行的方法是在平面相空间进行区域划分,因此要求混沌吸引子是平面吸引子。对 2.1.1 节中的几种混沌振子的相轨迹进行研究,通过观察它们的相轨迹和参数敏感性知,Lorenz 振子和 Rössler 振子的相轨迹均分布在三维立体相空间,相轨迹过于复杂,不利于辨识;Van der Pol 振荡器的周期态和混沌态相轨迹形态差异明显,但分布空间区域边界不规则,不利于实现解调;而 Duffing 振子的周期轨道相对较为稳定且边界规则,故应选取 Duffing 振子作为混沌振子模型;Birkhoff-shaw 振子也具有与 Duffing 振子一样的特性,故也可选取作为混沌振子模型。

相空间轨迹映射调制法同样适用于三维立体相空间区域,且可进一步提高系统保密性,并可用于多用户通信系统,与平面相空间条件下相轨迹映射的基本思想和基本方法一致,因此本书不再赘述。

2. 多进制调制对混沌振子相轨迹的要求及混沌振子选取原则

依据混沌振子多进制调制原理,并考虑未来实现解调器设计的便利性,要求混沌振子具备以下特征:

①具有多个相空间区域分布不同的吸引子或周期相轨迹。

②吸引子或周期相轨迹分布的相空间可以被划成若干个互不重叠的子区域,每个子区域中有且仅有一个吸引子或周期相轨迹。若进行 M 进制调制,设每个子区域为 Z_i ($i = 0, 1, 2, \cdots, M-1$),则子区域间满足条件:$Z_i \cap Z_j = \phi_i$ ($i \neq j$)。

③吸引子或周期相轨迹的分布区域通过方程参数可控,且有较高的被控敏感性。

④混沌振子的相空间轨迹间有清晰的边界,且形态规则便于设计自动识别算法。

⑤混沌振子的相轨迹相对稳定,对噪声敏感度不高。

根据上述条件可知,满足多进制调制要求的混沌振子,需具有多个混沌吸引子,且各吸引子之间的轨迹边界互不包含,同时,还需要有较高的抗噪声特性。

因 Duffing 振子经相空间轨迹迁移控制可在相空间中形成多个混沌吸引子,Hamilton 振子经坐标变换可呈现多个边界规则的指纹区域且轨迹间无交集,Jerk 振子的多涡卷轨迹虽相互纠缠但经延迟反馈控制可消除纠缠且相互间没有交集,所以它们都适合作为多进制混沌调制的备选混沌振子,本章也将主要基于这三种混沌振子展开对混沌调制解调问题的讨论。

2.2　Duffing 振子模型及混沌信号调制

2.1 节已讨论了可用于混沌信号调制的混沌振子选取条件,本节主要讨论 Duffing 振子模型的参数确定、计算机实现、混沌信号二进制调制和多进制调制问题。讨论过程将通过理论分析和计算机仿真的方式完成,最后给出一些仿真验证结果。

2.2.1　**Duffing 振子模型与计算机实现**

1. Duffing 振子模型

为便于结合工程实际讨论混沌振子模型问题,且不失一般性,我们选取频率归一化的 Duffing 振子模型进行分析,该模型的数学表达式如下:

$$\ddot{y}(\tau) + k\dot{y}(\tau) - y(\tau) + y^3(\tau) = \gamma\cos(\tau) \tag{2.6}$$

式中,$\gamma\cos(\tau)$ 为系统内部具有的周期驱动力;k 为阻尼比;($-y + y^3$)为非线性恢复力;τ 为频率归一化条件下的系统时间(没有物理单位)。显然,在阻尼比固定的情况下,随着周期性驱动力振幅 γ 的变化,系统将呈现出丰富的非线性动力学特性。

若用式(2.6)给出的 Duffing 振子模型检测具有角频率 ω 的信号,则须先恢复系统时间 τ 的物理单位,这可通过频率变换实现,即令 $\tau = \omega t$,将其代入式(2.6),可得到非归一化频率的 Duffing 振子模型的方程为

$$\frac{1}{\omega^2}\frac{\mathrm{d}^2 y(\omega t)}{\mathrm{d}t^2} + \frac{k}{\omega}\frac{\mathrm{d}y(\omega t)}{\mathrm{d}t} - y(\omega t) + y^3(\omega t) = \gamma\cos(\omega t) \qquad (2.7)$$

进一步将 $y(\omega t)$ 中的角频率 ω 以隐含形式表达,则得到

$$\frac{1}{\omega^2}\ddot{y}(t) + \frac{k}{\omega}\dot{y}(t) - y(t) + y^3(t) = \gamma\cos(\omega t) \qquad (2.8)$$

式中,$\omega = 2\pi f$,其中 f 为待检信号的频率。因式(2.8)由式(2.6)导出,故其所表达的 Duffing 振子模型的动态属性和临界值将不会改变。

式(2.8)给出的 Duffing 振子模型,实际上是一个封闭的动力学系统,若要让它对系统外部信息产生某种响应,还须在式(2.8)中加入外部扰动项。加入外部扰动项后的 Duffing 振子模型为

$$\frac{1}{\omega^2}\ddot{y}(t) + \frac{k}{\omega}\dot{y}(t) - y(t) + y^3(t) = \gamma\cos(\omega t) + ax(t) \qquad (2.9)$$

式中,$y(t)$ 为系统输出信号;$x(t)$ 为外部输入信号;a 为允许外部信息注入 Duffing 振子的能量强度限制系数。这里,外部输入信号由被检测信号和背景噪声组成,即 $x(t) = s(t) + n(t)$,其中,$s(t)$ 是频率为 ω 的被检信号,$n(t)$ 为背景噪声。

式(2.9)即为可用于通信信号检测或混沌信号调制的 Duffing 振子模型的数学表达式。

2. Duffing 振子模型的数值算法

(1)算法推导

式(2.9)是描述 Duffing 振子模型的理论公式,当用计算机解算它时,特别是依靠嵌入式系统(或智能计算模块)来完成对式(2.9)的实时解算时,我们还需要有一套数值算法才能通过软件编程完成对 Duffing 振子模型的解算任务。

由式(2.9)知,它实际上是一个二阶非线性微分方程,因此可利用 Runge-Kutta 法建立对其迭代求解的数值算法。

为推导 Duffing 振子模型的数值算法,首先,把式(2.9)改写成状态方程形式:

$$\begin{cases} \dot{y}_1 = \omega y_2 \\ \dot{y}_2 = \omega\left[-ky_2 + y_1 - y_1^3 + \gamma\cos(\omega t) + ax(t) \right] \end{cases} \qquad (2.10)$$

式中,$y_1 = y(t)$;$y_2 = \frac{1}{\omega}\dot{y}_1(t)$。

显然,式(2.10)可变换为

$$\begin{cases} \dot{Y} = \begin{bmatrix} \dot{y}_1 \\ \dot{y}_2 \end{bmatrix} = \begin{bmatrix} f_1(t,y_1,y_2) \\ f_2(t,y_1,y_2) \end{bmatrix} = f(t,Y) \\ Y_0 = \begin{bmatrix} y_1(0) \\ y_2(0) \end{bmatrix} \end{cases} \qquad (2.11)$$

式中,$\dot{Y} = \begin{bmatrix} \dot{y}_1 \\ \dot{y}_2 \end{bmatrix}$ 为状态向量;Y_0 为状态向量的初始值,即 Y 在 $t = 0$ 时刻的值。式(2.11)是一个非线性状态方程,其递推解可利用 Runge-Kutta 法求取。

取时间步长为 h，对式（2.11）应用四阶 Runge-Kutta 法得到递归方程为

$$\begin{cases} K_1 = hf(t_n, Y_n) \\ K_2 = hf\left(t_n + \dfrac{h}{2}, Y_n + \dfrac{1}{2}K_1\right) \\ K_3 = hf\left(t_n + \dfrac{h}{2}, Y_n + \dfrac{1}{2}K_2\right) \\ K_4 = hf(t_n + h, Y_n + K_3) \\ Y_{n+1} = Y_n + \dfrac{1}{6}(K_1 + 2K_2 + 2K_3 + K_4) \end{cases} \tag{2.12}$$

式中，$K_i(i=1,2,3,4)$ 为中间参数；$t_n = n \times h(n=0,1,\cdots)$ 和 $Y_n(n=0,1,\cdots)$ 分别为时间和状态向量的第 n 步迭代计算结果。

（2）步长 h、系统抽样频率 f_s、待检信号最高频率 f_c 之间的关系

在求解微分方程的过程中，选取适当的步长是至关重要的。如步长选取太大则达不到解算精度要求；步长选取太小则计算步数增多，这不但会增加计算工作量，而且还可能因舍入误差的严重积累而造成解算过程不收敛。

根据奈奎斯特定理可知，若连续信号 $s(t)$ 是有限带宽的，且所含频率成分中的最高频率为 $f_{\max}$，那么，若要由 $s(t)$ 的抽样 $s(nT_s)$（其中 T_s 为抽样周期）较为精确地恢复出原始信号 $s(t)$ 所携带的频率信息，则抽样频率 f_s 须满足：$f_s = \dfrac{1}{T_s} \geqslant 2f_{\max}$。

基于上述原理，为保证由 Runge-Kutta 法求取的 Duffing 振子输出波形 $y(t_n) = y(nh) = y(nT_s)$ 尽可能逼近原始波形 $y(t)$，步长 h 的上限应按 $h = \dfrac{1}{f_s} < \dfrac{1}{5f_{\max}}$ 选取；另外，为保证 Runge-Kutta 法迭代计算的稳定性和收敛性，步长 h 的下限应满足 $h = \dfrac{1}{f_s} \geqslant \dfrac{1}{20f_{\max}}$。

综合以上分析，可确定步长 h 的选取范围为

$$\frac{1}{20f_{\max}} \leqslant h < \frac{1}{5f_{\max}} \tag{2.13}$$

为说明步长 h 变化对 Duffing 振子相轨迹的影响，我们采用 Matlab 语言编程实现了解算 Duffing 振子模型（式（2.9））的 Runge-Kutta 法，在不同步长下取得的仿真计算结果如图 2.8 所示。这里，Duffing 振子模型参数取为：$\omega = \dfrac{4}{s}$，$k=0.5$，$\gamma=0$，$a=0.01$。

由图 2.8 可见，当步长 $h=0.5$ 时，相图曲线太粗糙，如图 2.8（a）所示，并且本应处于大周期态的混沌振子，也因为步长太大，导致曲线偏差较大，进而出现混沌状态，此情况下，因步长选取不满足波形恢复要求，故导致了系统状态特性表现异常；当步长 $h=0.05$ 时，相图曲线比较平滑，如图 2.8（c）所示，此时混沌振子处于大周期状态，这表明步长选取满足波形恢复要求，系统状态特性获得了正常表达；当步长 $h=0.005$ 时，相图曲线平滑状况凭直观观察已难见新的改善，见图 2.8（a）所示，此时混沌振子处于大周期状态，这表明步长选取满足波形恢复要求，系统状态特性获得了正常表达。此外，上述三种步长选取情况下，Runge-Kutta 算法均未出现发散情况。

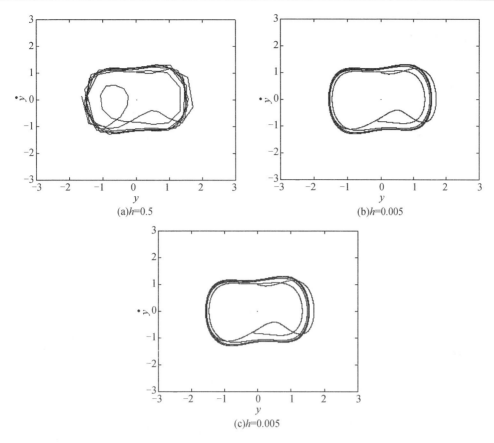

图 2.8　不同步长相图对比图

通常,步长越小,波形恢复情况会越好,但求解 Duffing 振子模型所需完成的计算步数也会越多。步数的增加不但会引起计算量的增大还会影响系统的处理速度,甚至可能导致舍入误差的严重积累,对算法稳定性和收敛性造成有害影响。此外,特别小的步长对系统硬件实现会提出更高的要求,所以离散化步长不是取得越小越好,应该权衡考虑,一般能够保证检测精度即可。

3. Duffing 振子模型的 Simulink 实现

在不追求对 Duffing 振子模型的实时解算时,利用 Simulink 可视化仿真工具来实现它也是一种不错的选择[73]。实际上,以此种方法实现 Duffing 振子模型还有便于设置修改模型参数、获取中间解算信息和观测分析 Duffing 振子特性的优点。

(1)可视化建模

利用 Simulink 对混沌振子进行可视化建模的一般步骤如下。

①建立数学模型。正确建立控制对象的数学模型是控制系统仿真研究的关键。

②构建仿真系统。根据建立的数学模型,从 Simulink 模型库中将所需要的单元功能模块拖到 Untiled 窗口中,按数学模型把单元功能模块连接起来,构建仿真系统。

③设置仿真参数。仿真参数设置直接影响仿真所用时间和仿真结果。

④设置观察窗口。在仿真系统的关键点处设置观测模块,用于观测仿真系统的运行情况,以便及时调整参数。常用的观测模块有 Scope、XY Graph、Display 和 To Workspace 等。

⑤仿真结果分析与模型或参数修正。对仿真系统的输出波形、输出数据进行分析,比较仿真结果是否与模型的理论分析结果一致。

以式(2.9)给出的归一化($\omega = 1$)Duffing 振子模型为例,其中 $\ddot{y}(t)$ 利用两个积分器、Integrator 和 Integrator1 实现,Integrator1 的输出信号为 $y(t)$,输入为 $\dot{y}(t)$,Integrator 的输出为 $\dot{y}(t)$,输入为 $\ddot{y}(t)$;$\cos(t)$ 由正弦信号发生器 Sin Wave 产生,并经过线性放大器 Gain 放大 γ 倍得到内部驱动力 $\gamma\cos(t)$;被检测信号 $x(t)$ 由正弦信号发生器 Sin Wave1 产生,其幅值、频率、相位等参数可调,并经过线性放大器 Gain2 放大 a 倍得到 $ax(t)$;方程中 $y^3(t)$ 用乘法器 Product 产生,其三路输入并联在一起由 $y(t)$ 输入,输出为 $y^3(t)$;$\dot{y}(t)$ 经过线性放大器 Gain1 放大 k 倍形成 $k\dot{y}(t)$;将加法器设置为五路输入" $+ + - - +$ "模式,五路信号分别为 $\gamma\cos(t)$、$y(t)$、$y^3(t)$、$k\dot{y}(t)$ 和 $ax(t) = a\cos(t)$,输出为 $\ddot{y}(t)$。Duftfing 方程的 Simulink 可视化模型如图 2.9 所示。

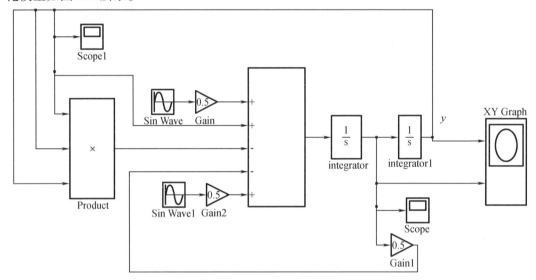

图 2.9　Duffing 方程的 Simulink 模型

仿真时间设置为 500 s,k 设置为 0.5,a 设置为 1,采样时间为 0.005 s,Integrator 和 Integrator1 的初值分别设为 0.1 和 0,不同 γ 取值下获得的仿真结果如图 2.10 所示。

由图 2.10 可见,γ 的取值对 Duffing 振子的相轨迹形态有重要影响。

(2)临界参数 γ_c 的仿真试验确定法

为了使 Duffing 振子具有良好的信号检测能力,需要知道它由混沌态到大周期态的临界状态,这个临界状态与某个 γ 的取值相对应,可以通过仿真实验找出,也可以通过理论分析得到(详见本书中周期相轨迹区域边界的确定部分)。

运用图 2.9 搭建的 Duffing 振子模型,在 $0.64 \leqslant \gamma \leqslant 0.89$ 的范围内进行大量仿真试验,仿真中,令外界输入信号为 0,y 和 $\dot{y}$ 的初始值为(0.1,0),运行时间为 500 s。

取得的仿真试验结果如图 2.11 所示,即当 $\gamma = 0.8254$ 时,系统处于混沌状态;当 $\gamma = 0.8255$ 时,系统处于大周期状态。显然,状态变化的临界点 γ_c 应取为 0.8254,即 $\gamma > \gamma_c$ 时 Duffing 振子的相轨迹呈现大周期状态,反之,呈现混沌状态。

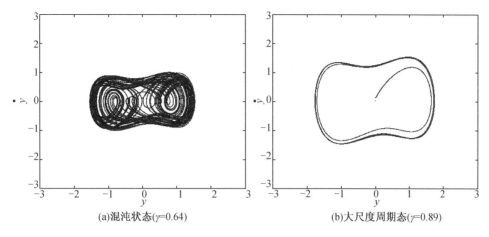

(a)混沌状态(γ=0.64)　　　　　　　(b)大尺度周期态(γ=0.89)

图 2.10　Simulink 仿真结果

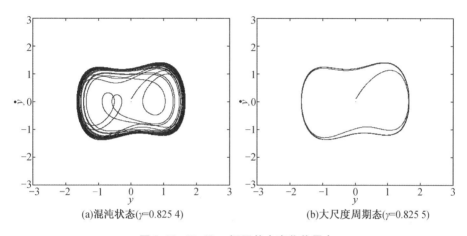

(a)混沌状态(γ=0.825 4)　　　　　　(b)大尺度周期态(γ=0.825 5)

图 2.11　Duffing 振子状态变化临界点

　　在仿真过程中我们发现,初始值和运行时间对临界值 γ_c 均有影响。几组初始值和运行时间的不同组合下,仿真得到的数据结果由表 2.1 给出,表中的无括号数值为与混沌态对应的临界值,括号内的数值为与大周期态对应的临界值。显然,不同初始值对应的临界值不同,运行时间越长,临界值精度越高,也越灵敏,相轨迹状态对临界值的响应越明显;但运行时间达到一定值后,则临界值变化趋缓,甚至不变,也就是说,状态变化需要一定的时间。

表 2.1　初始值和运行时间对临界值 γ_c 的影响

运行时间/s	初始值					
	$\dot{x}_0 = 0.1$ $x_0 = 0$	$\dot{x}_0 = 0$ $x_0 = 0$	$\dot{x}_0 = 1$ $x_0 = 0$	$\dot{x}_0 = 0$ $x_0 = 1$	$\dot{x}_0 = -1$ $x_0 = 0$	$\dot{x}_0 = 1$ $x_0 = 1$
20	0.80 (0.81)	0.76 (0.81)	0.84 (0.87)	0.9 (1.0)	0.8 (0.85)	1.0 (1.1)
50	0.81 (0.82)	0.81 (0.82)	0.87 (0.88)	0.9 (0.95)	0.84 (0.85)	1.0 (1.1)

表 2.1(续)

运行时间/s	初始值					
	$\dot{x}_0 = 0.1$ $x_0 = 0$	$\dot{x}_0 = 0$ $x_0 = 0$	$\dot{x}_0 = 1$ $x_0 = 0$	$\dot{x}_0 = 0$ $x_0 = 1$	$\dot{x}_0 = -1$ $x_0 = 0$	$\dot{x}_0 = 1$ $x_0 = 1$
100	0.823 (0.824)	0.825 (0.826)	0.870 (0.871)	0.91 (0.92)	0.842 (0.843)	1.02 (1.03)
200	0.824 9 (0.825 0)	0.825 8 (0.825 9)	0.870 5 (0.870 6)	0.919 (0.920)	0.842 4 (0.842 5)	1.022 (1.023)
300	0.825 2 (0.825 3)	0.825 89 (0.825 90)	0.870 58 (0.870 59)	0.919 9 (0.920 0)	0.842 41 (0.842 42)	1.022 9 (1.023 0)
400	0.825 3 (0.825 4)	0.825 90 (0.825 91)	0.870 58 (0.870 59)	0.919 9 (0.920 0)	0.842 41 (0.842 42)	1.022 9 (1.023 0)
500	0.825 4 (0.825 5)	0.825 91 (0.825 92)	0.870 58 (0.870 59)	0.919 9 (0.920 0)	0.842 41 (0.842 42)	1.022 9 (1.023 0)

同时,我们也注意到,不同的初始值得到的相轨迹图也有一些不同,表2.2给出了在运行时间为50 s时的相图比较情况。

表 2.2　不同初始值对应的相轨迹图

初始值	混沌临界值	混沌态	大尺度周期态
(0,0)	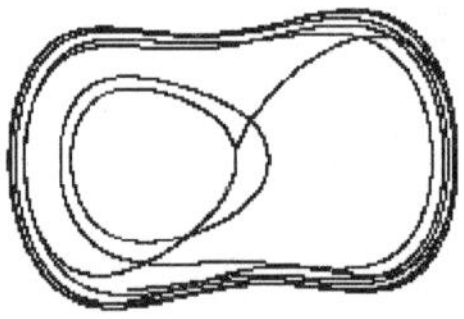	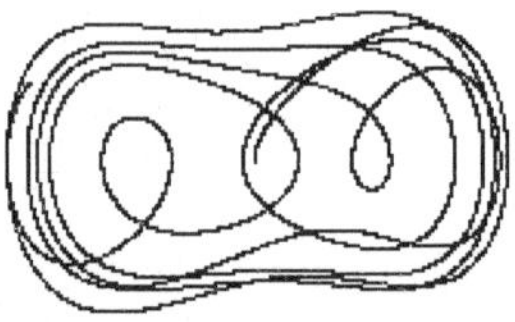	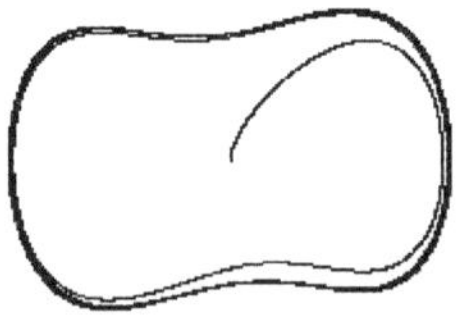
(0.1,0)	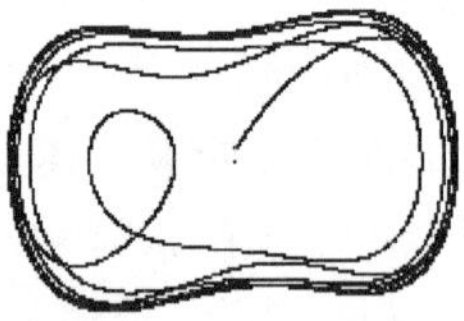	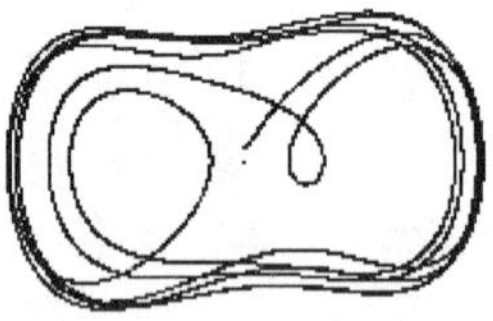	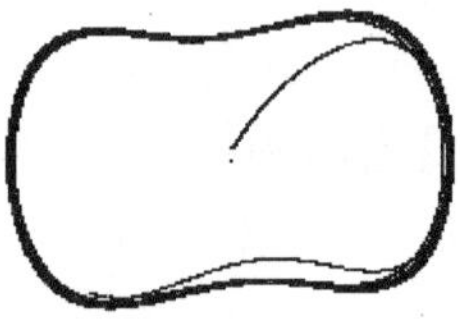
(1,0)	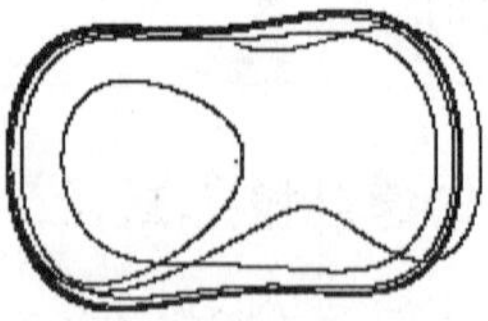	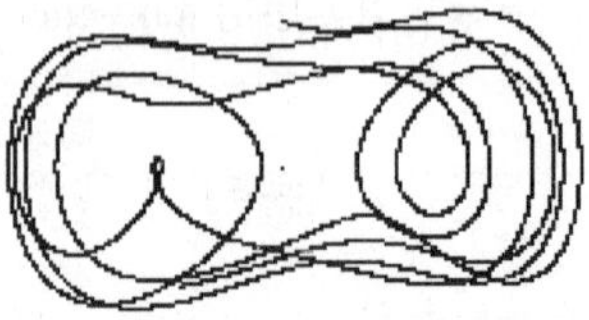	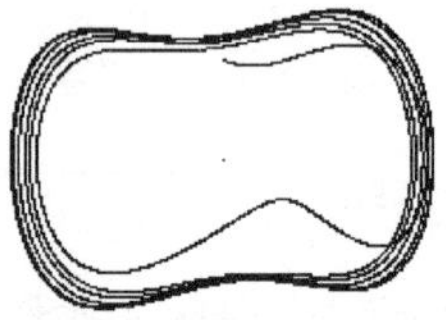
(-1,0)	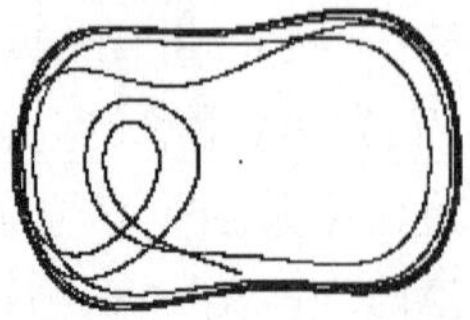	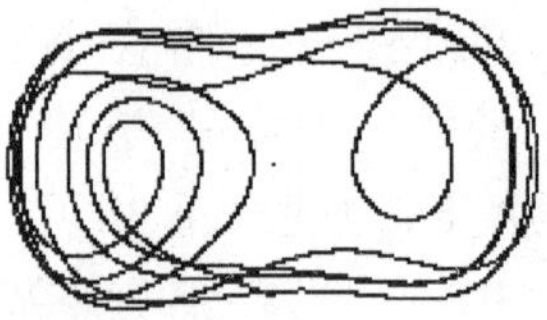	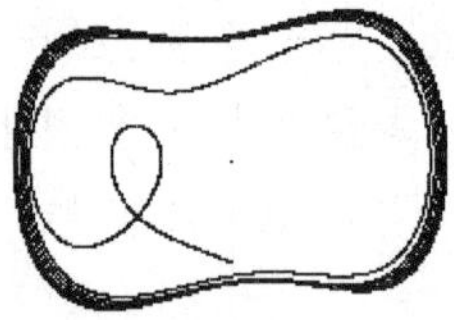

表 2.2(续)

初始值	混沌临界值	混沌态	大尺度周期态
(1,1)			
(0,1)			

由表 2.2 可知,若用 Duffing 振子的相图形态检测信号,为便于划分检测区域,初始值应取(0,0)、(0.1,0)或(1,0)为宜。

4. Duffing 振子的相位敏感性

外部待检测信号与内部驱动力间存在的相位差会影响 Duffing 振子的信号检测性能。

为说明之,设外部输入信号为 $x(t) = \cos(\omega t + \varphi)$,$\varphi$ 为其与系统周期性驱动力间存在的相位差,于是有

$$\gamma \cos(\omega t) + a\cos(\omega t + \varphi) = \gamma \cos(\omega t) + a\cos(\omega t)\cos(\varphi) - a\sin(\omega t)\sin(\varphi)$$
$$= [\gamma + a\cos(\varphi)]\cos(\omega t) - a\sin(\omega t)\sin(\varphi)$$
$$= \sqrt{[\gamma + a\cos(\varphi)]^2 + [a\sin(\varphi)]^2}\cos(\omega t + \theta')$$
$$= \sqrt{\gamma^2 + 2a\gamma\cos(\varphi) + a^2}\cos(\omega t + \theta')$$
$$= \Gamma(t)\cos(\omega t + \theta') \tag{2.14}$$

式中,$\Gamma(t) = \sqrt{\gamma^2 + 2a\gamma\cos(\varphi) + a^2}$ 为总驱动力的幅值;$\theta' = \arctan\dfrac{a\sin(\varphi)}{\gamma + a\cos(\varphi)}$ 为总驱动力的初相角。

混沌系统是否会发生相变与待检测信号和内部驱动力间的相位差有关,若 γ 取临界参数值 γ_c,则只要 $\Gamma(t) = \sqrt{\gamma^2 + 2a\gamma\cos(\varphi) + a^2} \leq \gamma_c$,即 $2\gamma_c a\cos(\varphi) + a^2 \leq 0$,系统就会始终处于混沌状态,此时 φ 的取值区间为

$$\pi - \arccos\left(\frac{a}{2\gamma_c}\right) \leq \varphi \leq \pi + \arccos\left(\frac{a}{2\gamma_c}\right) \tag{2.15}$$

可见,只有当 φ 的取值不在由式(2.15)给出的区间内时,混沌振子的状态才会迁移,即相变才可能发生。也就是说,若将 γ 设置为混沌临界值 0.825 4,被检测信号注入混沌振子的能量强度限制系数 a 设为 0.16,则由式(2.15)可求出 φ 在区间[95.562°,264.438°]内,系统始终处于混沌状态。显然,一旦 a 给定,系统状态是否发生相变将由相位差 φ 决定。

在图 2.9 中,将 γ 设置为混沌临界值 0.825 4,被检测信号 $x(t)$ 的幅度设为 1,被检测信号注入混沌振子的能量强度限制系数 a 设为 0.16,改变被检测信号 $x(t)$ 与 $\gamma\cos(\omega t)$ 的相位关系,对 Duffing 振子的相位敏感性进行分析。经过大量仿真发现,$x(t)$ 与 $\gamma\cos(\omega t)$ 间的相

位 φ 在 $[95.562°,264.438°]$ 范围内,相图始终处于混沌状态,与理论分析结果基本一致。

5. Duffing 振子的频率敏感性

设外部输入信号为 $x(t)=\cos[(\omega+\Delta\omega)t]$,与系统周期性驱动力存在频率差 $\Delta\omega$,此时驱动力幅值为 γ_d,于是有

$$
\begin{aligned}
\gamma_d\cos(\omega t)+a\cos[(\omega+\Delta\omega)t] &= \gamma_d\cos(\omega t)+a\cos(\omega t)\cos\Delta(\omega t)-a\sin(\omega t)\sin\Delta(\omega t) \\
&= [\gamma_d+a\cos(\Delta\omega t)]\cos(\omega t)-a\sin(\omega t)\sin\Delta(\omega t)\sin(\omega t) \\
&= \sqrt{[\gamma_d+a\cos\Delta(\omega t)]^2+[a\sin\Delta(\omega t)]^2}\cos(\omega t+\theta) \\
&= \sqrt{\gamma_d^2+2a\gamma_d\cos\Delta(\omega t)+a^2}\cos(\omega t+\theta) \\
&= \Gamma'(t)\cos(\omega t+\theta) \quad\quad\quad (2.16)
\end{aligned}
$$

式中, $\Gamma'(t)=\sqrt{\gamma_d^2+2a\gamma_d\cos\Delta(\omega t)+a^2}$ 为总驱动力的幅值; $\theta=\arctan\dfrac{a\sin\Delta(\omega t)}{\gamma_d+a\cos\Delta(\omega t)}$ 为总驱动力的初相角。频率敏感性实际上也是相位敏感性,频率差引起的 $\Delta\omega t$ 在区间 $\pi-\arccos\left(\dfrac{a}{2\gamma_d}\right)\leqslant\Delta\omega t\leqslant\pi+\arccos\left(\dfrac{a}{2\gamma_d}\right)$ 范围内, $\gamma_d<\gamma_c$,则系统始终处于混沌状态。

若 $\gamma=\gamma_c$, $\Gamma'(t)$ 的幅值落入区间 $[\gamma_c-a,\gamma_c+a]$,则混沌振子处于间歇混沌历程中,当 $\Delta\omega$ 很小时, $\Gamma'(t)$ 变化非常缓慢,远远慢于相变过程。一般相变所需时间为一两个周期,而系统维持稳定的周期状态和稳定的混沌状态的时间是几十个周期,也就是说,系统对驱动力的缓慢变化能够很好地响应,因此周期和混沌的交替出现十分分明,这表明振子的相变对存在微小角频差的小信号敏感。从图 2.12 中很容易看出 $\Gamma'(t)$ 的消长规律。若将驱动信号的矢径看作不动,摄动信号的矢径将以 $\Delta\omega$ 的角频率围绕其旋转。当二者矢径合成的结果导致总驱动力的幅值大于 γ_c 时,振子就呈现大尺度周期状态;当二者矢径合成的结果导致总驱动力的幅值小于 γ_c 时,振子就呈现混沌状态。这样,在微小角频差 $\Delta\omega$ 的情况下, $\Gamma'(t)$ 将周而复始地大于或小于临界值 γ_c,这使得振子以周期 $\dfrac{2\pi}{\Delta\omega}$ 出现时而周期、时而混沌的间歇混沌现象。

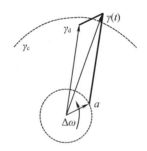

图 2.12 总驱动信号的矢量合成图

将 γ_d 设置为混沌临界值 $\gamma_c=0.8254$,改变被检测信号 $x(t)$ 与 $\gamma_d\cos(\omega t)$ 的频率关系,对 Duffing 振子的频率敏感性进行分析。初始值设为 $(1,0)$, $x(t)$ 信号幅度设置为1,被检测信号注入混沌振子的能量强度限制系数 a 设为1,运行时间为50 s,此时相轨迹应为大周期状态。但经过大量仿真发现,相对频率差 $\left|\dfrac{\Delta\omega}{\omega}\right|\geqslant0.03$ 时 Duffing 振子会呈现混沌态,为保

证相轨迹呈现大周期态,需要将相对频率差控制在 $\left|\dfrac{\Delta\omega}{\omega}\right|<0.03$,也就是说,利用 Duffing 振子进行信号检测时,为保证检测精度,被检测信号的频率与混沌振子的频率不应相差太大。

　　需要说明的是,Duffing 振子相图的状态,与初值和运行时间也有一定关系,若改变初值及运行时间,则频率敏感性也会有所变化。图 2.13 给出了有关此情况的说明,仿真参数设置如下:$\gamma_c=0.825\,4$,初始值为 $(0.1,0)$,$x(t)$ 信号幅度为 1,被检测信号注入混沌振子的能量强度限制系数 a 设为 1,运行时间为 500 s,此时相轨迹应为大周期状态。但图 2.13 中仿真结果显示,频率差 $\left|\dfrac{\Delta\omega}{\omega}\right|\geq0.005$ 时 Duffing 振子会呈现混沌态,为保证相轨迹呈现大周期态,需要相对频率差控制在 $\left|\dfrac{\Delta\omega}{\omega}\right|<0.005$,也就是说,利用 Duffing 振子进行信号检测时,为保证检测精度,被检测信号的频率与混沌振子的频率不应相差太大。

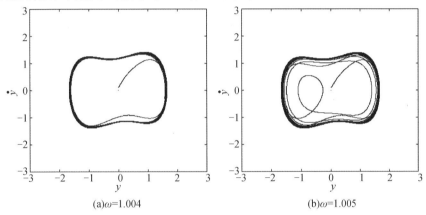

(a)$\omega=1.004$　　　　　　　　　　　(b)$\omega=1.005$

图 2.13　Duffing 振子频率敏感性

6. Duffing 振子相轨迹的形态特征

①当周期驱动力幅值 $\gamma=0$ 时,由方程可知,Duffing 振子的相轨迹存在收敛点,即相平面中心点 $(0,0)$ 和鞍点 $(1,0)$,$(-1,0)$。振子相轨迹围绕这两个鞍点做周期性运动,具体围绕哪个鞍点由系统的初始条件决定,如图 2.14 所示。

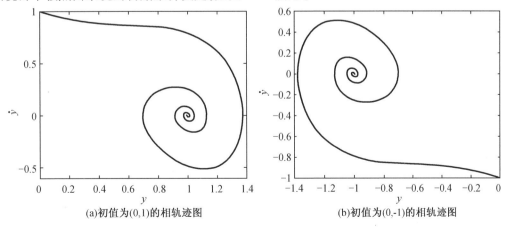

(a)初值为 $(0,1)$ 的相轨迹图　　　　　　　(b)初值为 $(0,-1)$ 的相轨迹图

图 2.14　不同初值对应的 Duffing 振子相轨迹图

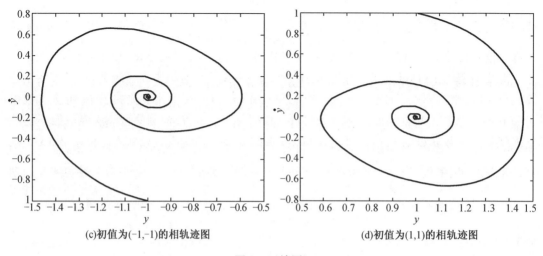

(c)初值为(-1,-1)的相轨迹图   (d)初值为(1,1)的相轨迹图

图 2.14(续图)

②当周期驱动力幅值 $\gamma \neq 0$ 时,系统的非线性动力学形态表现丰富,系统围绕两个鞍点做不规则的运动,其运动规律由系统的驱动力幅值和频率确定。

γ 极小时,周期驱动力对非线性系统的作用不大,相轨迹点围绕某一个鞍点做周期运动,如图 2.15(a)和图 2.15(b)所示;γ 继续增加,出现同宿轨道,如图 2.15(c);此后,系统周期振荡出现分岔,呈现倍周期分岔状态,如图 2.15(d)所示;紧接着系统进入混沌状态,运动复杂化,继续增加 γ,可以发现在很大范围内系统都停留在混沌状态,如图 2.15(e)所示;当 γ 增加到 γ_c 时,振子的运动形式处于由混沌转为周期运动的临界状态,如图 2.15(f)所示;一旦 γ 大于 γ_c,系统进入大尺度周期态,如图 2.15(g)所示。

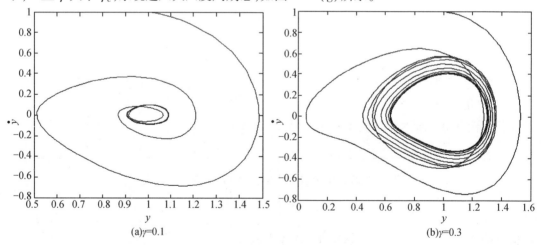

(a)γ=0.1   (b)γ=0.3

图 2.15 不同 γ 值对应的 Duffing 振子相轨迹图

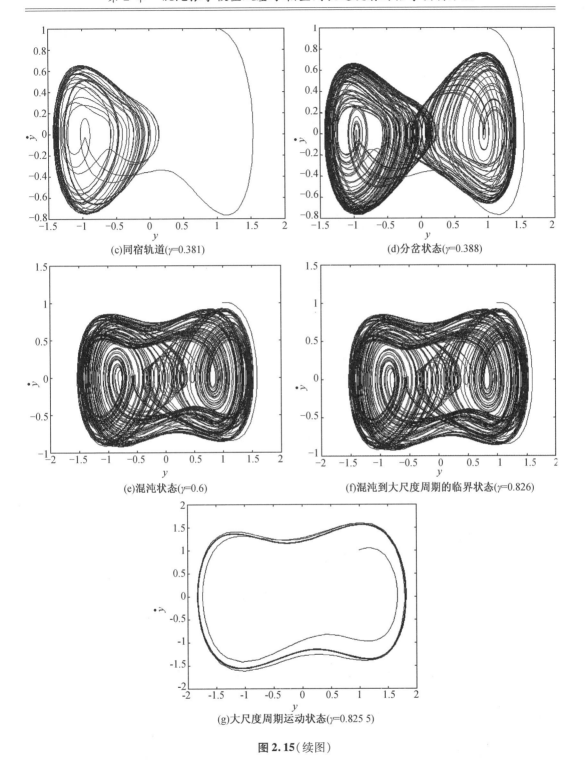

(c)同宿轨道(γ=0.381)

(d)分岔状态(γ=0.388)

(e)混沌状态(γ=0.6)

(f)混沌到大尺度周期的临界状态(γ=0.826)

(g)大尺度周期运动状态(γ=0.825 5)

图2.15(续图)

7. 梅尔尼科夫方法

梅尔尼科夫方法实质上是一种测量技术,其基本思想是通过已知的二维可积系统的全局知识,来获取未知的扰动系统的全局信息。它将动力系统归结为平面上的一个庞加莱映射,通过度量庞加莱映射的双曲不动点的稳定流形与不稳定流形之间的距离来确定系统是否存在横截同宿点,从而导致 Smale 马蹄变换意义下的混沌。

如果二阶常微分方程具有一簇周期轨道,那么该系统受到小摄动后,梅尔尼科夫方法还可以通过分析受扰系统在庞加莱截面上的动力学性质,来判定次谐分岔轨道的存在。解析的梅尔尼科夫方法是研究 Hamilton 系统在弱周期驱动力激励下混沌运动的最实用与简便的方法[74]。

(1)平面 Hamilton 系统

考虑平面上的微分方程

$$\dot{x} = f(x), x = \begin{pmatrix} u \\ v \end{pmatrix}, f = \begin{pmatrix} f_1 \\ f_2 \end{pmatrix} \tag{2.17}$$

式中,f 为 r 阶可微函数($C^r, r \geqslant 1$)。

如果存在光滑函数 $H: \mathbf{R}^2 \rightarrow \mathbf{R}$,使得式(2.17)可写成

$$\begin{cases} \dfrac{\mathrm{d}u}{\mathrm{d}t} = \dfrac{\partial H}{\partial v} \\ \dfrac{\mathrm{d}v}{\mathrm{d}t} = -\dfrac{\partial H}{\partial u} \end{cases} \tag{2.18}$$

则式(2.17)就称为平面 Hamilton 系统,$H = H(u, v)$ 称为式(2.17)的 Hamilton 函数或 Hamilton 量。Hamilton 函数是一个首次积分或运动常数,即 H 沿着该系统的任何解曲线都是常数。

平面 Hamilton 系统具有如下性质:

①任何有限远的奇点是中心、鞍点或退化鞍点;

②在中心奇点周围,存在一族周期轨道,并填满了相平面上的某一区域,该区域可以扩充到无穷远处,以无穷远或过鞍点的分界线环(同宿轨道或异宿圈)作为边界;

③具有保持相面积不变的特性,即满足刘维尔(Liouville J)定理。

(2)同宿轨道的梅尔尼科夫函数

讨论具有扰动作用的平面 Hamilton 系统

$$\dot{x} = f(x) + \varepsilon g(x, t), x = \begin{pmatrix} u \\ v \end{pmatrix} \in R \tag{2.19}$$

式中,$f(x) = \begin{pmatrix} f_1(x) \\ f_2(x) \end{pmatrix}$ 和 $g(x, t) = \begin{pmatrix} g_1(x, t) \\ g_2(x, t) \end{pmatrix}$ 是充分光滑的函数,且在有界集上为有界;$g(x, t)$ 是 t 的周期函数,且周期为 T。这里假设系统式(2.19)的无摄动系统式(2.17)是可积的,拥有双曲鞍点 p_0,以及同宿轨道 $q^0(t) \equiv (x^0(t), y^0(t))$。令 $\Gamma^0 = \{q^0(t), t \in \mathbf{R}\} \cup \{p_0\}$,有

$$\lim_{t \to \infty} q^0(t) = p_0 \tag{2.20}$$

在相空间中,分界线轨道分属于双曲鞍点 p_0 的稳定流形 $W^s(p_0)$ 和不稳定流形 $W^u(p_0)$。对于可积系统,受 Hamilton 扰动,轨道一般相交,出现无穷多同宿点,导致混沌出现;对于耗散扰动,过鞍点的稳定轨道和不稳定轨道可能出现不相交和相交两种情况,只有后者可能出现混沌。

引理 2.1 对于充分小的 ε,系统式(2.19)存在唯一的双曲周期轨道 $q_\varepsilon^0(t) = p_0 + O(\varepsilon)$,即庞加莱映射存在唯一的双曲鞍点 $p_\varepsilon^{t_0}(t) = p_0 + O(\varepsilon)$[75],其中 $O(\varepsilon)$ 为无穷小量。

引理 2.2 系统式(2.19)的双曲周期轨道 $q_\varepsilon^0(t)$ 的局部稳定流形和局部不稳定流形,接近于 $\varepsilon = 0$ 时未扰动系统周期轨道的局部稳定流形和局部不稳定流形[75]。

定义同宿轨道 $q^0(t)$ 的梅尔尼科夫函数为

$$M(t_0) = \int_{-\infty}^{+\infty} f(q^0(t-t_0)) \wedge g(q^0(t-t_0), t) \mathrm{d}t \tag{2.21}$$

式中,符号"$\wedge$"表示运算 $f \wedge g = f_1 g_2 - f_2 g_1$。

定理 2.1(梅尔尼科夫定理) 如果 $M(t_0)$ 具有不依赖于 ε 的简单零点,则对充分小的 $\varepsilon > 0$,庞加莱界面 Σ 鞍点 $p_\varepsilon^{t_0}$ 的稳定流形 $W^s(p_\varepsilon^{t_0})$ 和不稳定流形 $W^u(p_\varepsilon^{t_0})$ 有交点。如果 $M'(t_0) \neq 0$,则横截相交;$M'(t_0) = 0$,则横截相切。反之,如果 $M(t_0)$ 总与 0 相差一个有界常数,则 $W^s(p_\varepsilon^{t_0}) \cap W^u(p_\varepsilon^{t_0}) = \varphi$[75]。

定理 2.2(斯梅尔 – 伯克霍夫同宿定理) 当二维映射存在横截同宿点时,该映射具有斯梅尔马蹄意义下的混沌行为[75]。

(3)次谐轨道的梅尔尼科夫函数

进一步假定无摄动系统式(2.17)的同宿轨道 Γ_0 内存在一族周期轨道 $\Gamma = \{q^\alpha(t), \alpha \in (-1,0), t \in [0,T]\}$,$q^\alpha(t)$ 对应的 Hamilton 量为 $h = h_\alpha$,其中 T_α 是 $q^\alpha(t)$ 的周期,依赖于参数 h,其大小从某常数随参数单调增加到无穷大,且

$$\lim_{\alpha \to 0} q^\alpha(t) = q^0(t) \tag{2.22}$$

$\lim_{\alpha \to -1} q^\alpha(t) = q^{-1}$ 是椭圆定点或中心。由于 $\varepsilon = 0$ 时无摄动系统式(2.17)存在一族周期轨道,对于充分小的 ε,可以设想式(2.19)的次谐和超次谐周期解是由 $\varepsilon = 0$ 时满足 $T_\alpha = mT$ 和 $T_\alpha = \frac{m}{n}T(n \neq 1, m, n$ 互质) 的轨道在小扰动下生成的,其中 T 为扰动函数的周期。

定义次谐轨道的 $q^\alpha(t)$ 的梅尔尼科夫函数为

$$M^{\frac{m}{n}}(t_0) = \int_0^{mT} f(q^0(t-t_0)) \wedge g(q^\alpha(t-t_0), t) \mathrm{d}t \tag{2.23}$$

定理 2.3 如果 $M^{\frac{m}{n}}(t_0)$ 在 $t \in [0, T]$ 中存在与 ε 无关的简单零点,并且 $\frac{\mathrm{d}T_\alpha}{\mathrm{d}h_\alpha} \neq 0$,则存在充分小的 $\varepsilon(n)$,当 $0 < \varepsilon < \varepsilon(n)$ 时,Hamilton 系统存在周期为 mT 的次谐波轨道[75]。

定理 2.4 设 $M^{\frac{m}{1}}(t_0) = M^m(t_0)$,对于周期轨道族对同宿轨道包围的情况,可以证明存在下述结果 $\lim_{m \to \infty} M^m(t_0) = M(t_0)$[75]。

上述定理指出,同宿分岔是可数多个次谐波鞍结分岔的极限形式。

(4)Duffing 振子相轨迹的理论分析

通过前面的仿真试验结果我们注意到,Duffing 非线性系统具有丰富的动力学行为。下面将用解析方法对 Duffing 振子的运动行为特征进行分析,以期从理论角度解释出现这些特征的原因,并进一步探讨 Duffing 振子的运动特点,为把 Duffing 振子用于混沌调制和解调奠定基础。讨论将采用梅尔尼科夫方法,详细研究 Duffing-Homles 方程的动力学行为,从而阐述基于混沌振子相轨迹变化检测微弱信号的基本原理。

①Duffing 系统的相轨迹分析。

考虑谐波函数驱动的 Duffing-Homles 振子

$$\begin{cases} \dot{x} = y \\ \dot{y} = x - x^3 + \varepsilon[\gamma\cos(\omega t) - \delta y] \end{cases} \tag{2.24}$$

式中，ε 是一个小的无量纲参数。当 $\varepsilon = 0$ 时，系统式(2.24)为一 Hamilton 保守系统，具有三个奇点，$(0,0)$ 为双曲鞍点，$(\pm1,0)$ 为中心。Duffing 系统相轨迹分布如图2.16所示。Hamilton 函数为

$$H(x,y) = \frac{y^2}{2} - \frac{x^2}{2} + \frac{x^4}{4} = h \tag{2.25}$$

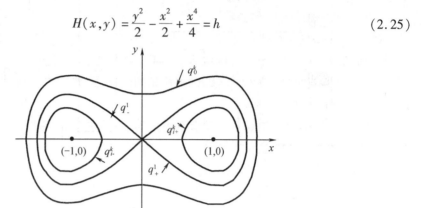

图 2.16　Duffing 系统相轨迹分布

图2.16为无摄动 Duffing 方程相平面轨迹的几何特征。由于相平面上的轨道是由 Hamilton 函数相等的点组成的，所以相轨道实际上是系统的等能线。根据系统的能量不同，可以将系统的相轨道分为三类。在 $h = 0$ 时，存在两条连接双曲鞍点的形状为 ∞ 的同宿轨道 $q_\pm^1$；当 $h_k \in \left(-\dfrac{1}{4}, 0\right)$ 时，存在两族围绕中心($\pm1,0$)且位于同宿轨道内部的周期轨道 $q_{i\pm}^k$；在 $h_k > 0$ 时，存在一族位于同宿轨道以外的周期轨道 q_0^k。以上各类轨道的参数方程分别如下[76]。

a. 同宿轨道 $q_\pm^1$ 为

$$\begin{cases} q_+^1(t) = [\sqrt{2}\operatorname{sech}(t), -\sqrt{2}\operatorname{sech}(t)\tanh(t)] \\ q_-^1(t) = -q_+^1(t) \end{cases} \tag{2.26}$$

式中，下标 +、- 分别表示右边和左边的同宿轨道。

b. 同宿轨道内部的周期轨道 $q_{i\pm}^k$ 为

$$\begin{cases} q_{i+}^k(t) = \left[\dfrac{\sqrt{2}}{\sqrt{2-k^2}}\operatorname{dn}\left(\dfrac{t}{\sqrt{2-k^2}}, k\right), -\dfrac{\sqrt{2}k^2}{2-k^2}\operatorname{sn}\left(\dfrac{t}{\sqrt{2-k^2}}, k\right)\operatorname{cn}\left(\dfrac{t}{\sqrt{2-k^2}}, k\right)\right] \\ q_{i-}^k(t) = -q_+^1(t) \end{cases} \tag{2.27}$$

式中，sn、cn、dn 为 Jacobi 椭圆函数[77]；$k \in (0,1)$ 为椭圆模数。当 $k \to 0$ 时，周期轨道趋向中心点；当 $k \to 1$ 时，周期轨道趋向同宿轨道。将式(2.27)代入式(2.25)，容易求出任一轨道对应的 Hamilton 函数为

$$H(k) = \frac{k^2 - 1}{(2 - k^2)^2} \tag{2.28}$$

椭圆轨道的周期为

$$T_k = 2K(k)\sqrt{2-k^2} \qquad (2.29)$$

式中, $K(k)$ 为第一类完全椭圆积分。T_k 随 k 单调增加,容易验证 $\dfrac{\mathrm{d}T_k}{\mathrm{d}h_k} > 0$。

c. 同宿轨道外部的周期轨道 q_0^k 为

$$q_0^k(t) = \left[\frac{\sqrt{2k^2}}{\sqrt{2k^2-1}}\mathrm{cn}\left(\frac{t}{\sqrt{2k^2-1}},k\right), -\frac{\sqrt{2}k}{2k^2-1}\mathrm{sn}\left(\frac{t}{\sqrt{2k^2-1}},k\right)\mathrm{dn}\left(\frac{t}{\sqrt{2k^2-1}},k\right) \right] \quad (2.30)$$

式中, $k \in \left(\dfrac{1}{\sqrt{2}}, 1\right)$。当 $k \to 1$ 时,周期轨道趋向同宿轨道;当 $k \to \dfrac{1}{\sqrt{2}}$ 时,周期轨道变为无界。其 Hamilton 函数与周期分别为

$$H(k) = \frac{k^2 - k^4}{(2k^2-1)^2} \qquad (2.31)$$

$$T_k = 4K(k)\sqrt{2k^2-1} \qquad (2.32)$$

②Duffing 方程的分岔研究。

对于含参数的系统,当参数在某临界值附近发生微小变化时,系统的拓扑结构(定性性质)发生质的变化,这种现象称为分岔。分岔问题可以分为静态分岔、动态分岔。静态分岔是指系统的平衡态的数目和稳定性的变化;动态分岔是指系统在相空间中相轨迹定性性质的变化。系统出现动态分岔的两种情形:一是不动点为非双曲的,二是出现鞍点连接。第一种动态分岔称为局部分岔,第二种称为全局分岔。局部分岔是研究平衡态或相轨道附近拓扑结构的变化,而全局分岔是研究系统大范围内拓扑结构的变化。分岔研究不仅能揭示系统不同状态之间的联系和转化,而且也是研究失稳和混沌产生机理和条件的重要途径之一。近年来国内外学者进行了大量的研究,提出了多种研究分岔的理论和方法,如奇异性理论方法、庞加莱 – 伯克霍夫(Poincare-Birkhoff)范式方法、幂级数法、摄动法、梅尔尼科夫方法、后继函数法和什尔尼科夫(Shiinikov)法等[13]。接下来主要利用梅尔尼科夫方法讨论 Duffing-Holmes 方程在弱周期激励下的全局分岔问题。

Duffing 方程的同宿分岔问题讨论如下。

由方程(2.24)得

$$f = \begin{bmatrix} y \\ x - x^3 \end{bmatrix}, g = \begin{bmatrix} 0 \\ -\delta y + \gamma\cos\omega t \end{bmatrix} \qquad (2.33)$$

将式(2.26)、式(2.33)代入式(2.21),可以计算出同宿轨道 q_+^1 的梅尔尼科夫函数(对 q_-^1 的计算相同),即

$$
\begin{aligned}
M(t_0) &= \int_{-\infty}^{+\infty} y(t-t_0)\left[-\delta y(t-t_0) + \gamma\cos(\omega t)\right]\mathrm{d}t \\
&= -\sqrt{2}\gamma\int_{-\infty}^{\infty}\mathrm{sech}(t-t_0)\tanh(t-t_0)\cos(\omega t)\mathrm{d}t - 2\delta\int_{-\infty}^{\infty}\mathrm{sech}^2(t-t_0)\tanh^2(t-t_0)\mathrm{d}t
\end{aligned}
$$

$$(2.34)$$

第一个积分应用留数定理进行计算,求得

$$M(t_0) = -\frac{4\delta}{3} - \sqrt{2}\gamma\pi\omega\,\mathrm{sech}\left(\frac{\pi\omega}{2}\right)\sin(\omega t_0) \qquad (2.35)$$

根据定理 2.1 和定理 2.2,令式(2.35)为 0,可得

$$\sin(\omega t_0) = \frac{4\delta\cosh\left(\dfrac{\pi\omega}{2}\right)}{3\sqrt{2}\gamma\pi\omega} \tag{2.36}$$

又因为

$$\frac{\mathrm{d}M(t_0)}{\mathrm{d}t_0} = -\sqrt{2}\gamma\pi\omega^2\mathrm{sech}\left(\frac{\pi\omega}{2}\right)\cos(\omega t_0) \tag{2.37}$$

因此横截相交的充分条件是

$$\left|\frac{4\delta\cosh\left(\dfrac{\pi\omega}{2}\right)}{3\sqrt{2}\gamma\pi\omega}\right| < 1 \tag{2.38}$$

即当参数 γ、δ 满足

$$\frac{\gamma}{\delta} > \frac{4\cosh\left(\dfrac{\pi\omega}{2}\right)}{3\sqrt{2}\pi\omega} = R^{\infty}(\omega) \tag{2.39}$$

时,系统可能出现斯梅尔马蹄变化意义下的混沌,其中 $R^{\infty}(\omega)$ 为出现混沌的阈值函数。当 $\delta = 0.5$,$\omega = 1$ 时,代入式(2.39)计算可得 $\gamma = 0.376\ 5$,这个阈值为混沌解出现的下界,即从倍周期运动状态到混沌运动状态的参数临界值。

③次谐轨道的存在性。

a. 计算同宿轨道内部周期轨道的次谐梅尔尼科夫函数。对于任何给定的一组互素正整数 (m,n),存在唯一的 k,使得满足共振条件 $T_k = 2K(k)\sqrt{2-k^2} = \dfrac{2\pi m}{\omega n}$。将式(2.27)、式(2.33)代入式(2.23),计算次谐轨道 $q_{i+}^{k(m,n)}$ 的梅尔尼科夫函数,得到

$$\begin{aligned} M^{\frac{m}{n}}(t_0) &= \int_0^{mT} y^{k(m,n)}(t-t_0)\left[\gamma\cos(\omega t) - \delta y^{k(m,n)}(t-t_0)\right]\mathrm{d}t \\ &= -\delta J_1(m,n) - \gamma J_2(m,n,\omega)\sin(\omega t_0) \end{aligned} \tag{2.40}$$

式中

$$J_1(m,n) = \frac{2n}{3}\frac{\left[2-k^2(m,n)\right]2E\left[k(m,n)\right] - 4k'^2(m,n)K\left[k(m,n)\right]}{\left[2-k^2(m,n)\right]^{\frac{3}{2}}} \tag{2.41}$$

和

$$J_2(m,n) = \begin{cases} 0 & ,n\neq 1 \\ \sqrt{2}\,\pi\mathrm{sech}\left(\dfrac{\pi mK'\left[k(m,1)\right]}{K\left[k(m,1)\right]}\right) & ,n = 1 \end{cases} \tag{2.42}$$

其中,$E(k)$ 是第二类椭圆积分;k' 是椭圆函数的补模数,$k'^2 = 1-k^2$。令

$$R_i^m(\omega) = \frac{J_1(m,1)}{J_2(m,1,\omega)} \tag{2.43}$$

由式(2.40)可知,对于 $n = 1$,当参数满足 $\dfrac{\gamma}{\delta} > R_i^m(\omega)$ 时,$M^{\frac{m}{1}}(t_0)$ 在 $t_0 \in [0,T]$ 内存在简单零点。根据定理 2.3,扰动系统式(2.24)的同宿轨道存在周期为 mT 的次谐波轨道,用 $\hat{q}_i^m$ 表示。

b. 同宿轨道外部的周期轨道可进行类似的计算,次谐轨道 $q_0^{k(m,n)}$ 的梅尔尼科夫函数为

$$\overline{M}^{m/n}(t_0) = -\delta \overline{J}_1(m,n) - \gamma \overline{J}_2(m,n,\omega) \sin(\omega t_0) \quad (2.44)$$

式中

$$\overline{J}_1(m,n) = \frac{2n}{3} \frac{[2k^2(m,n)-1]4E[k(m,n)] + 4k'^2(m,n)K[k(m,n)]}{[2k^2(m,n)-1]^{3/2}} \quad (2.45)$$

和

$$J_2(m,n) = \begin{cases} 0 & ,n \neq 1, m \text{ 为偶数} \\ 2\sqrt{2}\pi\omega \text{sech}\left(\dfrac{\pi m K'[k(m,1)]}{K[k(m,1)]}\right) & ,n = 1, m \text{ 为奇数} \end{cases} \quad (2.46)$$

令

$$R_0^m(\omega) = \frac{\overline{J}_1(m,1)}{\overline{J}_2(m,1,\omega)} \quad (2.47)$$

由式(2.44)可以得到两个结论:

(a)对一切 m、n,$J_1(m,n) \neq 0$,因而对于充分小的 ε,系统式(2.24)不可能有 $n \neq 1$ 或 m 为偶数的次谐轨道所分岔出来的次谐或超次谐轨道。为了分析出各种超次谐分岔轨道,就必须分析它的高阶梅尔尼科夫函数(耗散项比周期外力项具有更高阶次的情况)。

(b)对于 $n = 1$,m 为奇数情况,当参数满足 $\dfrac{\gamma}{\delta} > R_0^m(\omega)$ 时,$M^{m/1}(t_0)$ 在 $t_0 \in [0,T]$ 内存在简单零点,则对充分小的 ε 在系统式(2.24)同宿轨道外部周期为 mT 的周期解的附近存在式(2.24)的周期为 mT 的周期解,用 $\hat{q}_0^m$ 表示。

④次谐轨道的稳定性和共振带。

首先讨论上节中梅尔尼科夫函数所判定存在的次谐解的稳定性。钱敏等人已证明了如下结果[75]:对于系统式(2.19),如果 $\text{tr}(Dg) < 0$,则所有次谐周期轨道都是鞍形或汇形。若此时次谐梅尔尼科夫函数 $M^{\frac{m}{n}}(t_0)$ 在 $\tau = t_0$ 处有简单零点,则当 $\dfrac{\text{d}T_\alpha}{\text{d}h_\alpha}\bigg|_{h_{\alpha 0}} < 0$ 时,由 $\dfrac{\text{d}}{\text{d}\tau}M^{\frac{m}{n}}(t_0)$ < 0 可知周期解为汇形,由 $\dfrac{\text{d}}{\text{d}\tau}M^{\frac{m}{n}}(t_0) > 0$ 可知周期解为鞍形;反之,当 $\dfrac{\text{d}T_\alpha}{\text{d}h_\alpha}\bigg|_{h_{\alpha 0}} < 0$,周期解的定性性质相反,其中 $h_{\alpha 0}$ 为 $\varepsilon = 0$ 时周期为 $\dfrac{m}{n}T$ 的周期轨道的 Hamilton 量。

把上述结论应用到系统式(2.24)的次谐轨道稳定性的讨论中。式(2.24)中的 g 为

$$g = \begin{bmatrix} 0 \\ -\delta y + \gamma \cos(\omega t) \end{bmatrix} \quad (2.48)$$

因而 $\text{tr}(Dg) = -\delta$,当 $\delta > 0$ 时,$\text{tr}(Dg) < 0$,系统式(2.24)的所有次谐轨道都是鞍形或汇形。T_k 随 k 单调增加,且 $\dfrac{\text{d}T_k}{\text{d}h_k} > 0$。图 2.17 是根据次谐轨道 $q_{i+}^{k(m,n)}$ 的梅尔尼科夫函数表达式(2.40)绘出的 $M^{\frac{m}{n}}(t_0)$ 与 ωt_0 的关系曲线。

由图 2.17 可以看出,在 $t_0 \in [0,T]$ 上存在两个不同的简单零点,且与两个简单零点对应的 $\dfrac{\text{d}}{\text{d}\tau}M^{\frac{m}{n}}(t_0) < 0$ 有不同的符号,因此其中一个周期解为鞍形,另一个周期解为汇形。这

种分岔是典型的鞍结分岔,因为在分岔值$\frac{\gamma}{\delta} < R_i^m(\omega)$时,不存在周期解;$\frac{\gamma}{\delta} = R_i^m(\omega)$时,存在一个周期解;$\frac{\gamma}{\delta} > R_i^m(\omega)$时,存在一个稳定的周期解和一个不稳定的周期解。

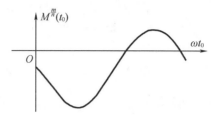

图 2.17 $M_{\overline{n}}^{m}(t_0)$ 与 ωt_0 的关系曲线

以上我们通过次谐梅尔尼科夫法求出了 Duffing 方程在微扰情况下能稳定在某次谐轨道 $\hat{q}_s^m(s=0$ 或者 $i)$ 的 $\frac{\gamma}{\delta}$ 的临界值。要特别指出的是,该方法的前提是微扰,也就是说 γ 和 δ 要足够小,以使其相点位于相应轨道的共振带内才有可能形成闭轨道,否则相点将被"振出"轨道的邻域而逃离吸引域导致轨道破裂。因此,各次谐轨道 $\hat{q}^m(m=1,3,5,\cdots)$ 允许的扰动大小取决于轨道的共振带宽度。对于较大的 m,其共振带基宽的表达式为[13]

$$\Delta l(m) \sim \sqrt{\left(\varepsilon \frac{m^3}{\omega^3}\right)\exp\left(\frac{-2\pi m}{\omega}\right)} \tag{2.49}$$

因此,m 越大,轨道就越靠近同宿轨道,共振带的宽度越窄,对于 γ 和 δ 足够小的要求就越严格。当 $m\to\infty$ 时,共振带宽 $\Delta l\to 0$,此时 γ 和 δ 必须接近 0 才能算得上微扰,此时分岔值就失去了实际的意义。在所有的次谐轨道中,$\hat{q}_0^1$ 的共振带是最宽的,可以经受相对较大的扰动,这样,即使在振幅 γ 和阻尼 δ 相对较大的情况下,也能保证相点不被"振出"共振带。一般而言,当 $m > 3$ 时,共振带宽度就小到没有实际意义的程度,所以只有当 $m = 1$ 时,共振带才足够宽,这就是我们选择周期 1 外轨作为检测轨道的原因之一。

⑤混沌阈值与次谐阈值之间的关系。

由以上分析可知,当 $\varepsilon = 0$ 时 Duffing 方程(2.24)的两条同宿轨道的内外区域有两族周期轨道。当 $\varepsilon \neq 0$ 时,这两族轨道中满足 $T_k = mT = \frac{2\pi m}{\omega}$ 的轨道,在参数 $\frac{\gamma}{\delta}$ 满足大于相应阈值条件下,就会产生次谐分岔轨道。根据定理 2.4,在参数 $\frac{\gamma}{\delta}$ 变化时,次谐轨道阈值逐步堆积产生斯梅尔马蹄变换意义下的混沌。换句话说,式(2.24)是经过无限次次谐分岔达到产生斯梅尔马蹄变换意义下的混沌。考虑 $m\to\infty$(即 $k\to1$),式(2.43)、式(2.47)的极限为

$$\lim_{m\to\infty} R_i^m = \lim_{m\to\infty} R_0^m = \frac{4\cos\left[h\left(\frac{\pi\omega}{2}\right)\right]}{3\sqrt{2}\pi\omega} \tag{2.50}$$

该极限值正好是 Duffing 方程的同宿分岔值(2.39)。据此,我们得到结论:同宿轨道分岔是同宿轨道内部和外部周期闭轨鞍结分岔的极限形式。图 2.18 给出了同宿轨道内部和外部各次谐分岔曲线的情况。

从图 2.18 可知,R_0^m 从上往下开始逼近 R^∞,R_i^m 从下往上开始逼近 R^∞。例如,图 2.18

中的 C 点表示 $\frac{\gamma}{\delta}$ 只超过了 R_i^1 和 R_i^2，从而理论上只有轨道 $\hat{q}_i^1$ 和 $\hat{q}_i^2$ 可能存在。当 $\frac{\gamma}{\delta}$ 小于 R_0^1 但大于 $R_0^m (m=3,5,\cdots)$ 和 $R_i^m (m=1,2,3,\cdots)$（图 2.18 中的 B 点）时，理论上相点可以稳定在除 $\hat{q}_0^1$ 以外的任何一个次谐轨道。但是，由前面的分析知道，这些次谐轨道的共振带都很窄，此时的 γ 和 δ 对这些轨道而言太大了，使得系统不能稳定在这些轨道上，相点就在这些轨道间游荡，呈现出典型的混沌运动状态。当 $\frac{\gamma}{\delta}$ 大于所有的 R_m（图 2.18 中的 A 点），因为上述相同的原因，相点不能稳定在次谐轨道 $\hat{q}_0^m (m=3,5,\cdots)$ 和 $\hat{q}_i^m (m=1,2,3,\cdots)$ 上。但是，相对轨道 $\hat{q}_0^1$ 的共振带宽度而言，此时的 γ 和 δ 可以看作是微扰，所以无论初始相点在何处，最终总能稳定到同宿轨道外部的次谐轨道 $\hat{q}_0^1$ 上。由于系统本质上的全局稳定性，即使是很大的 $\frac{\gamma}{\delta}$ 值，周期 1 外轨也存在，只不过形状有些特别。

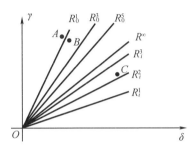

图 2.18　Duffing 方程各次谐分岔曲线

至此，我们获得了式（2.24）所描述的 Duffing 振子的三种类型的分岔值 $R_i^m(\omega)$、$R^\infty(\omega)$ 和 $R_0^m(\omega)$，并对相关理论进行了讨论。通过以上对 Duffing 振子全局分岔的理论分析，我们可以获得 Duffing 振子的动力学特性随参数演变的全局过程。对任意固定的 ω，参数 $\frac{\gamma}{\delta} > R_i^m(\omega)$ 时，Duffing 方程模型将逐次发生次谐分岔，意味着倍周期运动；$\frac{\gamma}{\delta}$ 逐渐增大至 $R^\infty(\omega)$，系统将导致斯梅尔马蹄，意味着进入混沌运动；继续增大到 $\frac{\gamma}{\delta} > R_0^m(\omega)$ 时，系统的同宿轨道外部存在次谐波轨道，意味着进入周期运动。

我们将利用这一分岔特性来对微弱周期信号进行检测。固定 Duffing 振子的参数 ω 和 δ，调整参数 γ，使得 $\frac{\gamma}{\delta}$ 稍稍小于 R_0^1，此时系统处于混沌状态，但也处于即将向大尺度周期状态转变的边缘，称为混沌临界状态。当 $m=1, \omega=1$ 时，代入式（2.47）可求得 $\frac{\gamma_c}{\delta} = R_0^1 = 1.656\,889$，其中临界值 $\gamma_c \approx 0.828\,44$，这与表 2.1 数值仿真得到的临界值基本符合。当周期扰动信号的幅度 γ 稍稍增加，使得 $\frac{\gamma_c}{\delta} > R_0^1$ 时，振子将由混沌运动迅速转变为外轨道上的周期运动。如果将带有强噪声干扰的外界信号作为系统内部周期驱动力的扰动而引入正处于混沌临界状态的 Duffing 振子系统，噪声虽然很强烈，但只能局部地改变系统的相轨迹，很难引起系统的非平衡相变。而一旦待测信号中含有与内部驱动信号同频率的信号，即使幅值很小,也会导致振子向周期状态迅速过渡。系统在进入周期运动状态后,对噪声具有抑制作用,噪声很难使之回到混沌状态。由此,可根据系统从混沌向有序的状态迁移检测出强噪声背景中的有用信号。这就是 Duffing 振子系统对噪声的免疫力以及对小信号的敏感性。从数学的角度看,参数敏感性与初值敏感性是等价的,所以利用混沌振子进行微弱信号检测,既可以说是利用了系统的参数敏感性,也可以说是利用了混沌系统对初值的敏感性。

8.周期相轨迹区域边界的确定

(1)同宿轨道边界值

依据式(2.26)绘出同宿轨道函数,如图 2.19 所示,并运用极值函数确定水平方向最大值为 1.414 2,竖直方向最大值为 0.707 1。

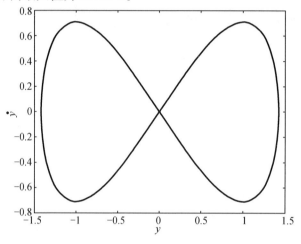

图 2.19 同宿轨道

(2)大周期轨道的边界值

选初始值为(1,0)的 Duffing 振子,运用 Matlab 的 max、min 函数对大周期的边界进行测定,得到的数据水平方向 y 的分布范围为($-1.795\,0$,$+1.796\,4$),垂直方向 $\dot{y}$ 的分布范围为($-1.580\,9$,$+1.565\,7$),Duffing 振子的相图在相平面内是以点(0,0)为中心,分布在一定的矩形范围内,如图 2.20 所示。

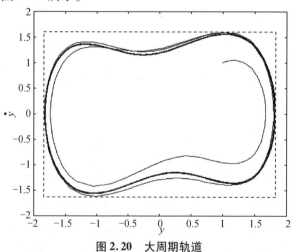

图 2.20 大周期轨道

2.2.2 Duffing 振子二进制混沌信号调制

利用 Duffing 振子相轨迹形态存在的两种明显不同的状态,即混沌态和大周期态,可以实现对二进制信号的调制。

1. 直接调制法(ASK)

令混沌振子初态为混沌态,把 $x(t)$ 送入混沌振子方程(2.10)中,当基带传码为"1"时,$x(t) = A\cos(t + \varphi)$,系统周期驱动力总幅度($\gamma + aA$)大于临界阈值 γ_c,此时系统将发生非平衡相变,由混沌状态进入大尺度周期状态;当基带传码为"0"时,$x(t) = 0$,系统仍保持混沌状态不变。于是,在基带信息与 Duffing 振子相轨迹形态间的一种映射关系被建立起来,即实现了混沌 ASK 调制。

在接收端只要判断由接收信号表达的 Duffing 振子是否发生相变,即可判断数字传码是"1"还是"0"。基于 Simulink 设计的直接调制法仿真系统如图 2.21 所示,系统时序关系如图 2.22 所示。

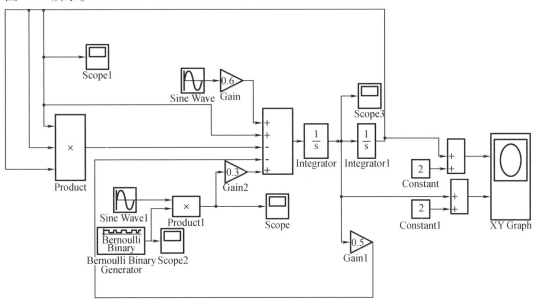

图 2.21 直接调制法仿真系统模型

2. 间接调制法——控制 γ 参数法

利用二进制信息控制参数 γ,使得二进制信息为"1"时,选择大周期状态对应的参数,二进信息为"0"时,选择混沌状态对应的参数,这里我们设置的 γ 分别为 0.9 和 0.6。系统仿真图如图 2.23 所示,其中子系统 Subsystem 的内部结构如图 2.24 所示。通过控制参数 γ 实现的调制系统得到的时序关系图与直接调制法一样,如图 2.22 所示。

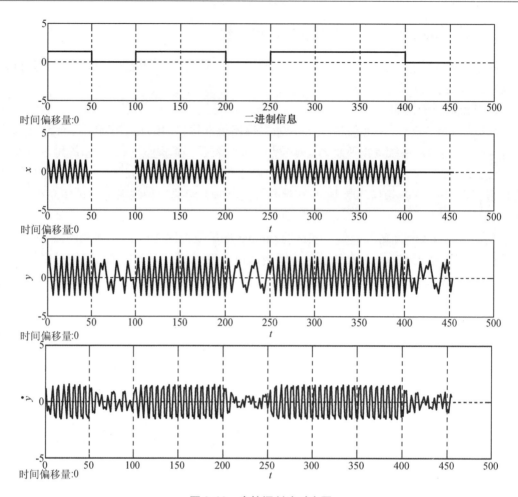

图 2.22　直接调制法时序图

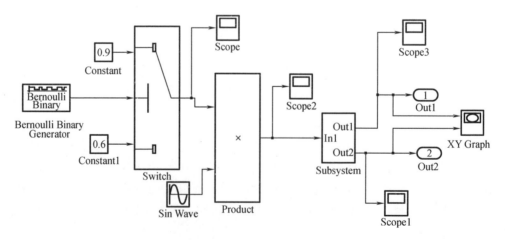

图 2.23　间接调制法仿真图

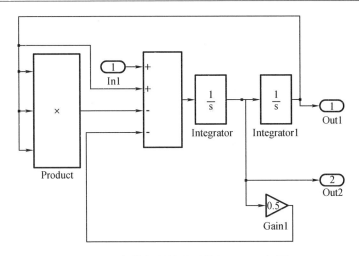

图 2.24　间接调制的子系统(Duffing 方程)

2.2.3　Duffing 振子多进制混沌信号调制

利用 Duffing 振子实现多进制混沌信号调制,需要它能提供出多混沌吸引子特性,这可以通过相空间轨迹迁移控制法得到。

1. 相空间轨迹迁移控制法

由式(2.9)知,单一 Duffing 振子不具有产生多混沌吸引子的能力。因此,若要让 Duffing 振子产生多混沌吸引子特性,则需采用相空间平移变换来改造 Duffing 振子,使其大周期态相图环绕的中心点$(0,0)$沿 y 和 $\dot{y}$ 轴方向平移,以形成多个占有不同相空间位置、相互间没有交集且相轨迹互不缠绕的吸引子。

相空间平移变换公式如下,为不失一般性,假设服从式(2.9)的原有 Duffing 振子的相图由坐标$(y,\dot{y})$表达,则生成新 Duffing 振子相图坐标的相空间平移变换按下式进行:

$$\begin{cases} u = y \pm 2k \\ \dot{u} = \dot{y} \pm 2k \end{cases} \tag{2.51}$$

即新 Duffing 振子的相图由坐标$(u,\dot{u})$表达。由图 2.20 知,为避免新 Duffing 振子相轨迹间发生相互交错和纠缠现象,影响对每一吸引子相图的分辨,需对相空间进行 4×4 子域的区域划分。

2. 四进制直接调制法

四进制混沌信号调制,需要两个混沌吸引子。令原有 Duffing 振子相图坐标为$(y,\dot{y})$,为使相图具有良好的对称性,依据式(2.51)平移后,对应坐标$(u,\dot{u})$分别为$(y+2,\dot{y})$和$(y-2,\dot{y})$。于是,为得到如图 2.25 所示的两个新混沌吸引子,则应对原有 Duffing 振子进行相空间平移。

两个 Duffing 混沌振子将相空间划分为两个不相交的独立区域 z_0 和 z_1,则可实现四进制调制,每一个区域的吸引子有两个状态,大周期状态对应基带信息"1",混沌状态对应基带信息"0",以 z_i 代表周期态,$\bar{z}_i$ 代表混沌态,$i = 0,1$,基带信息与相图状态的对应关系由表 2.3 给出。

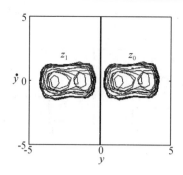

图 2.25　Duffing 振子的轨迹迁移

表 2.3　Duffing 振子相空间子区域与四进制对应关系

基带信息(四进制)	Duffing 振子相轨迹特征
00	$\bar{z_1}$、$\bar{z_0}$
01	$\bar{z_1}$、z_0
10	z_1、$\bar{z_0}$
11	z_1、z_0

　　搭建的四进制调制系统如图 2.26 所示。系统由以下几部分组成:四进制数据发生器、串/并转换、两个相空间位于不同区域的 Duffing 振子、数据选择器,以及示波器和 $x-y$ 相图观测器。系统的时序关系如图 2.27 所示。

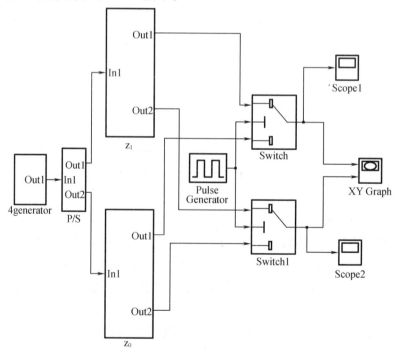

图 2.26　四进制调制系统

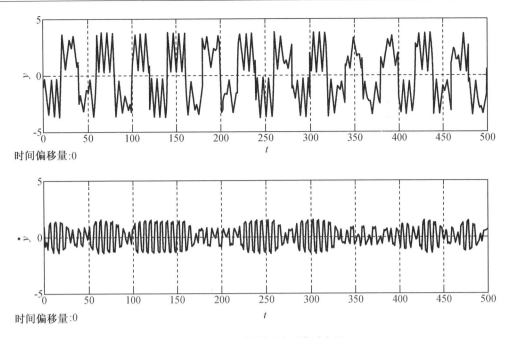

时间偏移量:0

时间偏移量:0

图 2.27　四进制调制系统时序图

3. 十六进制调制

欲实现十六进制调制,需要四个位于不同相空间区域的 Duffing 混沌吸引子。现以原点 $(0,0)$ 为中心、相图坐标为 $(y,\dot{y})$ 的 Duffing 混沌吸引子,分别经坐标平移 $(y+2,\dot{y}+2)$、 $(y+2,\dot{y}-2)$、$(y-2,\dot{y}+2)$、$(y-2,\dot{y}-2)$ 生成后,四个 Duffing 振子的相图关系,如图 2.28 所示。大周期状态对应基带信息"1",混沌状态对应基带信息"0",以 z_i 代表周期态,$\bar{z_i}$ 代表混沌态 $(i=0,1,2,3)$,混沌吸引子与十六进制信息之间的对应关系由表 2.4 给出。系统仿真结构如图 2.29 所示,图中 z_0、z_1、z_2、z_3 分别是产生不同相空间区域 Duffing 振子相图的混沌振子发生器,十六进制信息控制多路选择器输出不同区域的混沌信号。仿真得到的时序关系如图 2.30 所示。

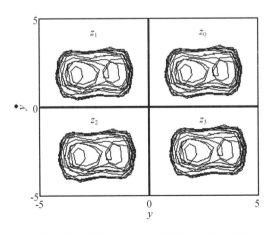

图 2.28　四个 Duffing 振子的相图分布图

表 2.4   Duffing 振子相空间子区域与十六进制对应关系

基带信息(十六进制)	Duffing 振子相轨迹特征
0000	$\bar{z}_3、\bar{z}_2、\bar{z}_1、\bar{z}_0$
0001	$\bar{z}_3、\bar{z}_2、\bar{z}_1、z_0$
0010	$\bar{z}_3、\bar{z}_2、z_1、\bar{z}_0$
0011	$\bar{z}_3、\bar{z}_2、z_1、z_0$
0100	$\bar{z}_3、z_2、\bar{z}_1、\bar{z}_0$
0101	$\bar{z}_3、z_2、\bar{z}_1、z_0$
0110	$\bar{z}_3、z_2、z_1、\bar{z}_0$
0111	$\bar{z}_3、z_2、z_1、z_0$
1000	$z_3、\bar{z}_2、\bar{z}_1、\bar{z}_0$
1001	$z_3、\bar{z}_2、\bar{z}_1、z_0$
1010	$z_3、\bar{z}_2、z_1、\bar{z}_0$
1011	$z_3、\bar{z}_2、z_1、z_0$
1100	$z_3、z_2、\bar{z}_1、\bar{z}_0$
1101	$z_3、z_2、\bar{z}_1、z_0$
1110	$z_3、z_2、z_1、\bar{z}_0$
1111	$z_3、z_2、z_1、z_0$

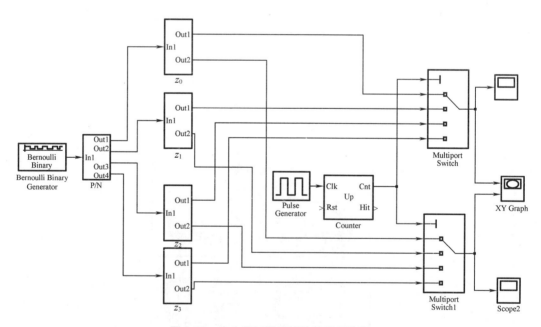

图 2.29   十六进制调制系统仿真结构图

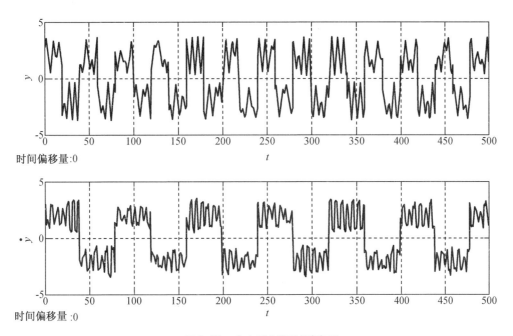

图 2.30　十六进制调制时序图

2.3　Hamilton 振子模型及混沌信号调制

2.3.1　Hamilton 振子模型及相轨迹特征

Hamilton 振子属于时空混沌模型[78],与一般的时间混沌模型相比,它除了对初始值和参数敏感以外,对边界条件也高度敏感,且具有多混沌吸引子,因而在多进制通信方面有很好的应用前景。

1. Hamilton 振子的一般模型

为研究方便且不失一般性,这里选取时空映射如下

$$\begin{cases} f(y_k) = -p\sin\left(\dfrac{\pi y_k}{2}\right) \\ g(x_{k+1}) = p\sin\left(\dfrac{\pi y_{k+1}}{2}\right) \end{cases} \tag{2.52}$$

将其代入式(2.53)中

$$\begin{cases} x_{k+1} = x_k + f(y_k) \\ y_{k+1} = g(x_{k+1}) + y_k \end{cases} \tag{2.53}$$

则得到 Hamilton 振子模型为

$$\begin{cases} x_{k+1} = x_k - p\sin\left(\dfrac{\pi y_k}{2}\right) \\ y_{k+1} = p\sin\left(\dfrac{\pi x_k}{2}\right) + y_k \end{cases} \tag{2.54}$$

式中，x_k 和 y_k 分别为第 k 点 Hamilton 振子的输出；p 为控制参数。

因 Hamilton 振子严重依赖于参数 p 和初始条件 (x_0, y_0)，故在给定 p 下，使 (x_0, y_0) 在某个实数域内按步长 h 均匀变化，即以 $(x_0, y_0) = (x_0^n, y_0^n) = (x_0 + nh, y_0 + nh)$，$n = 0, 1, 2, \cdots, N$ 为初始条件，通过迭代计算式（2.54）便可得到一族相轨迹，称之为单细胞流相轨迹图。

图 2.31 为 $p = 0.1$，$x_0^n \in [-1, 0]$，$y_0^n \in [-5, -4]$，$h = 0.1$，$n = 0, 1, 2, 3, \cdots, 10$，由式（2.54）求出的 Hamilton 振子的单细胞流相轨迹图。这里对每个 (x_0^n, y_0^n) 的迭代计算次数为 100，(x_0^n, y_0^n) 取在 $\overline{AO}$ 线上，O 点为单细胞流中心。

显然，给定控制参数 p，由初始条件 $(x_0, y_0) = (x_0^n, y_0^n)$，通过迭代计算式（2.54），可得到输出序列 $(x, y) = [(x_1, y_1), (x_2, y_2), \cdots, (x_k, y_k), \cdots]$，若以 x 为横坐标，y 为纵坐标画出相轨迹，可获一环形轨迹。于是通过改变 $n = 0, 1, 2, 3, \cdots, 10$，最终得到的便是一族环形轨迹。

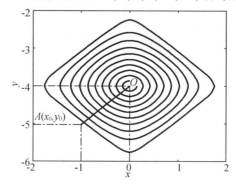

图 2.31　$x - y$ 平面上 Hamilton 振子的单细胞流相轨迹

从式（2.54）可以看出，Hamilton 振子模型的表达式实际为离散差分方程组，影响 Hamilton 振子特性的主要有两个参数，分别为控制参数 p 和 Hamilton 模型的初值 (x_0, y_0)。下面首先分析参数 p 对 Hamilton 振子相轨迹的影响。

2. 参数 p 对 Hamilton 振子相轨迹特性的影响

为研究参数 p 对 Hamilton 振子相轨迹特性的影响和直接观察 Hamilton 振子的相轨迹形态，我们利用 Simulink 仿真工具搭建的 Hamilton 振子仿真模型如图 2.32 所示。

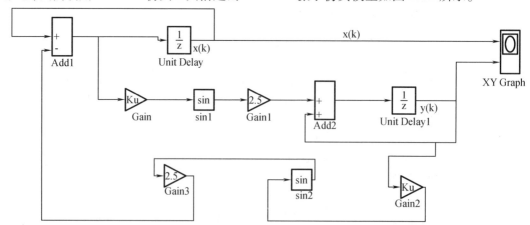

图 2.32　Hamilton 振子的 Simulink 仿真图

图 2.32 中,各仿真模块的功能如下:

①Add1、Add2 为加减法器,可执行加、减类型运算,本仿真中 Add1 设置为减法器,Add2 设置为加法器;

②Unit Delay、Unit Delay1 为单位延迟单元(差分模块),序列 $x(k+1)$、$y(k+1)$ 经 Unit Delay1、Unit Delay2 产生一个单位的延迟后得到 $x(k)$、$y(k)$,本仿真中 Unit Delay1、Unit Delay2 的初值均设置为 1,对应的 Hamilton 模型初值为 $(x_0, y_0) = (1,1)$;

③sin1、sin2 为正弦函数发生器,这里用其对离散序列 $pi*x(k+1)/2$ 和 $pi*y(k)/2$ 取正弦;

④Gain1、Gain2 为增益模块,其大小等于 Hamilton 模型的控制参数 p;

⑤XY Graph1 为相轨迹显示器,其输入分别为序列 $x(k)$、$y(k)$,输出波形为 Hamilton 振子的相轨迹。

保持其他参数不变,逐渐增大 Gain1 和 Gain2 模块的值(也就是 p 的值),得到的 Hamilton 振子相轨迹如图 2.33 所示。

从图 2.33 可以看出,当参数 p 为 0.1 时,Hamilton 振子的相轨迹为规则的菱形轨迹,随着参数 p 逐渐变大,其相轨迹经历收缩、膨胀的变化并最终进入混沌态。

由于混沌振子多进制调制要求混沌振子具有典型的易于辨识的相轨迹形态,因此应选取 Hamilton 模型的参数 p 值为 0.1,此时对应的 Hamilton 振子的相轨迹为规则的菱形状周期轨迹。

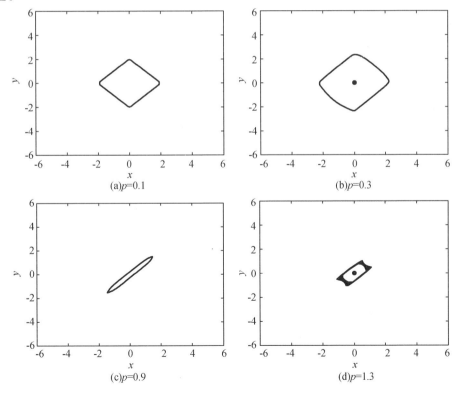

(a)p=0.1　　　(b)p=0.3
(c)p=0.9　　　(d)p=1.3

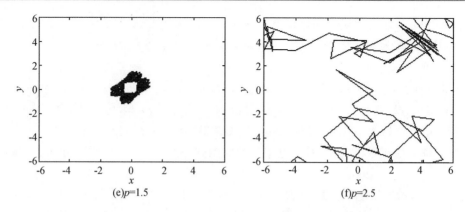

(e)p=1.5   (f)p=2.5

图 2.33 不同参数 p 下 Hamilton 振子相轨迹图

2.3.2 Hamilton 振子细胞流的产生及 Hamilton 振子模型的计算机实现

1. Hamilton 振子细胞流的产生

在参数 $p = 0.1$ 情况下,为进一步研究初值对 Hamilton 振子相轨迹的影响,可采用 Matlab 计算工具对式(2.50)给出的差分方程进行求解,具体步骤如下。

给 Hamilton 映射赋初值(x_0, y_0),然后用 Matlab 迭代求解式(2.54),分别得到离散序列 $x = [x_k]$ 和 $y = [y_k]$,$k \in \{0, 1, 2, \cdots\}$。作序列 x 关于序列 y 的二维相图,即可得到 Hamilton 振子的相轨迹。

图 2.34 为初值$(x_0, y_0) = (-0.5, -4.5)$时的 Hamilton 振子的相轨迹。

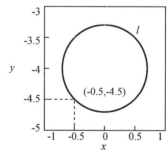

图 2.34 初值为$(-0.5, -4.5)$时 Hamilton 振子相轨迹图

由图 2.34 可见,Hamilton 振子的相轨迹为一环状轨迹,这里记为 l。因环状轨迹 l 具有周期性,故知:若以环上任意一点$(x_k, y_k) \in l$ 作为 Hamilton 模型的初值进行迭代计算,则可获得同一环状轨迹。这里把点$\{(x_k, y_k)\}$,$k \in 0, 1, 2, 3, \cdots\} \in l$ 称之为同环点,所有同环点组成一个集合,称之为环集,记为 L。一个环集 L 对应一条环状轨迹 l。

于是,任意环集 L_i 可以表示为

$$L_i = \{(x_{ij}, y_{ij}), j \in \{0, 1, 2, 3, \cdots\}\} \tag{2.55}$$

式中,L_i 表示第 i 个环集;(x_{ij}, y_{ij}) 表示第 i 个环集里的第 j 个点。

令初始条件(x_0, y_0)分别在 $x_0 \in [1, 2]$,$y_0 \in [-3, -2]$;$x_0 \in [3, 4]$,$y_0 \in [-1, 0]$;$x_0 \in [-3, -2]$,$y_0 \in [-3, -2]$;$x_0 \in [-1, 0]$,$y_0 \in [-1, 0]$;$x_0 \in [1, 2]$,$y_0 \in [1, 2]$;$x_0 \in [-5, -4]$,$y_0 \in [-1, 0]$;$x_0 \in [-3, -2]$,$y_0 \in [1, 2]$;$x_0 \in [-1, 0]$,$y_0 \in [3, 4]$范围内改变(仍取

$h=0.1, n=0,1,2,3,\cdots,10$），用式（2.54）做迭代计算，可得到如图 2.35 所示的二维相平面 Hamilton 振子局部相轨迹图。

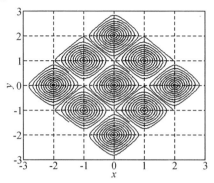

图 2.35　Hamilton 细胞流的局部相轨迹

该相轨迹由 9 个各自独立、排列规则、结构呈对称性的细胞流组成，且每个细胞流所占位置及区域边界相对固定，互不干扰。由以上分析可知，同一个环集内的所有 Hamilton 模型初值，迭代产生同一个指纹区域里的同一条环状轨迹；同一个域集内的所有 Hamilton 模型初值，迭代产生的相轨迹必生成同一个指纹区域，但有可能对应的是不同的环集；不同的域集下的 Hamilton 模型初值，其迭代产生的相轨迹必生成不同的指纹区域。图 2.35 只显示了 9 个细胞流区域。采取不同的 Hamilton 模型初值，理论上可以在相平面上产生无限个细胞流，这种混沌吸引子在相平面上任意延伸的相轨迹特性比 Jerk 模型相轨迹只能在水平方向上延伸的自由度更广，而且其多混沌吸引子实现起来也比 Jerk 模型简单得多。

由图 2.35 可以看出，Hamilton 振子在整个二维空间的相轨迹由多个菱形指纹区域构成，每个指纹区域（记为 zone）包含多个环状相轨迹 l。位于同一个指纹区域内的所有点组成一个新的集合，这里称之为域集，记为 Z。一个域集 Z 对应一个指纹区域 zone。

域集、环集之间满足以下关系

$$Z_i = \{L_{im}, m \in \{0,1,2,3,\cdots\}\} \tag{2.56}$$

式中，Z_i 表示第 i 个域集；L_{im} 表示第 i 个域集里的第 m 个环集。

由以上分析可知，当 Hamilton 模型的初值位于同一个环集时，由其迭代产生的相轨迹必定为同一个指纹区域里的同一个环状轨迹；当 Hamilton 模型的初值位于同一个域集时，由其迭代产生的相轨迹必落于同一个指纹区域，但是可能是不同的环状轨迹；而当 Hamilton 模型的初值位于不同的域集时，由其迭代产生的相轨迹必落于不同的指纹区域。

2. 区域校正及区域划分

混沌振子多进制调制是将混沌振子的相平面划分成多个互不相交的子区域 $zone_0$，$zone_1, \cdots, zone_i, \cdots$，然后用相轨迹出现的子区域的不同来表达不同的多进制信息。

设相平面集合为 P，则其与各子区域对应的域集 $Z_0, Z_1, \cdots, Z_i, \cdots$ 之间应满足以下关系

$$P = \bigcup_{i=0}^{\infty} Z_i \tag{2.57}$$

$$Z_i \cap Z_j = \varnothing, i=j \tag{2.58}$$

因图 2.35 所示的相空间 $x-y$ 由多个菱形指纹区域构成，故其边界的数学表达式较为复杂。为便于区域边界的确定和区域划分，需引入线性坐标变换对二维空间 $x-y$ 进行校

正,使其具有的菱形指纹区域变成矩形指纹区域。校正后的二维空间记为 $u-v$。

区域校正及区域划分步骤如下[79]。

(1)相空间区域校正

对序列 $x=[x_1,x_2,\cdots,x_k,\cdots]$ 和 $y=[y_1,y_2,\cdots,y_k,\cdots]$ 做线性变换,变换关系为

$$\begin{cases} u=x+y \\ v=x-y \end{cases} \tag{2.59}$$

变换后的序列为 $u=[u_1,u_2,\cdots,u_k,\cdots]$ 和 $v=[v_1,v_2,\cdots,v_k,\cdots]$。其中 u_k、v_k 与 x_k、y_k 之间满足

$$\begin{cases} u_k=x_k+y_k \\ v_k=x_k-y_k \end{cases} \tag{2.60}$$

又因为

$$\begin{cases} x_{k+1}=x_k-p\sin\left(\dfrac{\pi y_k}{2}\right) \\ y_{k+1}=p\sin\left(\dfrac{\pi x_{k+1}}{2}\right)+y_k \end{cases} \tag{2.61}$$

故得

$$\begin{cases} u_{k+1}=x_{k+1}+y_{k+1}=x_k+y_k-p\sin\left(\dfrac{\pi y_k}{2}\right)+p\sin\left(\dfrac{\pi x_{k+1}}{2}\right) \\ v_{k+1}=x_{k+1}-y_{k+1}=x_k-y_k-p\sin\left(\dfrac{\pi y_k}{2}\right)-p\sin\left(\dfrac{\pi x_{k+1}}{2}\right) \end{cases} \tag{2.62}$$

所以有

$$\begin{cases} u_{k+1}=u_k-p\sin\left(\dfrac{\pi y_k}{2}\right)+p\sin\left(\dfrac{\pi x_{k+1}}{2}\right) \\ v_{k+1}=v_k-p\sin\left(\dfrac{\pi y_k}{2}\right)-p\sin\left(\dfrac{\pi x_{k+1}}{2}\right) \end{cases} \tag{2.63}$$

(2)相轨迹绘制

将混沌模型初值 (x_0,y_0) 代入式(2.61)进行迭代计算,得到输出序列 $(x,y)=[(x_1,y_1),(x_2,y_2),\cdots,(x_k,y_k),\cdots]$,再代入式(2.62)计算,将得到 $u=[u_0,u_1,u_2,\cdots,u_k,\cdots]$ 和 $v=[v_0,v_1,v_2,\cdots,v_k,\cdots]$ 序列。最后,以 u、v 为横、纵坐标可绘制出相轨迹,如图 2.36 所示。

该相轨迹由 9 个各自独立、排列规则、结构呈对称性的细胞流组成,且每个细胞流所占位置及区域边界相对固定,互不干扰。因不同初值对应不同的细胞流,故二者之间存在一一对应关系。

显然,图 2.36 所示的细胞流相轨迹排列要比图 2.35 更加规则,且细胞流之间的区域边界分隔线更加简洁。这里将图中每个指纹区域依次标记为 $Z_0,Z_1,Z_2,\cdots,Z_8$。进一步,令整个相平面集合为 Z_p,则其与指纹区域之间的关系可表示为

$$Z_p=\bigcup_{i=0}^{\infty}Z_i \tag{2.64}$$

$$Z_i\cap Z_j=\varnothing,i=j \tag{2.65}$$

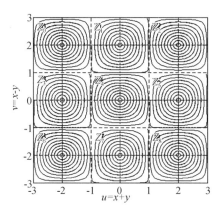

图 2.36　校正后的 Hamilton 振子相轨迹图

以上两式表明:指纹区域的并集为相轨迹所覆盖的整个相平面空间,其交集是空集,说明指纹区域之间互不相交。

(3)指纹区域边界

由图 2.36 可知,由于细胞流排列十分规则,用来区分不同指纹区域的方法可以用指纹区域的边界线来划分,因此任一指纹区域 Z_i 的左、右、上、下边界线可由下式给出

$$\begin{cases} u_i^{\mathrm{L}} = 1 \pm 2a & ,i \in \{0,1,2,\cdots\}, a \in \{0,1,2,\cdots\} \\ u_i^{\mathrm{R}} = 1 \pm 2(a+1) & ,i \in \{0,1,2,\cdots\}, a \in \{0,1,2,\cdots\} \end{cases} \tag{2.66}$$

$$\begin{cases} v_i^{\mathrm{T}} = 1 \pm 2b & ,i \in \{0,1,2,\cdots\}, b \in \{0,1,2,\cdots\} \\ v_i^{\mathrm{B}} = 1 \pm 2(b-1) & ,i \in \{0,1,2,\cdots\}, a \in \{0,1,2,\cdots\} \end{cases} \tag{2.67}$$

式中,左、右、上、下边界分别用上角标 L、R、T、B 表示,每一指纹区域的面积都为 2×2。

于是,由指纹区域边界表达式可以直接得到任一指纹区域 Z_i 的边界范围为

$$Z_i = \{ u_i^{\mathrm{L}} < u < u_i^{\mathrm{R}}, v_i^{\mathrm{B}} < v < v_i^{\mathrm{T}} \} \tag{2.68}$$

3. 参数 p 对 Hamilton 振子特性的影响

考察参数 p 对 Hamilton 振子相轨迹特性影响的研究思路是:在固定初值的情况下,让参数 p 变化,然后观察混沌振子相轨迹的变化情况。这里采用 Matlab 软件进行 Hamilton 振子的数学建模和仿真分析。

首先,固定一组初值,该组初值在参数 p 为 0.1 时,在 Hamilton 振子相轨迹上表现为一个细胞流。然后,考察参数 p 变化对相轨迹的影响,仿真结果如图 2.37 所示。

从图 2.37 可以看出,参数 p 的值从 -1 开始逐渐增大后,固定初值对应的相轨迹变化较大,但仍然能够显现一些规律。在 $p=0.1$ 时,该组初值对应的是形状十分规则的细胞流相轨迹,按照区域边界规定,该细胞流位于 $-2 < u < 2$、$-2 < v < 2$ 的区域中。以该区域为中心观测区域,则可以看出在参数 p 值改变时,相轨迹的变化规律:当 $p = -1$ 时,单个初值对应的相轨迹不再是环形封闭线,而是不规则的形状,而且初值对应的相轨迹的位置也不再规律,有些相轨迹已经位于观测区域的外部;当 $p = -0.5$ 时,相比 -1 的情况下,相轨迹相对规则,但是仍有初值对应的相轨迹位于观测区域外部的情况,而且观测区域内部也出现有跨越边界的相轨迹,相轨迹呈现竖直矩形的形状;当 $p=0.5$ 时,全部初值对应的相轨迹都位于观测区域内,且形状规则,整体形状呈现水平矩形形状;随着 p 值增大,观测区域内部的

相轨迹形状逐渐往水平方向拉伸,细胞流内部变得复杂无规则;当 p 值变成 2 时,其细胞流内部的复杂运动规律已经被压缩破坏,使得相轨迹变得杂乱无章;当 p 值变成 2.5 时,在观测区域内的相轨迹逐渐变少,向外分散,杂乱无章。

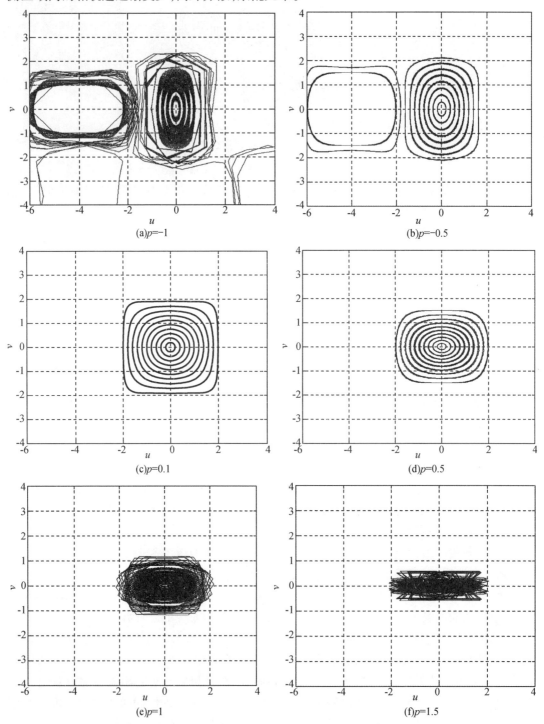

图 2.37　不同 p 值下的 Hamilton 模型单个细胞流相轨迹图

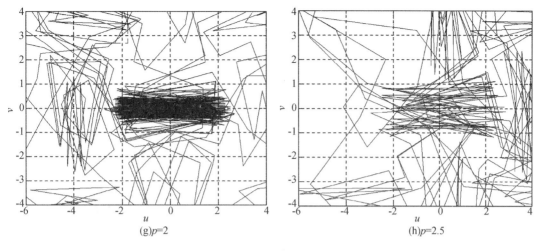

(g)$p=2$　　　　　　　　　　　(h)$p=2.5$

图 2.37（续图）

保持图 2.36 使用的初值不变,令参数 p 变化得到的相轨迹如图 2.38 所示。

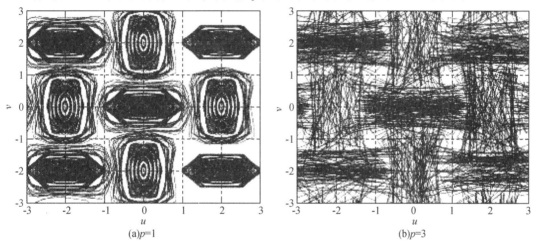

(a)$p=1$　　　　　　　　　　　(b)$p=3$

图 2.38　不同 p 值下的 Hamilton 模型局部细胞流相轨迹图

由以上分析结果可知,参数 p 决定了 Hamilton 振子的形态。当 p 值取 0.1 时,Hamilton 振子相轨迹呈标准细胞流形式分布,每个吸引子所在的子区域固定;当 p 开始增大时,细胞流吸引子的形态开始变得不规则,直到子区域的边界消失,最终混沌振子进入无序非周期状态,如图 2.38 所示。鉴于此,后续研究中本书一律采用 $p=0.1$ 的 Hamilton 振子模型。

4. 初值对 Hamilton 振子相轨迹特性影响

将预定的一组初值 (x_0,y_0) 代入式(2.61)中会得到一组输出 (x_1,y_1),然后将这组输出 (x_1,y_1) 重新作为输入代入式(2.61)进行迭代运算,如此反复操作,则会得到一组输出序列 $(x,y)=[(x_1,y_1),(x_2,y_2),\cdots,(x_k,y_k),\cdots]$,再将这组序列代入式(2.62)便可得到变换序列 $(u,v)=[(u_1,v_1),(u_2,v_2),\cdots,(u_k,v_k),\cdots]$。于是,利用变换序列 (u,v) 在 $u-v$ 平面上可画出 Hamilton 振子的一条相轨迹,如图 2.39 所示[79]。

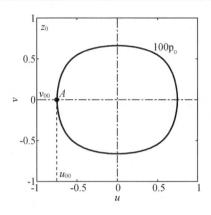

图 2.39　单一初值对应的 Hamilton 振子环状相轨迹

图 2.39 中,初值 A 点的坐标 (u_{00}, v_{00}) 由 (x_0, y_0) 代入式 (2.62) 求得。由试验数据得知,迭代次数等于 50 次时,相轨迹呈现为一条封闭的环形轨迹;而迭代次数少于 50 次时,相轨迹不能形成封闭的环形轨迹;迭代次数超出 50 次以后,形成封闭的环形轨迹,但除轨迹上的点更为密集外,无其他新特征呈现。

此外,由图 2.39 可知,单个初值对应的 Hamilton 振子相轨迹是封闭的环状相轨迹,分布在二维平面上,不会跨越到其他区域,且形状规则,易于控制。还可以注意到,以环上任意一点的坐标作为初值由 Hamilton 振子迭代计算仅能得到相同的环的特性,故将同环相轨迹上的所有点称之为同环点,而环状相轨迹称之为环集。

为研究方便且不失一般性,假定一个指纹区域内只有一条环状相轨迹,因此可以选定一组初值与之对应,故可建立初值与环状相轨迹所在子区域的一一映射关系,如图 2.39 所示。

针对图 2.39 中的环状相轨迹,取 A 点为初值点,即 $u_{00} = -\dfrac{7}{8}$, $v_{00} = 0$,于是有

$$\begin{cases} u_{00} = \dfrac{(7u_0^{\mathrm{L}} + u_0^{\mathrm{R}})}{8} \\[2mm] v_{00} = \dfrac{(v_0^{\mathrm{T}} + v_0^{\mathrm{B}})}{2} \end{cases} \tag{2.69}$$

这样得到的 Hamilton 模型初值 (x_{00}, y_{00}) 可表示为

$$\begin{cases} x_{00} = \dfrac{(7u_0^{\mathrm{L}} + u_0^{\mathrm{R}})}{8} + \dfrac{(v_0^{\mathrm{T}} + v_0^{\mathrm{B}})}{2} \\[2mm] y_{00} = \dfrac{(7u_0^{\mathrm{L}} + u_0^{\mathrm{R}})}{8} - \dfrac{(v_0^{\mathrm{T}} + v_0^{\mathrm{B}})}{2} \end{cases} \tag{2.70}$$

通过式 (2.69) 和式 (2.70) 可以得到所有区域对应的初值,即可确定指纹区域 Z_0, Z_1, Z_2, $\cdots$, Z_k 对应的初值 (x_0, y_0), (x_1, y_1), (x_2, y_2), $\cdots$, (x_k, y_k)。

2.3.3　离散时间 Hamilton 振子模型及实现

1. 离散时间 Hamilton 振子模型

Hamilton 振子表达式 (2.54) 是离散差分公式,初值迭代后得到的原始序列 x 和 y 是离

散点集序列,需要将其转变成离散时间序列。

由 Matlab 仿真试验知,若要获得一个完整的 Hamilton 振子环状相轨迹,至少需从给定的初值 (x_0^n, y_0^n) 迭代计算 50 次。于是,令迭代次数 $L = 50$,采样时间间隔为 Δt,把经迭代计算生成的离散序列 (x_k, y_k),$(k = 1, 2, \cdots, L)$ 视为 Hamilton 映射在连续时间上的采样值,则可得离散时间域上的 Hamilton 映射为

$$\begin{cases} x(k\Delta t) = x[(k-1)\Delta t] - p\sin\left[\dfrac{\pi y[(k-1)\Delta t]}{2}\right] \\ y(k\Delta t) = p\sin\left[\dfrac{\pi x(k\Delta t)}{2}\right] + y[(k-1)\Delta t] \end{cases} \tag{2.71}$$

显然,当 $(k-1)\Delta t < t < k\Delta t$ 时,Hamilton 映射 (x, y),即 Hamilton 振子模型可近似表示为

$$\begin{cases} x(t) \approx x[(k-1)\Delta t] \\ y(t) \approx y[(k-1)\Delta t] \end{cases} \tag{2.72}$$

利用上述关系可以将 Hamilton 振子离散点序列转换成离散时间序列。

2. 离散时间 Hamilton 振子模型实现

这里采用软件编程实现离散时间 Hamilton 模型算法。思路是采用一个主时钟信号实现对 Hamilton 模型进行迭代运算的控制,实现该思路的算法流程如图 2.40 所示。

该算法详细操作流程如下:

①首先对系统初始化,包括将计数器初值 n 清零,对 Hamilton 模型初值 $x(0)$ 和 $y(0)$ 进行初始化。

②判断计数器的计数值 n,决定将什么数据送入保持器。如果 $n = 0$,则将 Hamilton 模型的初值 $x(0)$ 和 $y(0)$ 送入保持器,否则将其输出 $x(nt)$、$y(nt)$ 送入保持器。

③判断主时钟的上升沿,当检测到上升沿时,将保持器的值送入 Hamilton 模型,并通过计算得到一组输出,并将计数器的值加 1,否则持续进行主时钟上升沿检测。其中主时钟频率 f_{clk} 等于采样频率 $f_{\text{s}} = \dfrac{1}{\Delta t}$。

Hamilton 模型的计算关系式为

$$\begin{cases} x[(n+1)\Delta t] = x(n\Delta t) - p\sin\left[\dfrac{\pi y(n\Delta t)}{2}\right] \\ y[(n+1)\Delta t] = p\sin\left\{\pi x\dfrac{[(n+1)\Delta t]}{2}\right\} + y(n\Delta t) \end{cases} \tag{2.73}$$

和

$$\begin{cases} u(n\Delta t) = x(n\Delta t) + y(n\Delta t) \\ v(n\Delta t) = x(n\Delta t) - y(n\Delta t) \end{cases} \tag{2.74}$$

式中,$x(n\Delta t)$ 和 $y(n\Delta t)$ 为 Hamilton 模型的输入;$x[(n+1)\Delta t]$ 和 $y[(n+1)\Delta t]$ 为 Hamilton 模型的输出;$u(n\Delta t)$ 和 $v(n\Delta t)$ 为 Hamilton 模型输出的线性变换。

④判断计数器 n 的值,若 n 的值等于 N 时,则计算结束,此时 Hamilton 振子模型即完成了一个环状轨迹的运算;否则将 Hamilton 模型的输出反馈给保持器并作为下次运算的输入,等待下一个时钟上升沿的到来,并继续进行迭代运算。

由式(2.73)和式(2.74)可知,$x(n\Delta t)$ 和 $y(n\Delta t)$ 及其线性变换 $u(n\Delta t)$ 和 $v(n\Delta t)$ 都是

Hamilton 模型输出的连续时间混沌信号的离散时间样本。

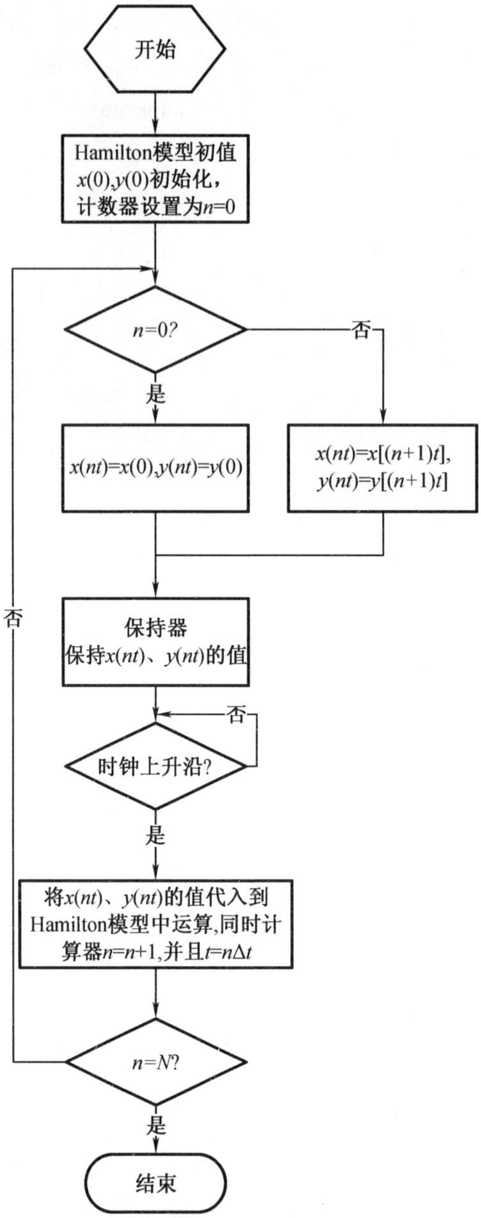

图 2.40 Hamilton 模型实现流程图

2.3.4 区域映射与多进制混沌信号调制

混沌振子的一大特点就是初值敏感性,对于时空混沌 Hamilton 振子更是如此。从 2.3.2 节的讨论可知,Hamilton 振子相轨迹由多个边界可分的指纹区域 Z_i 组成,每个指纹区域由一组环状相轨迹(环集)组成,而环集与初值一一对应。因此,可利用指纹区域携带数字信息,即实现混沌 M 进制数字信息调制,这可以通过建立 M 进制数字信息与 Hamilton 振子初值、环状相轨迹乃至指纹区域的映射关系来实现[79]。

1. 初值与区域映射

建立数字信息与初值、环状相轨迹乃至指纹区域之间的映射关系的思路是:先取得不同初值与单环相轨迹的对应关系,然后进一步建立 M 进制信息与初值(决定其相轨迹处于该子区域的初值)的对应关系,最后引用初值与 Hamilton 振子相轨迹子区域的对应关系,即可实现数字信息对 Hamilton 映射的调制。基于上述区域映射思想获得的 M 进制调制关系由表 2.5 给出。

表 2.5 M 进制调制关系表

M 进制信息	Hamilton 振子初值	环状相轨迹	子区域
0	(x_{00}, y_{00})	$loop_0$	Z_0
1	(x_{10}, y_{10})	$loop_1$	Z_1
2	(x_{20}, y_{20})	$loop_2$	Z_2
…	…	…	…
$M-1$	$(x_{M-1,0}, y_{M-1,0})$	$loop_{M-1}$	Z_{M-1}

表 2.5 表明,要实现 M 进制数字调制,需选取 M 个不同的初值与之对应;同时,要求选取的每一初值所对应的环状相轨迹不能出现在同一个域集里,即每一个初值只能与一个指纹区域相对应。由此即可建立 M 进制数字信息的混沌调制关系。

2. Hamilton 混沌多进制数字调制算法

Hamilton 混沌多进制调制的目标是将每个符号周期内的多进制数字信息嵌入到 Hamilton 振子相空间上不同区域的环状轨迹中。信息嵌入到 Hamilton 振子后,Hamilton 振子的输出仍为连续时间混沌信号。

Hamilton 混沌多进制数字调制算法流程如下[80]:

①首先对待发送的原始二进制信息进行串/并转换,转换后,信息符号位宽从 1 比特变成 n 比特($M = 2^n$),码元速率从 R 变成 $R_n = \dfrac{R}{n}$,原始二进制信息码元变成 M 进制信息符号。

②根据表 2.5 给出的 Hamilton 振子 M 进制调制映射关系,需建立一个有 M 个存储单元的存储器把 M 个不同的 Hamilton 模型初值依序存入其中,然后以 M 进制数字信息作为地址从该存储器中读取出相对应的初值。

③每当系统检测到内部主时钟同步脉冲上升沿到来时,Hamilton 模型用 M 进制信息作为地址从存储器中读出对应的初值 $x(0)$ 和 $y(0)$,并由式(2.73)通过迭代运算生成混沌基带调制信号的离散时间样本 $x(n\Delta t)$ 和 $y(n\Delta t)$。为保证混沌相轨迹是一条封闭的环形线,在每一符号周期内迭代运算次数需不低于 50 次。

④利用式(2.74)对混沌基带调制信号 $x(n\Delta t)$ 和 $y(n\Delta t)$ 进行线性变换,取得连续混沌信号输出的离散时间样本 $u(n\Delta t)$ 和 $v(n\Delta t)$。

以上给出的整个混沌数字多进制调制算法的运算流程如图 2.41 所示。

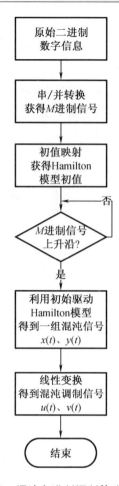

图 2.41　混沌多进制调制算法流程图

图 2.41 提供的混沌多进制调制算法的最后输出为混沌信号 $u(t)$ 和 $v(t)$。而多进制数字信息由 $u(t)$ 和 $v(t)$ 形成的相空间轨迹所携带,这里不同的相空间区域代表着不同的基带数字信息。

3. 混沌多进制数字调制算法实现

由图 2.41 知,Hamilton 振子混沌多进制数字调制算法主要由串/并转换、初值映射、Hamilton 振子相轨迹的数字信息控制生成和坐标变换四个功能模块组成,原理框图如图 2.42 所示。

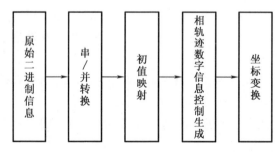

图 2.42　基带混沌 M 进制调制算法原理框图

根据图 2.42,利用 SystemView 系统仿真工具设计出的 Hamilton 振子基带混沌 M 进制调制系统如图 2.43 所示。

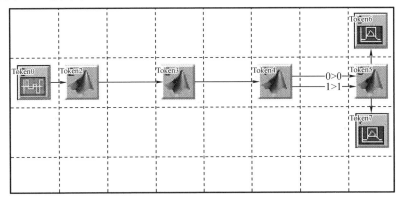

图 2.43　基带混沌 M 进制调制系统图

图 2.43 中,Token 0 为信号发生器,用于产生二进制基带信号;Token 2 为数据提取模块,用于把二进制基带信号转换成基带数据;Token 3 为串/并转换模块,用于生成 M 进制数据符号;Token 4 为初值映射模块,用于取得从 M 进制数据符号到 Hamilton 振子初值的映射;Token 5 为混沌调制模块,用于完成 Hamilton 振子模型的迭代运算和线性变换,进而生成混沌调制信号;Token 6 和 7 为波形显示模块,用于观察离散时间基带混沌调制信号的输出波形。

由于 Hamilton 振子方程在 SystemView 中无现成的功能模块可用,故采用 Matlab 编程实现。其他功能模块采用 SystemView 中的功能模块实现。具体参数设置如下。

（1）串/并转换

该功能由 Token 0、Token2 和 Token3 共同组成,产生四进制符号数据。Token 0 为 PN 码发生器,参数设置:幅度 $=0.5$ V,偏置 $=0.5$ V,速率 $=4$ MHz,相位 $=0$,电平数 $=2$,输出为电平 $=1$ 或 0 的二进制伪随机序列。Token 1 为数据提取单元(新设计的库模块),采用 Matlab 设计实现,其功能是利用 Matlab 的 Intdump 函数,从 Token 0 送来的 PN 序列中提取出 0、1 数字信息。Token 3 为串/并转换单元,输入矢量长度 2,输出矢量长度 1,其功能是把 Token 2 送来的二进制数据转换为四进制数据。

（2）初值映射

该功能由 Token 4 承担,完成从数字四进制数据符号到 Hamilton 振子初值的转换。四进制初值映射见表 2.6。

表 2.6　Hamilton 振子四进制初值映射表

M 进制信息	Hamilton 振子初值	环状相轨迹	子区域
0	$(-0.5, -4.5)$	$loop_0$	Z_0
1	$(3.5, -0.5)$	$loop_1$	Z_1
2	$(-4.5, -0.5)$	$loop_2$	Z_2
3	$(-0.5, 3.5)$	$loop_3$	Z_3

Token 4 为采用 Matlab 新设计的库模块,参数设置:bit-width 为 2(比特宽度,2 代表四进制,3 代表八进制),输入矢量长度为 1,输出矢量长度 $X = 1$,$Y = 1$。

（3）混沌调制及坐标变换

Token 5 为新设计的库模块,完成把由初值表达的基带四进制信息嵌入到 Hamilton 振子相轨迹的子区域上,并将输出信号进行坐标变换。

参数设置:输入矢量长度 $mx = 1$,$my = 1$,输出矢量长度 $U = 50$,$V = 50$。初值信号输入 x、y 首先传递给 mx 和 my,然后每一个符号周期内将 Hamilton 振子方程迭代计算 50 次,形成一条完整的环状相轨迹,最后将迭代的输出经过坐标变换作为最终输出的混沌信号。所选的混沌振子模型为

$$\begin{cases} X(t) = x(t) - 0.1\sin\left(\dfrac{\pi y(t)}{2}\right) \\ Y(t) = 0.1\sin\left(\dfrac{\pi x(t)}{2}\right) + y(t) \end{cases} \tag{2.75}$$

其坐标变换关系为

$$\begin{cases} u(t) = x(t) + y(t) \\ v(t) = x(t) - y(t) \end{cases} \tag{2.76}$$

（4）波形观察与显示

Token 6 和 Token7 为原有库模块,完成对最终输出的混沌信号的显示和相轨迹生成任务。

4. Hamilton 混沌多进制数字调制器的仿真结果

采用 SystemView 软件对如图 2.44 所示的 Hamilton 振子基带混沌多进制调制系统进行了仿真验证,所获结果如图 2.45 所示。

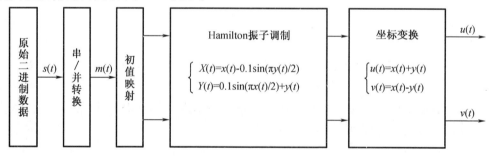

图 2.44　基带混沌 M 进制调制系统的仿真原理框图

仿真参数设置如下:

①原始二进制伪随机序列 $s(t)$ 的码元速率为 $R = 4$ Mb/s,码元宽度为 $T = 0.25$ μs,输出高电平"1"代表数字信号 1,输出低电平"0"代表数字信号 0;

② 串/并转换后的 $m(t)$ 为四进制信号,其符号速率为 $R_m = 2$ Mb/s;

③四进制信息对应的 Hamilton 振子初值关系由表 2.6 给出;

④每一四进制符号周期内,完成 Hamilton 振子模型的 50 次迭代运算;

⑤系统的总采样率为 200 MHz,仿真时间为 20 μs。

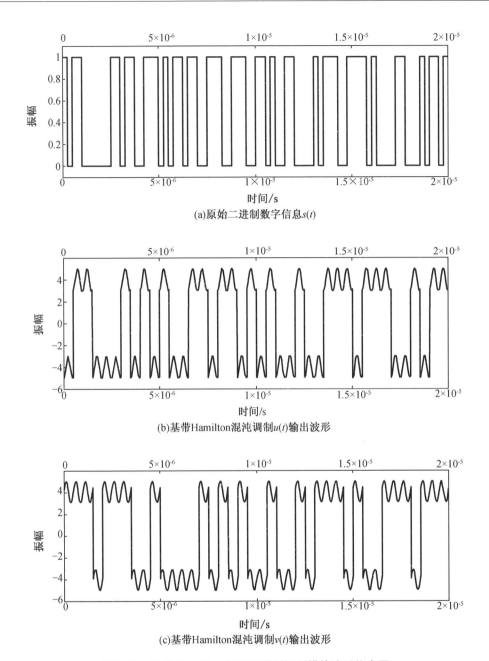

(a)原始二进制数字信息$s(t)$

(b)基带Hamilton混沌调制$u(t)$输出波形

(c)基带Hamilton混沌调制$v(t)$输出波形

图 2.45　基带 Hamilton 振子四进制调制模块波形仿真图

将 $u(t)$ 和 $v(t)$ 信号以极坐标的形式表示可得到 Hamilton 振子调制信号的相轨迹,如图 2.46 所示。

由 2.3.2 节知,Hamilton 相轨迹细胞流的边界可由式(2.66)和式(2.67)确定。本仿真的相空间位置参数为 $a=1$ 和 $a=2,b=2$ 和 $b=3$,因此数字信息将调制到边界范围是 $Z_0=\{3<u<5,3<v<5\}$、$Z_1=\{-3<u<-5,3<v<5\}$、$Z_2=\{-3<u<-5,-3<v<-5\}$ 和 $Z_3=\{3<u<5,-3<v<-5\}$ 的四个子空间区域中,其区域面积为 2×2。

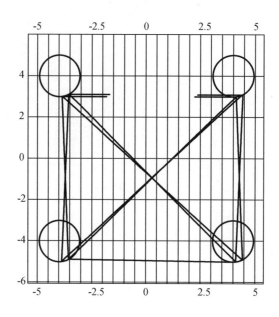

图 2.46　基带 Hamilton 振子四进制调制模块相轨迹图

由图 2.46 可知,在 Hamilton 振子的相空间中,除表达数字调制信息的边界为圆环形的相轨迹外,还存在着连接它们的一些直线轨迹,这是由于多进制数字符号切换所引起的。因数字符号的切换时间远远小于数字符号的持续时间(即符号周期),因此这些直线轨迹对位于接收机处的信息解调的影响可忽略不计。

2.4　多涡卷 Jerk 振子模型及混沌信号调制

2.4.1　Jerk 振子的基本动力学行为

1. Jerk 系统的一般模型

为便于研究且不失一般性,选取 Jerk 振子模型为

$$\begin{cases} \dot{x} = y \\ \dot{y} = z \\ \dot{z} = -x - y - \beta z + f(x) \end{cases} \tag{2.77}$$

式中,$f(x)$ 为非线性函数,以 6 涡卷 Jerk 系统模型为例,$f(x) = \mathrm{sgn}(x) + \mathrm{sgn}(x+2) + \mathrm{sgn}(x-2) + \mathrm{sgn}(x+4) + \mathrm{sgn}(x-4)$ 是由符号函数组成的阶梯函数,其函数曲线如图 2.47(a)所示。

令 $f(x) - x = \mathrm{sgn}(x) + \mathrm{sgn}(x+2) + \mathrm{sgn}(x-2) + \mathrm{sgn}(x+4) + \mathrm{sgn}(x-4) - x = 0$ 可求出系统(2.77)的 6 个平衡点分别为$(1,0,0)$、$(-1,0,0)$、$(3,0,0)$、$(-3,0,0)$、$(5,0,0)$、$(-5,0,0)$,它们也是非线性函数 $f(x) - x$ 的零点。通过比较可以发现非线性函数 $f(x) - x$ 在平衡点处的斜率为 -1 且处处相等,其具有的 5 个转折点将 $f(x) - x$ 分为 6 个区域,且与涡卷产生的位置一一对应,如图 2.47(b)所示,每一个平衡点处可以产生一个涡卷。

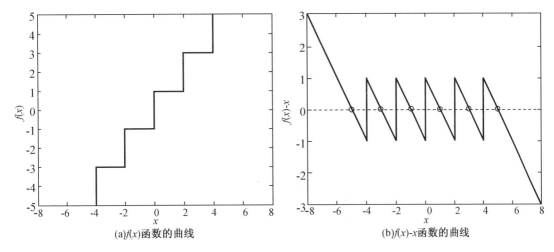

(a)$f(x)$函数的曲线　　　　　　(b)$f(x)$-x函数的曲线

图 2.47　非线性函数曲线

式(2.77)在平衡点处的 Jacobi 矩阵可表示为

$$J(p_i) = \begin{bmatrix} 0 & 1 & 0 \\ 0 & 0 & 1 \\ -1 & -1 & -\beta \end{bmatrix}_{x=x_i} ,\quad i = \pm 1, \pm 3 \tag{2.78}$$

将各平衡点代入式(2.78),可解出各平衡点处的特征值。由于系统(2.77)在各平衡点处的斜率处处相等,所以平衡点处对应的 Jacobi 矩阵的特征值也相等,故只需计算一个平衡点的特征值即可。以 $i=1$ 为例,由平衡点 $p_1(1,0,0)$ 求得其特征值为 $\lambda_1 = -1.034\,7$, $\lambda_{2,3} = 0.217\,3 \pm 1.184\,3i$。因 $\text{Re}(\lambda_{2,3}) > 0$, $\lambda_1 < 0$,故该平衡点是一个指标为 2 的鞍点。显然,系统(2.77)存在 6 个指标为 2 的鞍点,因此该系统可以产生 6 个涡卷混沌吸引子。

在此基础上,可进一步分析系统(2.77)的产生机理。因任一平衡点所对应的特征值都满足 $|\text{Re}(\lambda_{2,3})| < |\lambda_1|$, $(\text{Re}(\lambda_{2,3})) \cdot \lambda_1 < 0$,故根据 Shilnikov 定理知,混沌相轨迹在平衡点处形成一个向外扩展的涡卷运动。

运用 Simulink 构建的单方向 6 涡卷混沌吸引子可视化模型如图 2.48 所示。设置参数 $\beta = 0.6$,初始值为 $(0.1, 0.1, 0)$,运行程序得到的仿真结果如图 2.49 所示。

由系统方程(2.77)可见,决定 Jerk 振子相轨迹特性的两个参数分别为 β 和初始值。下面运用图 2.48 的仿真模型对参数 β 和初始值的取值范围进行初步探讨。

2. 参数 β 对相轨迹的影响

在初始值取 $(0.1, 0.1, 0)$ 的条件下,分别将 β 设置为 $0.1, 0.3, 0.4, 0.6, 0.9, 1.0$,得到的 6 涡卷相图分别如图 2.50 所示。

由图 2.50 可见,参数 β 较小时 $(\beta = 0.1)$,几个涡卷几乎是重叠在一起的,随着 β 的不断增大,6 个涡卷逐渐分离,但 β 的数值再继续增加,则 Jerk 系统会出现周期状态,如图 2.50(f)所示。经过反复仿真,最终确定 6 涡卷的参数 β 在 $[0.4, 0.9]$ 范围内 6 个涡卷清晰可见,相轨迹图较清晰。

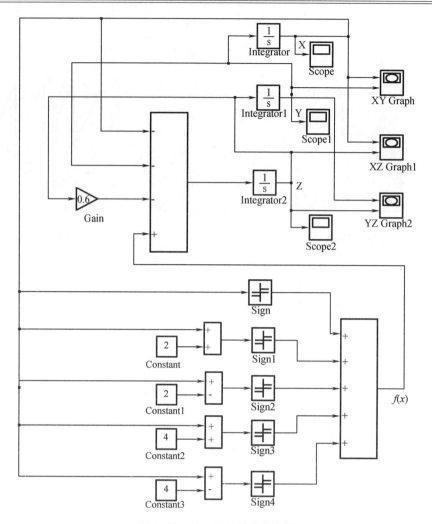

图 2.48　Simulink 模块仿真图

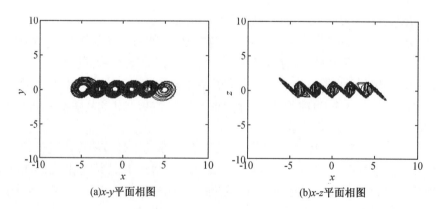

(a)x-y平面相图　　　　　　　　(b)x-z平面相图

图 2.49　可视化模型得到的 6 涡卷相图

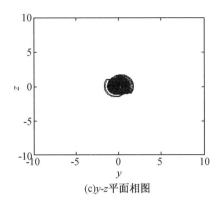

(c)y-z平面相图

图 2.49（续图）

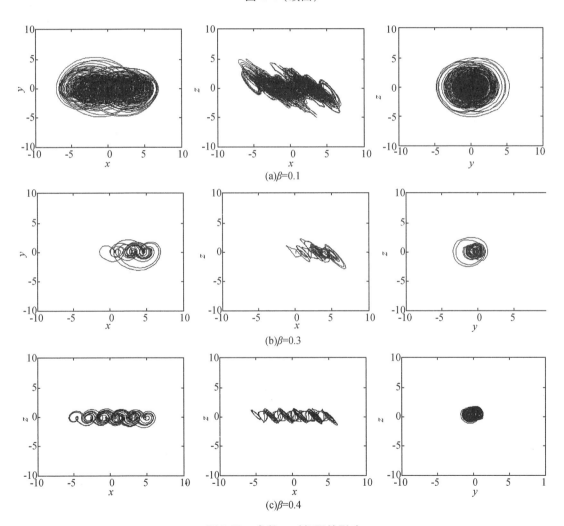

(a)β=0.1

(b)β=0.3

(c)β=0.4

图 2.50　参数 β 对相图的影响

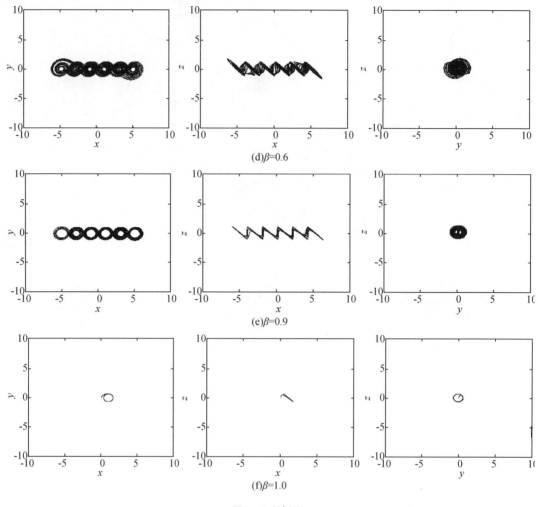

(d)β=0.6

(e)β=0.9

(f)β=1.0

图 2.50（续图）

3. 初值范围的确定

系统(2.77)能否产生 6 涡卷信号,不仅与参数 β 有关,还与初始值的设定有密切关系。在仿真过程中发现:只要初值在 6 涡卷所在相空间区域范围内,即使不能马上形成涡卷,但经过一段时间后,相轨迹也会产生出 6 涡卷信号,如图 2.51 所示。但若初值与相图区域偏离较远,如图 2.52 为初值设置为(-10 , -10 , -10)得到的时序图,可见此时系统相轨迹是发散的。

运用 Matlab 的数学函数,对三个方向变量进行分析,得到 β =0.6 条件下三个变量 x、y、z 的范围分别为 $x \in [-6.388\ 5 , 6.369\ 9]$、$y \in [-1.798\ 7 , 1.821\ 2]$ 和 $z \in [-1.678\ 4 , 1.701\ 2]$,这是在给定初始值下获得的变量 x、y、z 的范围,只要初始值在此范围内给定,都可以在相空间分布区域内得到 6 涡卷信号。

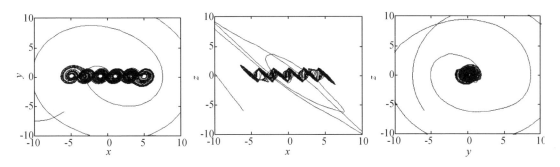

图 2.51　初值为(-6, -6, -6)得到的相图

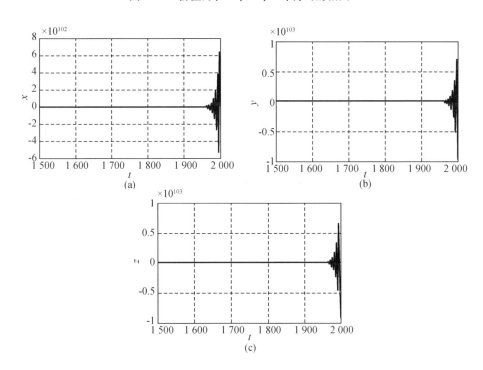

图 2.52　初值为(-10, -10, -10)得到的各变量的时序图

2.4.2　非实时性多涡卷的产生及 Jerk 振子模型的计算机实现方法

根据 6 涡卷混沌吸引子产生的机理,可得到产生 n 个涡卷混沌吸引子的 Jerk 函数形式,即通过改变非线性函数的零点数量,也就是改变系统(2.77)的平衡点数量,使 $f(x)$ 的斜率始终保持为 -1,此时平衡点处的特征值即可满足 Shilnikov 定理,且在平衡点处产生涡卷,而涡卷位置与平衡点位置相对应,依此规律可产生奇数个或偶数个涡卷。其函数形式和仿真结果如下。

1. 单方向偶数个涡卷

在 6 涡卷 Jerk 系统的基础上,通过扩展在 x 方向上的平衡点,可得到产生偶数个涡卷的一般方程。其主要特点是,平衡点的个数与涡卷数量相同,并且非线性函数具有奇对称的特点。若对非线性方程平衡点进行调整,也可产生 4 涡卷、8 涡卷、10 涡卷、12 涡卷等偶数个涡卷,而对应的非线性方程表达式分别为

$$f(x) = \text{sgn}(x) + \text{sgn}(x+2) + \text{sgn}(x-2)$$

$$f(x) = \text{sgn}(x) + \text{sgn}(x+2) + \text{sgn}(x-2) + \text{sgn}(x+4) + \text{sgn}(x-4) + \text{sgn}(x+6) + \text{sgn}(x-6)$$

$$f(x) = \text{sgn}(x) + \text{sgn}(x+2) + \text{sgn}(x-2) + \text{sgn}(x+4) + \text{sgn}(x-4) + \text{sgn}(x+6) + \text{sgn}(x-6) + \text{sgn}(x+8) + \text{sgn}(x-8)$$

$$f(x) = \text{sgn}(x) + \text{sgn}(x+2) + \text{sgn}(x-2) + \text{sgn}(x+4) + \text{sgn}(x-4) + \text{sgn}(x+6) + \text{sgn}(x-6) + \text{sgn}(x+8) + \text{sgn}(x-8) + \text{sgn}(x+10) + \text{sgn}(x-10)$$

4 涡卷、8 涡卷、10 涡卷、12 涡卷的数值仿真 $x-y$ 相图如图 2.53 所示。4 涡卷位置分别对应 $(1,0,0)$、$(-1,0,0)$、$(3,0,0)$、$(-3,0,0)$;8 涡卷位置分别对应 $(1,0,0)$、$(-1,0,0)$、$(3,0,0)$、$(-3,0,0)$、$(5,0,0)$、$(-5,0,0)$、$(7,0,0)$、$(-7,0,0)$;10 涡卷位置分别对应 $(1,0,0)$、$(-1,0,0)$、$(3,0,0)$、$(-3,0,0)$、$(5,0,0)$、$(-5,0,0)$、$(7,0,0)$、$(-7,0,0)$、$(9,0,0)$、$(-9,0,0)$;12 涡卷位置分别对应 $(1,0,0)$、$(-1,0,0)$、$(3,0,0)$、$(-3,0,0)$、$(5,0,0)$、$(-5,0,0)$、$(7,0,0)$、$(-7,0,0)$、$(9,0,0)$、$(-9,0,0)$、$(11,0,0)$、$(-11,0,0)$,即涡卷产生位置与平衡点相对应。

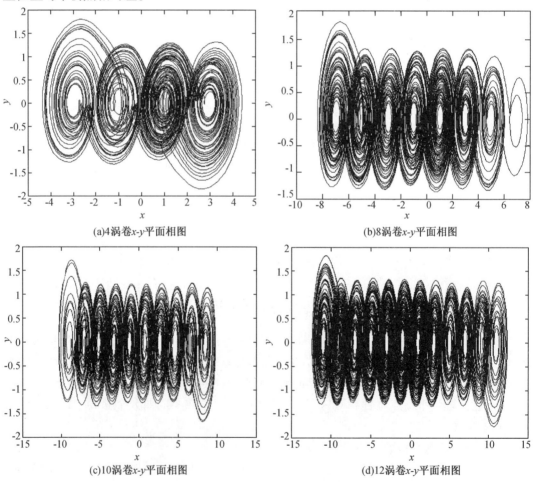

(a)4涡卷x-y平面相图   (b)8涡卷x-y平面相图

(c)10涡卷x-y平面相图   (d)12涡卷x-y平面相图

图 2.53 偶数个涡卷 $x-y$ 平面相图

由此得到偶数个涡卷信号的一般递推规律:产生偶数个涡卷的非线性函数方程的一般

形式为 $f(x) = \sum\limits_{n=0} \mathrm{sgn}[x \pm (2 \times n)]$,涡卷数量为 $2 \times (n+1)$。

由图 2.53 可见,随着涡卷数量的增加,变量 x 的数值越来越大,为了用电路产生 12 涡卷信号,必须进行变量比例压缩变换[81]。于是,通过引入比例压缩系数 A,产生偶数个涡卷非线性函数方程的一般函数可表示为 $f(x) = A\mathrm{sgn}(x) + A\sum\limits_{n=1}^{N} \mathrm{sgn}(x \pm 2nA)$,涡卷数量为 $2 \times (n+1)$。

例如,令 $A = 0.5$ 时,有

$$f(x) = 0.5 \times [\,\mathrm{sgn}(x) + \mathrm{sgn}(x+1) + \mathrm{sgn}(x-1) + \mathrm{sgn}(x+2) + \mathrm{sgn}(x-2) +$$
$$\mathrm{sgn}(x+3) + \mathrm{sgn}(x-3) + \mathrm{sgn}(x+4) + \mathrm{sgn}(x-4) + \mathrm{sgn}(x+5) + \mathrm{sgn}(x-5)\,]$$

$f(x)$ 的函数曲线如图 2.54(a)所示;$f(x) - x$ 对应的平衡点位置如图 2.54(b)所示,分别为 $(-5.5,0,0)$、$(-4.5,0,0)$、$(-3.5,0,0)$、$(-2.5,0,0)$、$(-1.5,0,0)$、$(-0.5,0,0)$、$(0.5,0,0)$、$(1.5,0,0)$、$(2.5,0,0)$、$(3.5,0,0)$、$(4.5,0,0)$、$(5.5,0,0)$。显然,平衡点位置发生变化,x 变量的取值范围明显缩小,得到的 $x-y$ 相图如图 2.55 所示。

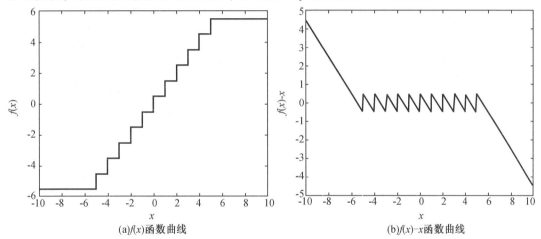

(a)$f(x)$函数曲线　　　　　　　　(b)$f(x)-x$函数曲线

图 2.54　含有压缩系数对应的 12 涡卷非线性函数曲线

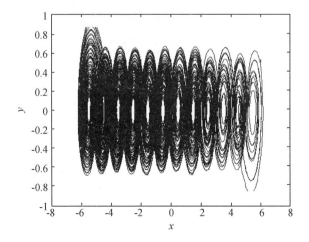

图 2.55　含有压缩系数对应的 12 涡卷 $x-y$ 相图

2. 单方向奇数个涡卷

方法一:对非线性方程平衡点进行调整,可产生3涡卷、5涡卷、7涡卷等奇数个涡卷,对应的非线性函数方程变为

$$f(x) = \text{sgn}(x+1) + \text{sgn}(x-1)$$

$$f(x) = \text{sgn}(x+1) + \text{sgn}(x-1) + \text{sgn}(x+3) + \text{sgn}(x-3)$$

$$f(x) = \text{sgn}(x+1) + \text{sgn}(x-1) + \text{sgn}(x+3) + \text{sgn}(x-3) + \text{sgn}(x+5) + \text{sgn}(x-5)$$

得到的奇数个涡卷 $x-y$ 相图如图2.56所示。3涡卷位置分别对应$(0,0,0)$、$(2,0,0)$、$(-2,0,0)$;5涡卷位置分别对应$(0,0,0)$、$(2,0,0)$、$(-2,0,0)$、$(4,0,0)$、$(-4,0,0)$;7涡卷位置分别对应$(0,0,0)$、$(2,0,0)$、$(-2,0,0)$、$(4,0,0)$、$(-4,0,0)$、$(6,0,0)$、$(-6,0,0)$,即涡卷产生位置与平衡点相对应。

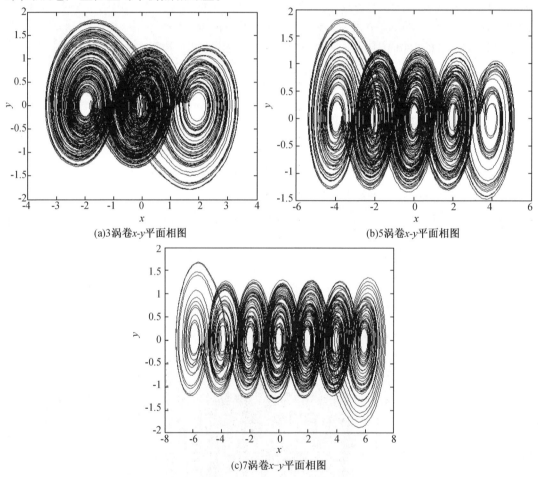

(a)3涡卷x-y平面相图

(b)5涡卷x-y平面相图

(c)7涡卷x-y平面相图

图 2.56　方法一产生的奇数个涡卷 $x-y$ 平面相图

由此得到奇数个涡卷信号的一般递推规律:产生奇数个涡卷的非线性函数方程的一般形式为 $f(x) = \sum_{n=0} \text{sgn}[x \pm (2 \times n + 1)]$,涡卷数量为 $2 \times n + 3$。

方法二[81]: $f(x) = 0.5\{\sum_{n=1}^{N} \text{sgn}[x - (n - 0.5)] + \sum_{n=1}^{N} \text{sgn}[x + (n - 0.5)]\}$,产生涡卷数量为 $2 \times N + 1$,由此得到奇数个涡卷相图如图2.57所示。

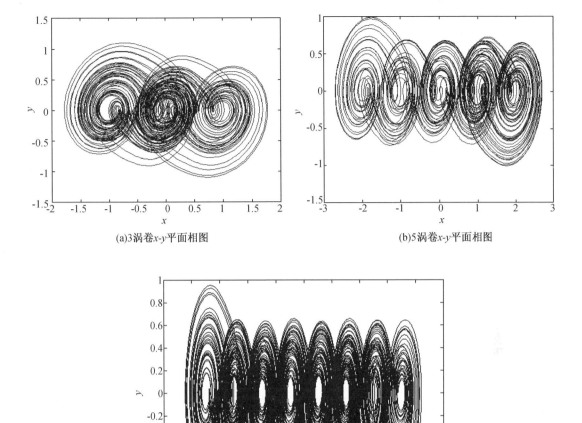

(a)3涡卷x-y平面相图　　　　　　　　　　(b)5涡卷x-y平面相图

(c)7涡卷x-y平面相图

图 2.57　方法二产生的奇数个涡卷 $x-y$ 平面相图

3. 二方向 $m \times n$ 混沌吸引子的产生

把前面产生涡卷的递推方法用于维数上的递推,得到 $m \times n$ 二方向涡卷的 Jerk 方程为

$$\begin{cases} \dot{x} = y - f(y) \\ \dot{y} = z \\ \dot{z} = -x - y - az + f(x) + f(y) \end{cases} \quad (2.79)$$

(1)6×6 涡卷

系统方程为(2.79),其中非线性方程分别为 $f_1(x) = \text{sgn}(x) + \text{sgn}(x+2) + \text{sgn}(x-2) + \text{sgn}(x+4) + \text{sgn}(x-4)$;$f_2(y) = \text{sgn}(y) + \text{sgn}(y+2) + \text{sgn}(y-2) + \text{sgn}(y+4) + \text{sgn}(y-4)$。非线性函数 $f_1(x) - x$ 和 $f_2(y) - y$ 的函数曲线和对应平衡点分布如图 2.58 所示,每一个平衡点能产生一个涡卷。6×6 涡卷 Jerk 计算机数值仿真结果如图 2.59 所示。

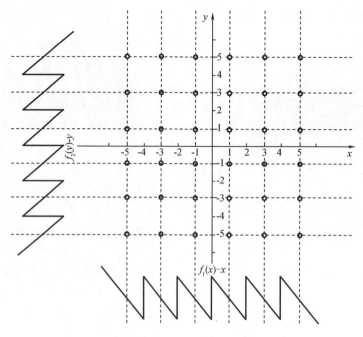

图 2.58　6×6 涡卷非线性函数曲线及平衡点分布图

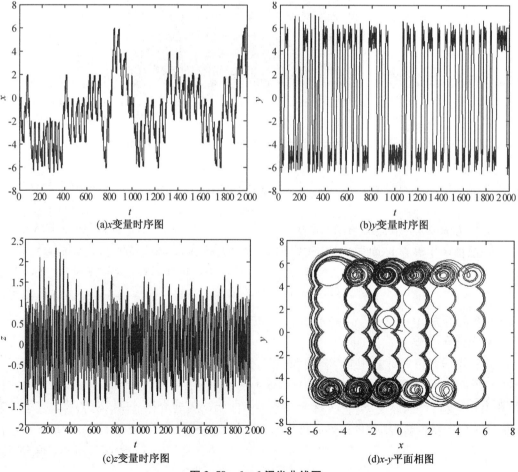

图 2.59　6×6 涡卷曲线图

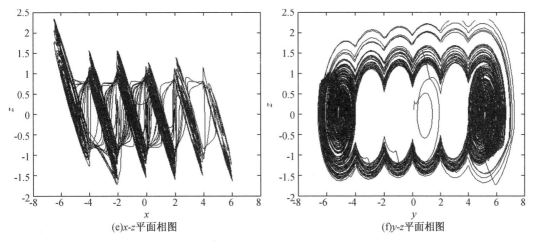

(e)x-z平面相图　　　　　　　　　　　(f)y-z平面相图

图 2.59(续图)

产生涡卷的坐标位置:x 轴方向为 ± 1, ± 3, ± 5, y 轴方向为 ± 1, ± 3, ± 5, 它们分别是非线性方程 $f(x) - x$ 和 $f(y) - y$ 的平衡点。

(2)5×5 涡卷

将非线性方程设置为 $f_1(x) = \mathrm{sgn}(x+1) + \mathrm{sgn}(x-1) + \mathrm{sgn}(x+3) + \mathrm{sgn}(x-3)$; $f_2(y) = \mathrm{sgn}(y+1) + \mathrm{sgn}(y-1) + \mathrm{sgn}(y+3) + \mathrm{sgn}(y-3)$。便可得到 5×5 涡卷,其非线性函数曲线及平衡点分布如图 2.60 所示,相图如图 2.61 所示。

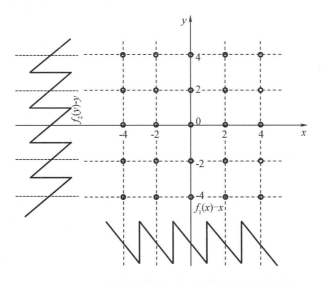

图 2.60　5×5 涡卷非线性函数曲线及平衡点分布图

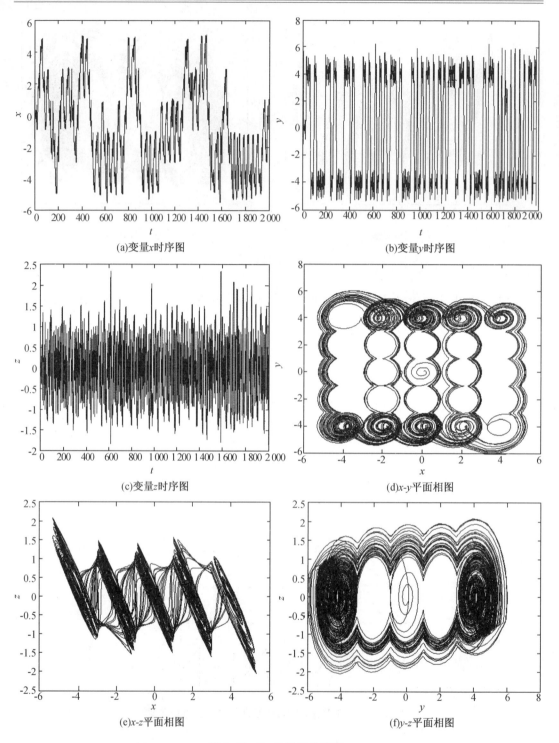

(a)变量x时序图

(b)变量y时序图

(c)变量z时序图

(d)x-y平面相图

(e)x-z平面相图

(f)y-z平面相图

图2.61 5×5涡卷曲线图

由此得到,$m \times n$ 栅格涡卷混沌吸引子系统的一般方程为

$$\begin{cases} \dot{x} = y - f(y) \\ \dot{y} = z \\ \dot{z} = -x - y - az + f(x) + f(y) \end{cases} \tag{2.80}$$

式中,非线性方程 $f(x)$ 和 $f(y)$ 的形式需根据 n 和 m 是奇数还是偶数来确定。

2.4.3　Jerk 振子实时性计算机实现方案

首先,假设连续时间混沌系统的状态方程为[81]

$$\begin{cases} \dot{x}_1 = f_1(x_1, x_2, \cdots, x_N) \\ \dot{x}_2 = f_2(x_1, x_2, \cdots, x_N) \\ \qquad\vdots \\ \dot{x}_N = f_N(x_1, x_2, \cdots, x_N) \end{cases} \tag{2.81}$$

式中, $N \geqslant 3$, $f_i(i=1,2,\cdots,N)$ 的数学表达式的一般形式为

$$\begin{cases} f_1(x_1, x_2, \cdots, x_N) = b_1 + \sum_{i=1}^{N} a_{1,i} x_i + \sum_{j=1}^{N} \sum_{K=1}^{N} b_{1,j} x_i x_k + F_1(x_1, x_2, \cdots, x_N) \\ f_2(x_1, x_2, \cdots, x_N) = b_2 + \sum_{i=1}^{N} a_{2,i} x_i + \sum_{j=1}^{N} \sum_{K=1}^{N} b_{2,j} x_i x_k + F_2(x_1, x_2, \cdots, x_N) \\ \qquad\vdots \\ f_N(x_1, x_2, \cdots, x_N) = b_N + \sum_{i=1}^{N} a_{N,i} x_i + \sum_{j=1}^{N} \sum_{K=1}^{N} b_{N,j} x_i x_k + F_N(x_1, x_2, \cdots, x_N) \end{cases} \tag{2.82}$$

其中, $F_i(i=1,2,\cdots,N)$ 为非线性函数。

利用四阶 Runge-Kutta 法,对方程(2.81)进行求解,则得到

$$\begin{cases} x_1(n+1) = x_1(n) + \dfrac{(K_{11} + 2K_{12} + 2K_{13} + K_{14})}{6} \\ x_2(n+1) = x_2(n) + \dfrac{(K_{21} + 2K_{22} + 2K_{23} + K_{24})}{6} \\ \qquad\vdots \\ x_N(n+1) = x_N(n) + \dfrac{(K_{N1} + 2K_{N2} + 2K_{N3} + K_{N4})}{6} \end{cases} \tag{2.83}$$

式中,递归参数 $K_{ij}(i=1,2,\cdots,N; j=1,2,3,4)$ 可表示为

$$\begin{cases} K_{i1} = f_i(x_1(n), x_2(n), \cdots, x_N(n)) \cdot h \\ K_{i2} = f_i(x_1(n) + 0.5K_{11}, x_2(n) + 0.5K_{21}, \cdots, x_N(n) + 0.5K_{N1}) \cdot h \\ K_{i3} = f_i(x_1(n) + 0.5K_{12}, x_2(n) + 0.5K_{22}, \cdots, x_N(n) + 0.5K_{N2}) \cdot h \\ K_{i4} = f_i(x_1(n) + K_{13}, x_2(n) + K_{23}, \cdots, x_N(n) + K_{N3}) \cdot h \end{cases} \tag{2.84}$$

式中, N 为方程的阶数; h 为解算步长,它的选取既要满足四阶 Runge-Kutta 法迭代计算的稳定性和收敛性的要求,也要满足使 Jerk 振子输出逼近原始波形的要求。根据上述原则,可确定步长 h 的选取范围为

$$\frac{1}{20 f_{\max}} \leqslant h \leqslant \frac{1}{5 f_{\max}} \tag{2.85}$$

式中, $f_{\max}$ 为 Jerk 振子输出信号具有的最高频率。

为说明获取多涡卷 Jerk 混沌系统的 Runge-Kutta 算法递归公式算法的具体过程,考虑式(2.86)给出的 Jerk 混沌系统

$$\begin{cases} \dot{x} = y \\ \dot{y} = z \\ \dot{z} = -x - y - \beta z + F(x) \\ F(x) = A\operatorname{sgn}(x) + A\sum_{n=1}^{N}\operatorname{sgn}(x - 2nA) + A\sum_{m=1}^{N}(x + 2mA) \end{cases} \tag{2.86}$$

为不失一般性考虑产生 6 涡卷的情况,因此取参数 $\beta = 0.45 \sim 0.7$,$A = 0.5$,$N = 2$,得到 $2N + 2 = 6$(生成 6 涡卷的条件获满足)。对广义涡卷 Jerk 混沌系统的离散化计算步骤如下[81]。

第 1 步,计算 F_1。

$$\begin{aligned} F_1 &= F[x(n)] \\ &= A\operatorname{sgn}[x(n)] + A\operatorname{sgn}[x(n) - 2A] + A\operatorname{sgn}[x(n) - 4A] + A\operatorname{sgn}[x(n) + 2A] + \\ &\quad A\operatorname{sgn}[x(n) + 4A] \end{aligned}$$

第 2 步,计算 K_{11}、K_{21}、K_{31}。

$$\begin{cases} K_{11} = y(n) \cdot h \\ K_{21} = z(n) \cdot h \\ K_{31} = [-x(n) - y(n) - \beta z(n) + F_1] \cdot h \end{cases}$$

第 3 步,计算 F_2。

$$\begin{aligned} F_2 &= F[x(n) + 0.5K_{11}] \\ &= A\operatorname{sgn}[x(n) + 0.5K_{11}] + A\operatorname{sgn}[x(n) + 0.5K_{11} - 2A] + A\operatorname{sgn}[x(n) + 0.5K_{11} - 4A] + \\ &\quad A\operatorname{sgn}[x(n) + 0.5K_{11} + 2A] + A\operatorname{sgn}[x(n) + 0.5K_{11} + 4A] \end{aligned}$$

第 4 步,计算 K_{12}、K_{22}、K_{32}。

$$\begin{cases} K_{12} = [y(n) + 0.5K_{21}] \cdot h \\ K_{22} = [z(n) + 0.5K_{31}] \cdot h \\ K_{32} = \{-[x(n) + 0.5K_{11}] - [y(n) + 0.5K_{21}] - \beta[z(n) + 0.5K_{31}] + F_2\} \cdot h \end{cases}$$

第 5 步,计算 F_3。

$$\begin{aligned} F_3 &= F[x(n) + 0.5K_{12}] \\ &= A\operatorname{sgn}[x(n) + 0.5K_{12}] + A\operatorname{sgn}[x(n) + 0.5K_{12} - 2A] + A\operatorname{sgn}[x(n) + 0.5K_{12} - 4A] + \\ &\quad A\operatorname{sgn}[x(n) + 0.5K_{12} + 2A] + A\operatorname{sgn}[x(n) + 0.5K_{12} + 4A] \end{aligned}$$

第 6 步,计算 K_{13}、K_{23}、K_{33}。

$$\begin{cases} K_{13} = [y(n) + 0.5K_{22}] \cdot h \\ K_{23} = [z(n) + 0.5K_{32}] \cdot h \\ K_{33} = \{-[x(n) + 0.5K_{12}] - [y(n) + 0.5K_{22}] - \beta[z(n) + 0.5K_{32}] + F_3\} \cdot h \end{cases}$$

第 7 步,计算 F_4。

$$\begin{aligned} F_4 &= F[x(n) + K_{13}] \\ &= A\operatorname{sgn}[x(n) + K_{13}] + A\operatorname{sgn}[x(n) + K_{13} - 2A] + A\operatorname{sgn}[x(n) + K_{13} - 4A] + \\ &\quad A\operatorname{sgn}[x(n) + K_{13} + 2A] + A\operatorname{sgn}[x(n) + K_{13} + 4A] \end{aligned}$$

第 8 步,计算 K_{14}、K_{24}、K_{34}。

$$\begin{cases} K_{14} = \left[y(n) + K_{23} \right] \cdot h \\ K_{24} = \left[z(n) + K_{33} \right] \cdot h \\ K_{34} = \left\{ -\left[x(n) + K_{13} \right] - \left[y(n) + K_{23} \right] - \beta \left[z(n) + K_{33} \right] + F_4 \right\} \cdot h \end{cases}$$

最后,得到多涡卷 Jerk 混沌系统的 Runge-Kutta 算法的递归公式为

$$\begin{cases} x(n+1) = x(n) + \dfrac{(K_{11} + 2K_{12} + 2K_{13} + K_{14})}{6} \\[2mm] y(n+1) = y(n) + \dfrac{(K_{21} + 2K_{22} + 2K_{23} + K_{24})}{6} \\[2mm] z(n+1) = z(n) + \dfrac{(K_{31} + 2K_{32} + 2K_{33} + K_{34})}{6} \end{cases} \tag{2.87}$$

2.4.4　Jerk 振子的混沌吸引子相轨迹控制

由 2.1 节知,欲运用 Jerk 振子进行多进制混沌调制,需要产生多个涡卷,且多个涡卷在相空间分布区域不能相交,但依据式(2.77)得到的 Jerk 振子,虽然能产生多个涡卷,可是涡卷间存在着相互纠缠,没有形成独立的相空间区域。本节将介绍运用延时反馈控制在相空间得到轨迹清晰、界限明显的 Jerk 多涡卷混沌吸引子的方法。此讨论将涉及多涡卷混沌吸引子形成的具体过程,精确获取每个吸引子对应的参数范围,实现相空间涡卷信号的独立控制等问题。

1. 对混沌吸引子进行延时反馈控制

(1)单方向延时反馈控制

由图 2.59 所示的 $x - y$ 相图可见,Jerk 吸引子在相空间涡卷轨迹之间存在交叉纠缠,为了得到相轨迹清晰的混沌吸引子,可引入延时反馈控制来解决。

为不失一般性,下面考虑运用延时反馈法对单方向 6 涡卷 Jerk 振子进行稳定控制的问题。这需要利用混沌系统自身的非线性特性,对系统变量进行控制。在对该 Jerk 振子进行控制时,需要在式(2.77)的第三个方程的右边增加一个控制输入 $u(t) = k\left[z(t - T) - z(t) \right]$,于是得到受控的单方向 6 涡卷 Jerk 混沌系统为[82]

$$\begin{cases} \dot{x} = y \\ \dot{y} = z \\ \dot{z} = -x - y - az + f(x) + u(t) \end{cases} \tag{2.88}$$

式(2.88)给出的进行延时反馈控制的混沌系统的可视化模型如图 2.62 所示。延时时间设置为 3 s,增益设置为 0.5,对 Jerk 系统施加控制后,观察到延时反馈控制下混沌系统的平面相图和时序图如图 2.63 所示。

图 2.63 中的相图显示,Jerk 振子的相轨迹由混沌态进入到稳定平衡点的运动轨道,而实现上述过程,对变量 x 的控制耗时约 100 s。

在增益保持不变的条件下,延时时间在[2.4 s,2.8 s]范围内变化,均可得到轨迹清晰、界限分明的圆环状吸引子。延时时间取 2.5 s 时,受控 Jerk 振子的变量时序图如图 2.64 所示。

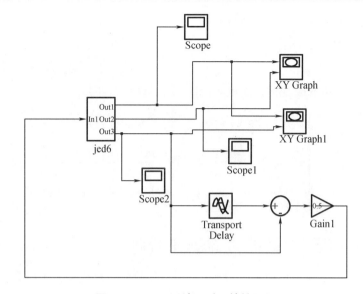

图 2.62　Jerk 系统延时反馈控制图

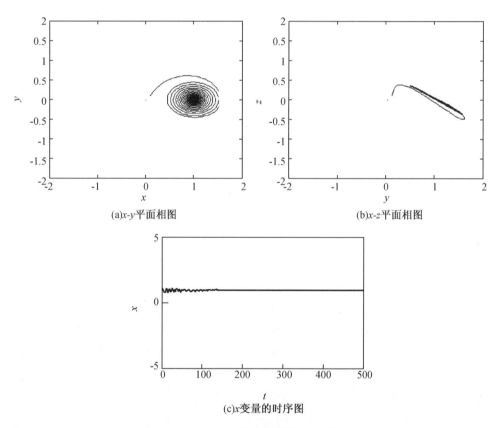

(a)x-y平面相图　　　　　　　　　　　(b)x-z平面相图

(c)x变量的时序图

图 2.63　延时控制相图及时序图

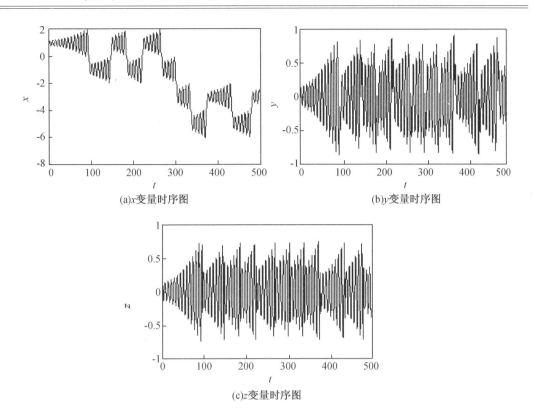

(a)x变量时序图　　　　(b)y变量时序图

(c)z变量时序图

图 2.64　单方向 6 涡卷延时反馈控制时序图(延时时间为 2.5 s)

由图 2.64 可见,此时的 x 变量有明显的区间变化,与其相对应的 $x-y$ 相图上的混沌吸引子轨迹之间界限分明,有各自的区域,且不相交,如图 2.65 所示。

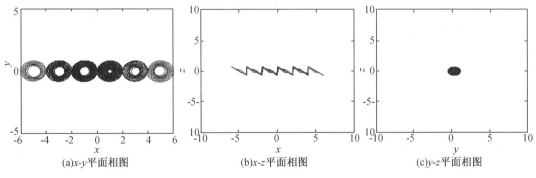

(a)x-y平面相图　　　　(b)x-z平面相图　　　　(c)y-z平面相图

图 2.65　单方向 6 涡卷延时反馈控制相图(延时时间为 2.5 s)

(2)二方向延时反馈控制

为不失一般性,对二方向 3×3 涡卷 Jerk 混沌吸引子可运用与单方向延时反馈控制同样的方法进行稳定控制,可视化模型如图 2.66 所示,获得的 3×3 涡卷混沌吸引子的相图如图 2.67 所示。

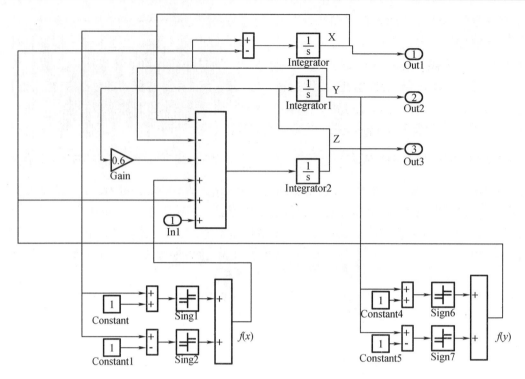

图 2.66　3×3 涡卷混沌吸引子的可视化模型图

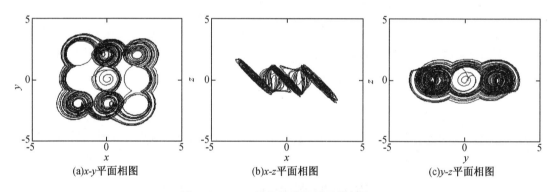

(a)x-y平面相图　　　(b)x-z平面相图　　　(c)y-z平面相图

图 2.67　3×3 涡卷混沌吸引子的相图

　　为取得最佳控制效果,使 Jerk 混沌吸引子轨迹的界限分明、不相交,在不同延时时间下,进一步对二方向 3×3 涡卷混沌吸引子的延时反馈控制进行了研究,结果由图 2.68 至图 2.73 给出。

　　由延时时间 $T=2.0$ s 下的时序图(图 2.68)和相图(图 2.69)可见,运行开始的短时间内 Jerk 振子还处于混沌状态,很快混沌消除,轨迹被控制在一定范围内,但其相图特性不够理想,未呈现出 3×3 涡卷特性。

　　由延时时间 $T=2.5$ s 下的时序图(图 2.70)和相图(图 2.71)可见,x 和 y 变量都呈现出明显的区间分布特征。此时,$x-y$ 平面相图在对角线位置出现 3 个混沌吸引子,$y-z$ 平面相图沿 z 轴线位置出现 3 个混沌吸引子,但未呈现出 3×3 涡卷特性。

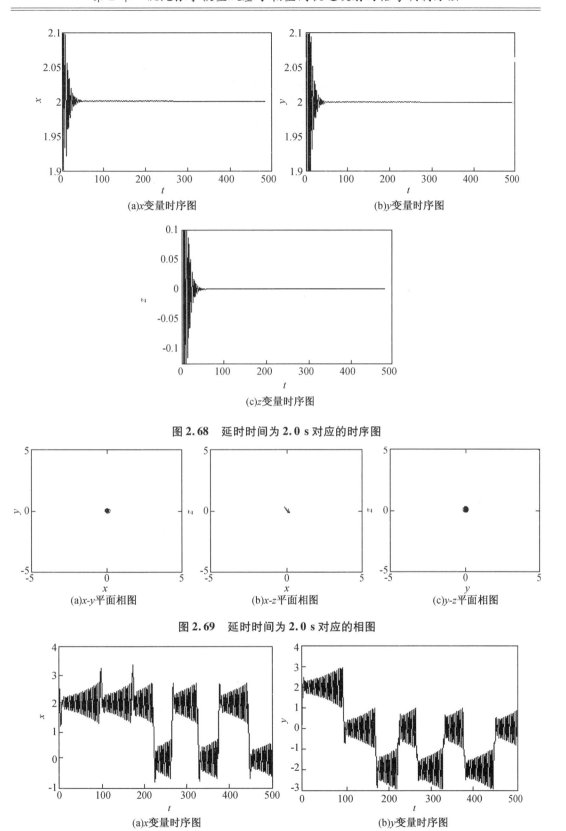

(a)x变量时序图　　　　　　　(b)y变量时序图

(c)z变量时序图

图 2.68　延时时间为 2.0 s 对应的时序图

(a)x-y平面相图　　　　(b)x-z平面相图　　　　(c)y-z平面相图

图 2.69　延时时间为 2.0 s 对应的相图

(a)x变量时序图　　　　　　　(b)y变量时序图

图 2.70　延时时间为 2.5 s 对应的时序图

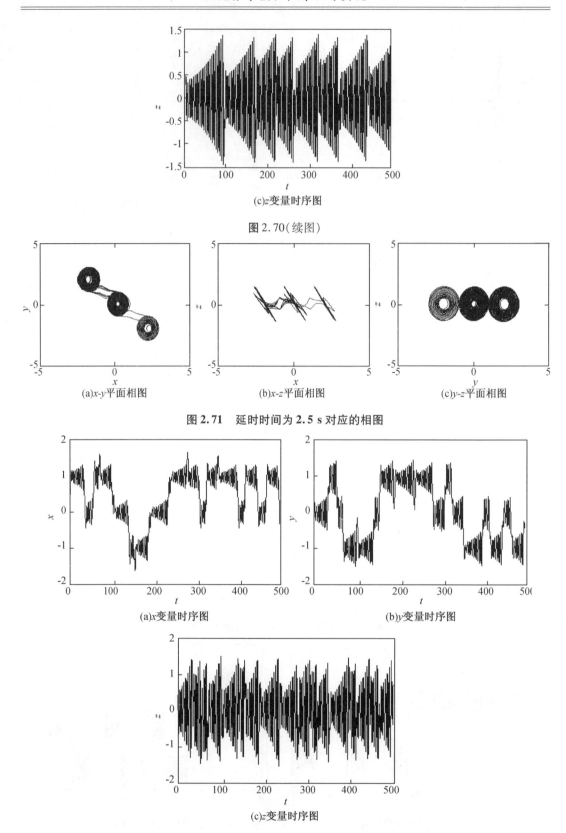

(c)z变量时序图

图 2.70(续图)

(a)x-y平面相图　　　　(b)x-z平面相图　　　　(c)y-z平面相图

图 2.71　延时时间为 2.5 s 对应的相图

(a)x变量时序图　　　　　　　　　　(b)y变量时序图

(c)z变量时序图

图 2.72　延时时间为 2.6 s(2.7 s)对应的时序图(运行时间 500 s)

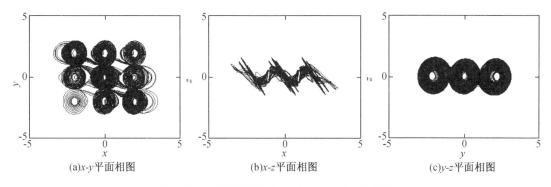

(a)x-y平面相图　　(b)x-z平面相图　　(c)y-z平面相图

图 2.73　延时时间为 2.6 s(2.7 s)对应的相图

由延时时间 $T = 2.6$ s 或 2.7 s 下的时序图(图 2.72)和相图(图 2.73)可见, x 和 y 变量都呈现出明显的区间分布特征。此时, $x-y$ 平面相图出现 $3×3$ 涡卷混沌吸引子,这显示时间延迟控制达到了最佳效果。

2.确定轨迹控制参数的方法

为找出每个混沌吸引子轨迹形成所对应的参数区间,选方程(2.88)给出的单方向 6 涡卷 Jerk 混沌系统进行研究。设初始值为 $[0.1, 0.1, 0.1]$,采样时间为 0.1 s,运行时间为 5 000 s,可得到如图 2.74 所示的 6 涡卷混沌吸引子。显然,6 个涡卷间轨迹界限明显,且所占区域可分割。

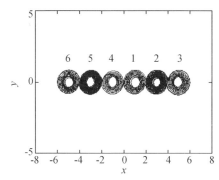

图 2.74　单方向 6 涡卷混沌吸引子产生顺序标注图

当放慢了涡卷产生速度,并给 6 个涡卷分别标上序号,我们可看到,吸引子轨迹形成的复杂过程,即轨迹依序号 1→2→3→2→1→4→1→2→1→2→1→2→3→2→3→2→1→2→1→2→1→4→1→2→3→2→3→2→1→4→5→4→1→4→1→2→3→2→3…重复变化,经过一段非常复杂的过程形成了 6 个涡卷,但即便如此,每个涡卷每次重复的轨迹也是不相交的。因此,可以通过设置不同的参数范围,来产生不同的涡卷,进而实现对混沌轨迹的精确控制。利用每个涡卷重复的特点,可设置不同的密钥,以增加系统的保密性。

实际应用中,确定参数范围有两种方法可用。

(1)跟踪法

从涡卷形成的过程来确定参数。该方法需要在 Jerk 混沌系统的可视化仿真图中加入数字测试仪,通过监视仿真过程和读取变量的数值来获得参数范围。具体操作:输入原始的初始值,运行仿真系统,仔细观察涡卷的形成顺序并利用暂停操作随时读取 x、y、z 三路信号的实时数据。依此方法得到的参数见表 2.7。

表 2.7　跟踪法确定的单方向 6 涡卷轨迹对应参数表

对应混沌吸引子	参数范围	运行时间/s
1	[0.1, 0.1, 0.1] ~ [2.079, 0.087 78, −0.131 8]	34.1
2	[2.126 440 253 852, 0.135 474 289 423 66, 0.266 638 360 222 66] ~ [4.067 767 831 061 8, 0.070 652 730 270 927, −0.126 567 185 039 85]	34
3	[4.067 767 831 061 8, 0.070 652 730 270 927, −0.126 567 185 039 85] ~ [3.757 707 962 284 1, −0.232 285 106 469 15, −0.129 650 179 682 0]	30.5
4	[0.030 824 789 756 494, −0.171 765 542 919 42, 0.541 530 236 218 4] ~ [−2.071 021 038 350 7, −0.253 843 223 671 05, −0.480 622 262 000 49]	28.1
5	[−2.071 021 038 350 7, −0.253 843 223 671 05, −0.480 622 262 000 49] ~ [−4.083 860 026 728 3, −0.094 670 573 357 229, 0.135 048 578 836 65]	26
6	[−4.083 860 026 728 3, −0.094 670 573 357 229, 0.135 048 578 836 65] ~ [−3.767 536 686 622 9, 0.254 672 936 834 71, 0.323 357 492 632 44]	30.5

跟踪法看似简单,但是在具体实施过程中易发生如下问题:

①每个涡卷的形成对初始值要求十分严格,初始值如果不同可能得到的涡卷位置和轨迹完全不同,对于有些涡卷的控制参数,精确确定困难较大。

②每个涡卷运行时间短,且涡卷间运行时间差异较大。

但跟踪法的优点是:对一个区域的涡卷,可以确定几组参数,便于选择和应用。

(2)平衡点估计法

因为每个涡卷都是围绕其平衡点形成的,按照涡卷所在位置的平衡点来确定参数,将平衡点或平衡点附近的值代入系统,进而可得相应的涡卷信号。依此法得到的参数见表 2.8,但需要说明的是:运行时间如果足够长,无论初始值设置为多少,都能产生全部的涡卷信号,因此在产生指定的涡卷时,对运行时间也要有一定要求。

表 2.8　平衡点估计法确定的单方向 6 涡卷轨迹对应参数表

对应混沌吸引子	参数范围	运行时间/s
1	[1, 0.1, 0.1] ~ [−0.112 6, −0.148 7, 0.037 61]	95
2	[3, 0.1, 0.1] ~ [1.877, −0.148 7, 0.037 61]	95
3	[5, 0.1, 0.1] ~ [3.877, −0.148 7, 0.037 61]	95
4	[−1, 0.1, 0.1] ~ [−2.113, −0.148 7, 0.037 61]	95
5	[−3, 0.1, 0.1] ~ [−4.113, −0.148 7, 0.037 61]	95
6	[5, 0.1, 0.1] ~ [−3.880, 0.156 3, −0.043 90]	91

平衡点估计法形成的涡卷有规律,运行时间相对较长,但初始值的确定,有一定难度,并且每一个涡卷对应的控制参数较少。

2.4.5　电路仿真与结果

对 Jerk 系统的微分方程进行处理,可得到相应的电路方程,进而可获得其电路模型。

1. 微分方程转化为电路方程

系统(2.77)给出的是微分方程,对其两边同时积分,可得

$$\begin{cases} x = \int y \mathrm{d}t \\ y = \int z \mathrm{d}t \\ z = \int(-x - y - az + f(x))\mathrm{d}t \end{cases} \tag{2.89}$$

从式(2.89)可以看出,若以电路实现其运算应包括三个部分:积分器、非线性函数 $f(x)$ 发生器和加法器。以产生 4 涡卷混沌为例,电路如图 2.75 所示。于是,由电路整理得到的无量纲状态方程为

$$\begin{cases} x = \int y \mathrm{d}t \\ y = \int z \mathrm{d}t \\ z = \int\left(-\dfrac{R_6}{R_{11}}x - \dfrac{R_6}{R_{12}}y - \dfrac{R_6}{R_{13}}z + \dfrac{R_6}{R_{14}}f(x)\right)\mathrm{d}t \end{cases} \tag{2.90}$$

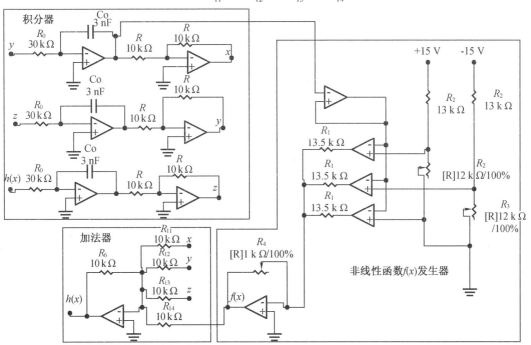

图 2.75　4 涡卷混沌吸引子产生电路

比较式(2.89)和式(2.90),得到系统参数和电路参数之间的对应关系分别为:
$\dfrac{R_6}{R_{11}} = \dfrac{R_6}{R_{12}} = \dfrac{R_6}{R_{14}} = 1, \dfrac{R_6}{R_{13}} = a = 0.6$,取 $R_6 = 10\ \text{k}\Omega$,则 $R_{13} = 16.7\ \text{k}\Omega$,$R_{11} = R_{12} = R_{14} = 10\ \text{k}\Omega$。电

路中所有运放采用 TL082,工作电压为 ± 15 V,实际测得输出饱和电压为 $\pm \left| V_{\text{out}} \right| = 13.5$ V。电路中 $\dfrac{1}{\left(R_0 C_0 \right)}$ 为积分器的积分常数,同时也是时间尺度变换因子,改变 R_0 或 C_0 值的大小可以改变时间尺度变换因子,从而改变混沌信号的频谱分布,本电路中 R_0 取值为 30 kΩ,C_0 取值为 3 nF。运算放大器与外围两电阻构成反向器,电阻 R 取值为 10 kΩ。函数发生器部分:为了实现非线性函数 $f(x) = \mathrm{sgn}(x) + \mathrm{sgn}(x + 2) + \mathrm{sgn}(x - 2)$,电阻 $R_1 = 13.5$ kΩ,R_2、R_3 的电阻阻值只要满足产生 ± 2 V 电压就可以,此时函数 $f(x) - x = \mathrm{sgn}(x) + \mathrm{sgn}(x + 2) + \mathrm{sgn}(x - 2) - x$ 的零点为 0、2、-2,因此产生 4 个涡卷,这与理论分析的结论相吻合。

2. 电路仿真

在 Multisim 软件工作环境下,运行图 2.75 所示电路得到的四涡卷混沌吸引子如图 2.76(a)所示。在 $f(x)$ 函数发生器的符号函数产生部分,只要增加平衡点的数量,即可实现涡卷数量的增加,例如:增加平衡点 $x = \pm 4$ 涡卷,只要将 13 kΩ 的电阻改为 11 kΩ,± 15 V 与地间分别增加 2 kΩ 电阻,保证 ± 15 V 与地间电阻和为 15 kΩ,再增加两组运算放大器参照图 2.75 所示电路进行连接,即可产生 6 涡卷混沌。因此,只要非线性发生器部分稍加修改,就可以实现涡卷数量的控制,由此得到的 6 涡卷、7 涡卷 $x - y$ 相图如图 2.76(b)和图 2.76(c)所示。

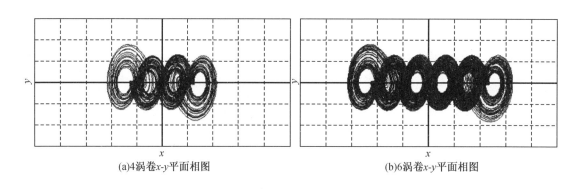

(a)4涡卷x-y平面相图　　　　　　(b)6涡卷x-y平面相图

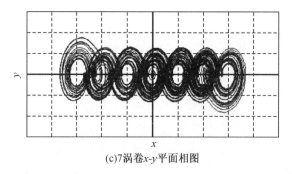

(c)7涡卷x-y平面相图

图 2.76　Multisim 仿真得到的多涡卷 $x - y$ 平面相图

2.4.6　*M* 进制 **Jerk** 振子混沌调制方案

Jerk 混沌振子具有可在相空间中产生多涡卷混沌吸引子的特性,这与 Hamiton 混沌振子具有的可产生多细胞流混沌吸引子的特性一样,也能用于数字信息传递,但要实现这一目的,须优先在数字信息与 Jerk 振子混沌吸引子间建立一一映射关系,然后,可利用该一一映射关系来对 Jerk 振子进行 *M* 进制基带混沌调制。

以 *M* 进制 Jerk 振子基带混沌调制为例,考虑从方程(2.77)产生 *M* 涡卷混沌吸引子,此时,*M* 进制数字信息与 Jerk 振子混沌吸引子间的一一映射关系可按表 2.9 设计,当然,如果产生的涡卷数量为奇数个,对应的初值会不同,但都会在涡卷中心点附近,确定方法仍可采用平衡点估计法。

表 2.9　*M* 进制数字信息与混沌吸引子及控制参数关系表

M 进制数字信息	Jerk 混沌吸引子	参数和初值
0	涡卷 0	$[1, 0.1, 0.1]$
1	涡卷 1	$[3, 0.1, 0.1]$
2	涡卷 2	$[5, 0.1, 0.1]$
…	…	…
$M-1$	涡卷 M − 1	$[2(M-1)+1, 0.1, 0.1]$

进一步可按图 2.77 所示来实现 Jerk 振子基带混沌调制。图中,Jerk 混沌信号发生器在每一个选定的参数和初值下进行 *L* 步迭代,产生长度为 *L* 的混沌序列,生成相空间中的一个涡卷混沌吸引子,而不同参数和初值下生成的涡卷混沌吸引子不同。映射表执行表 2.9 提供的映射关系,共有 *M* 组参数和初值,与 *M* 进制数字信息一一对应。串并转换单元用于把一比特的二值数据流转换为 *N* 比特($M = 2^N$)的符号数据流。

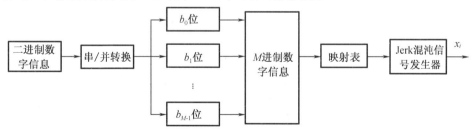

图 2.77　M 进制混沌调制系统结构图

为说明以上 *M* 进制 Jerk 振子混沌调制系统的设计原理,这里以四进制混沌调制为例,运用 Simulink 可视化模型,搭建了仿真系统,如图 2.78 所示。

图中,信号源用 Simulink 模块库中的 PN 序列发生器实现;串/并转换子系统如图 2.79 所示,该模块将一比特的二值数据流转换为二比特的四值符号数据流。

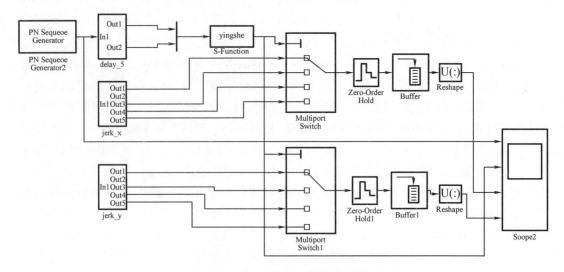

图 2.78　基于 Simulink 的四进制混沌调制系统

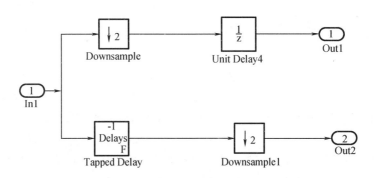

图 2.79　串/并转换子系统

混沌序列发生器如图 2.80 所示,它在时钟脉冲的驱动下计数,并采用查表的方式,将 Jerk 混沌序列对应的数值与[1,50]的数字建立一一对应关系,每当计数满 50 后,就复位并重新开始,这样在时钟脉冲的驱动下,便可以对外循环输出混沌序列值。

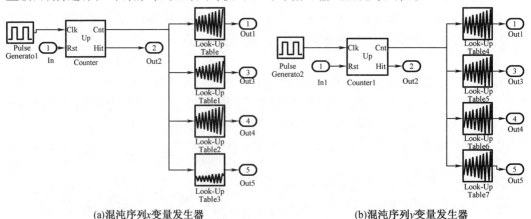

(a)混沌序列x变量发生器　　　　　　　　(b)混沌序列y变量发生器

图 2.80　混沌序列发生器

混沌序列发生器输出的混沌序列具有的涡卷位置由二比特的四值符号数据流决定,由多路开关完成。

基带四值符号与混沌吸引子相图的对应关系如图 2.81 所示。

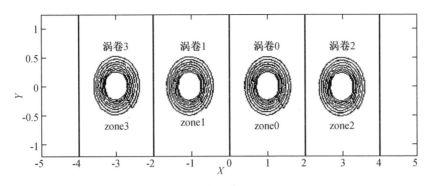

图 2.81　混沌序列对应相空间图

仿真参数设置分别为：PN 序列发生器的采样时间为 0.5 μs，产生多项式为 [1 1 0 1 0 0 1]，初始状态为 [0 1 1 1 0 1]；混沌序列发生器的脉冲周期为 0.02 μs，采样保持器的采样时间为 0.01 μs，串并转换单元的脉冲周期为 1 μs，系统运行时间为 10 μs。依据仿真参数得到系统数据传输的基本参数如下：

①原始二进制数据，速率为 2 MHz，码元周期 0.5 μs；

②串并转换后的四进制信息，速率为 $R_a = 1$ MHz；

③Jerk 模型的样本点数为 50，对应的内部时钟频率设置为 $f_{clk} = 50 \times R_a = 50$ MHz。

仿真结果如图 2.82 所示，其中图（a）为 PN 序列产生的原始二进制数据；图（b）为经过转换的四进制数据；图（c）为 Jerk 混沌发生器产生的 x 信号；图（d）为 Jerk 混沌发生器产生的 y 信号。

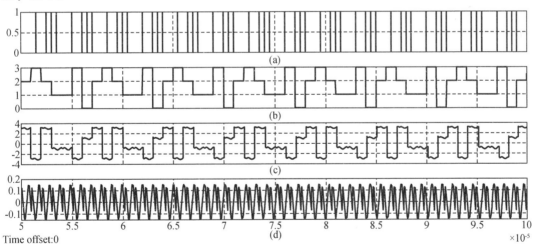

图 2.82　四进制混沌调制系统的时序图

2.5　射频调制问题

一般来说，射频调制的过程是利用基带信号改变一个已知高频信号中的某个参量的变换过程。这个高频信号是运载信息的工具，称为载波（或射频）信号，携带信息的基带信号称为调制信号，调制后的信号称为已调信号（或射频调制信号）。本质上，射频调制过程就是把基带信号频谱搬移到高频信号频谱上的过程。

在通信系统中，必须将基带信号频谱搬移到射频信号频谱上进行发射的主要原因是：

①基带信号一般都是具有较低频率的信号，其波长很长，若要把它的能量通过自由空间进行传送，则所需要的天线尺寸过于庞大；

②因基带信号低频较低，若将它们直接发送，则各发射机发送的基带信号在信道中就会互相重叠、干扰，这将导致接收设备无法正确接收其所要接收的基带信号。

与射频调制相反的过程称为射频解调过程。射频调制与解调技术主要用于完成对信号的频率变换任务，是通信系统中不可缺少的最重要的功能模块之一。出于构建混沌振子接收机的需要，本章主要从工程实用的角度出发，对几种常用的模拟调制解调技术和数字调制解调技术进行介绍[83-85]，同时，对这些技术的性能指标及局限性也做了较为详细的讨论。

2.5.1　幅度调制

幅度调制是由（基带）调制信号去控制（射频）载波的幅度，使载波幅度按调制信号规律变化。设载波为

$$c(t) = A\cos(\omega_c t + \varphi_0) \tag{2.91}$$

式中，A 为载波幅度；ω_c 为载波角频率；φ_0 为载波初始相位。

根据幅度调制的定义，调制器输出的已调信号一般可表示成

$$s_m(t) = Am(t)\cos(\omega_c t) \tag{2.92}$$

式中，$m(t)$ 为基带调制信号。

设基带调制信号 $m(t)$ 的频谱为 $M(\omega)$，则由式（2.92）可知已调信号 $s_m(t)$ 的频谱 $S_m(\omega)$ 为

$$S_m(\omega) = \frac{A}{2}[M(\omega + \omega_c) + M(\omega - \omega_c)] \tag{2.93}$$

由式（2.92）可见，在波形上，由幅度调制产生的已调信号的幅度按调制信号的规律呈正比例变化；由式（2.93）可见，在频谱结构上，已调信号的频谱完全是由调制信号频谱不失真地搬移到载频（载波频率）的两边所形成的。由于这种搬移是线性的，即基带信号频谱搬移到载频后频谱结构不变，因此，又称幅度调制为线性调制。但应注意，这里的"线性"并不意味着已调信号与调制信号之间符合线性变换关系，事实上，任何调制过程都是一种非线性的变换过程。

1. 普通调幅（amplitude modulation, AM）

普通调幅是由调制信号 $m(t)$ 控制载波幅度，使载波幅度按调制信号的规律变化，鉴于

该调制产生的已调信号的频谱特点,也常称之为双边带调制。根据调幅波的定义,其时域表达式为

$$S_{AM}(t) = [A_0 + m(t)]\cos(\omega_c t) = A_0\cos(\omega_c t) + m(t)\cos(\omega_c t) \qquad (2.94)$$

式中,A_0 为外加的直流分量;$m(t)$ 为调制信号,可以是确知信号或随机信号。AM 调制模型如图 2.83 所示。

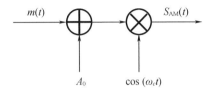

图 2.83　AM 调制模型

若 $m(t)$ 为确知信号,则 AM 信号的频谱为

$$S_{AM}(\omega) = \pi A_0[\delta(\omega + \omega_c) + \delta(\omega - \omega_c)] + \frac{1}{2}[M(\omega + \omega_c) + M(\omega - \omega_c)] \qquad (2.95)$$

其典型波形和频谱(幅度谱)如图 2.84 所示。

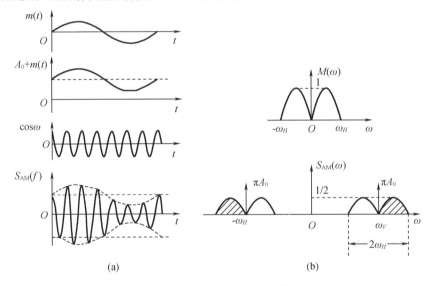

图 2.84　AM 典型波形和频谱图

若 $m(t)$ 为随机信号,则已调信号的频域表示必须用功率谱描述。

从时域波形可以看出,当 $|m(t)|_{max} \leqslant A_0$ 时,调幅波的包络与调制信号 $m(t)$ 的形状完全一样,调幅波的上下包络都反映了调制信号的变化,此时,利用包络检波的方法很容易恢复出原始调制信号;当 $|m(t)|_{max} > A_0$ 时,就会出现"过调幅"现象,如图 2.85 所示,上、下包络不能反映调制信号的变化,出现了调制失真,此时,需要采用其他的解调方法,如同步检波恢复调制信号。

从频域角度来描述调幅波时,主要看它的频谱成分和带宽。由频谱图可知,AM 信号的频谱由载频、上边带、下边带三部分组成。上边带的频谱结构与原调制信号的频谱结构相同,下边带是上边带的镜像,因此 AM 信号是带有载波分量的双边带信号,它的带宽是基带

信号带宽 f_H 的 2 倍,即

$$B_{AM} = 2f_H \tag{2.96}$$

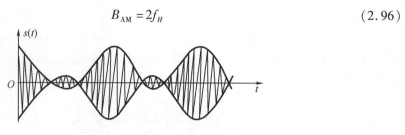

图 2.85　振幅调制过调幅

在分析调幅波功率时,假设调制信号的平均值为 0,即 $\overline{m(t)} = 0$,则 AM 信号的总功率为

$$P_{AM} = \overline{s_{AM}^2(t)} = \overline{[A_0 + m(t)]^2 \cos^2(\omega_c t)}$$

$$= \overline{A_0^2 \cos^2(\omega_c t)} + \overline{m^2(t) \cos^2(\omega_c t)} + \overline{2A_0 m(t) \cos^2(\omega_c t)}$$

$$= \frac{A_0^2}{2} + \frac{\overline{m^2(t)}}{2} = P_c + P_s \tag{2.97}$$

式中,P_c 为载波功率;P_s 为边带功率。

由此可见,AM 信号的总功率包括载波功率和边带功率两部分。其中只有边带功率才与调制信号有关,也就是说,载波分量并不携带信息。此外,有用功率(用于传输有用信息的边带功率)占信号总功率的比例可表示为

$$\eta_{AM} = \frac{P_s}{P_{AM}} = \frac{\overline{m^2(t)}}{A_0^2 + \overline{m^2(t)}} \tag{2.98}$$

式中,η_{AM} 称为调制效率。

当调制信号为单音余弦信号时,即 $m(t) = A_m \cos(\omega_m t)$ 时,$\overline{m^2(t)} = \dfrac{A_m^2}{2}$。此时

$$\eta_{AM} = \frac{\overline{m^2(t)}}{A_0^2 + \overline{m^2(t)}} = \frac{A_m^2}{2A_0^2 + A_m^2} \tag{2.99}$$

在满调幅($|m(t)|_{max} = A_0$ 时,也称 100% 调制)条件下,调制效率的最大值为 1/3。可见,在 AM 调制中,功率利用率比较低。但是,AM 调制的优点在于系统结构简单,实现成本低廉,所以至今调幅制仍广泛用于无线电广播中。

2. 抑制载波的双边带调制(double-sideband,DSB)

如果在 AM 调制模型中将直流 A_0 去掉,即将普通调幅波中的载波抑制去掉,则可得到一种高调制效率的调制方式—抑制载波的双边带调制,调幅后信号简称双边带信号,其时域表达式为

$$S_{DSB}(t) = m(t)\cos(\omega_c t) \tag{2.100}$$

式中,假设 $m(t)$ 的平均值为 0。可见 DSB 信号是调制信号与载波信号相乘的结果,其典型波形和频谱如图 2.86 所示。

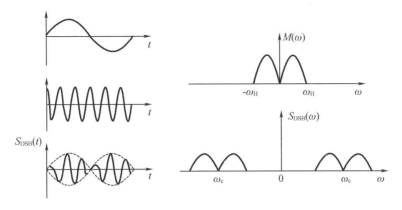

图 2.86 DSB 信号波形和频谱

从 DSB 信号的时域波形来看,DSB 信号的上、下包络不同于调制信号的变化形状,因而不能采用简单的包络检波来恢复调制信号。DSB 信号解调时需采用相干解调,也称同步检波。此外,在调制信号为零的两旁,由于调制信号的值正、负发生了变化,所以已调波的相位在此零点处发生 180°突变。

从频域波形来看,DSB 的频谱与 AM 的谱相近,只是没有了在 ±ωc 处的 δ 函数,即

$$S_{DSB}(\omega) = \frac{1}{2}\big[M(\omega + \omega_c) + M(\omega - \omega_c)\big] \tag{2.101}$$

与 AM 信号比较,DSB 信号的功率就是两个旁频的功率之和,调制效率是 100%,因此在发射机输出功率相等的情况下,DSB 发射机发出的信息能量远比 AM 发射机多,即功率利用率高。

3. 单边带调制(single side band,SSB)

DSB 信号虽然节省了载波功率,但它所需的传输带宽仍是调制信号带宽的两倍,即与 AM 信号带宽相同。因为 DSB 信号两个边带中的任意一个都包含了 $M(\omega)$ 的所有频谱成分,因此只传输其中一个边带即可。这样,既可节省发送功率,也可节省一半的传输频带,这种调制方式称为单边带调制。单边带调幅波对所含边带是上边带或是下边带没有限制。

由于单边带是从频域角度来考虑的,因此,其时域波形和表达式一般都不太直观,需借助希尔伯特变换来表述。

设单调制信号为

$$m(t) = A_m \cos(\omega_m t) \tag{2.102}$$

载波为

$$c(t) = \cos(\omega_c t) \tag{2.103}$$

则 DSB 信号的时域表示式为

$$\begin{aligned}s_{DSB}(t) &= A_m \cos\omega_m t \cos(\omega_c t)\\ &= \frac{1}{2}A_m \cos(\omega_c + \omega_m)t + \frac{1}{2}A_m \cos(\omega_c - \omega_m)t\end{aligned} \tag{2.104}$$

保留上边带,则有

$$s_{USB}(t) = \frac{1}{2}A_m \cos(\omega_c + \omega_m)t$$

$$= \frac{1}{2}A_\mathrm{m}\cos\ (\omega_\mathrm{m}t)\cos\ (\omega_\mathrm{c}t) - \frac{1}{2}A_\mathrm{m}\sin\ (\omega_\mathrm{m}t)\sin\ (\omega_\mathrm{c}t) \quad (2.105)$$

保留下边带,则有

$$s_\mathrm{LSB}(t) = \frac{1}{2}A_\mathrm{m}\cos(\omega_\mathrm{c} - \omega_\mathrm{m})t$$

$$= \frac{1}{2}A_\mathrm{m}\cos\ (\omega_\mathrm{m}t)\cos\ \omega_\mathrm{c}t + \frac{1}{2}A_\mathrm{m}\sin\ (\omega_\mathrm{m}t)\sin\ (\omega_\mathrm{c}t) \quad (2.106)$$

SSB 信号的实现比 AM 和 DSB 信号要复杂,但 SSB 信号在传输信息时,不仅可节省发射功率,而且所占用的频带宽度为 $B_\mathrm{SSB} = f_\mathrm{H}$,比 AM 和 DSB 信号减少了一半。目前,单边带幅度调制已成为短波通信中的一种重要调制方式。

SSB 信号的解调和 DSB 信号一样,不能采用简单的包络检波,因为 SSB 信号也是抑制载波的已调信号,它的包络不能直接反应调制信号的变化,所以仍需采用相干解调。

4. 调幅信号的产生方法

(1)AM 和 DSB 信号产生

对于 AM、DSB 和 SSB 信号,从频域角度分析,都是将调制信号的频谱不失真的搬移到载频两边。可见,在时域上将两信号相乘是实现频谱线性不失真搬移的最基本方法,如图 2.87 所示。图中,滤波器的中心频率为 ω_c,带宽为 $2F$。

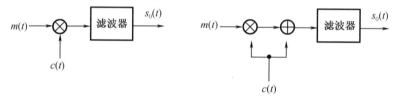

图 2.87　频谱线性搬移的基本方法

但在实际应用时,为把已调波发射出去,后面还要接功率放大器。由于 AM 已调波的包络携带有调制信息,采用有较高效率的非线性功率放大器来放大会造成信息失真,为避免这一问题,一般都把 AM 调制放在发射机的末级,称为高电平调制,具体技术细节可从有关丙类功率放大器调制特性的资料中获得。

(2)SSB 信号产生

产生 SSB 信号有两种基本方法:一是滤波法,二是相移法。其中,滤波法是首先实现 DSB 信号,再经边带滤波器提取其中的一个边带得到 SSB 信号;移相法特点是不用滤波器,但要用 90°的宽带移相网络,由于这种移相网络不容易实现,因此这种方法目前使用得不多。

a. 滤波法

抑制载波的双边带信号中滤除一个下边带(或上边带)即可得到单边带信号,这个方法的难点在于滤波器的实现。当调制信号的最低频率 F_min 很小(甚至为 0)时,上下边带的频差 $\Delta f = 2F_\mathrm{min}$ 很小,即相对频差值 $\frac{\Delta f}{f_\mathrm{c}}$ 很小,如图 2.88 所示,这就要求滤波器的矩形系数几乎接近 1,故导致滤波器的实现十分困难。

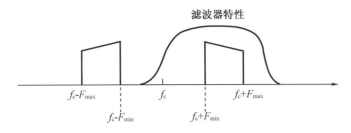

图 2.88　滤波法产生 SSB 信号

在实际工作中常采用多次频谱搬移来降低滤波器的要求,如图 2.89 所示。第一次调制,先将调制信号 F 搬移到较低的载频 f_{c1} 上,由于载频 f_{c1} 较低,相对值 $\dfrac{\Delta f}{f_{c1}}$ 较大,滤波器容易制作。然后再将滤波得到的信号 $f_{c1}+F$ 搬移到更高的载频 f_{c2} 上,得到两个信号 $f_{c2}+(f_{c1}+F)$ 和 $f_{c2}-(f_{c1}+F)$。此时,这两个边带的频谱间隔 $\Delta f=2(f_{c1}+F)$ 较大,滤波器容易实现,三次搬移后,最终的载频为 $f_c=f_{c1}+f_{c2}+f_{c3}$。而单边带信号的频谱为 $f=f_{c1}+f_{c2}+f_{c3}+F$。

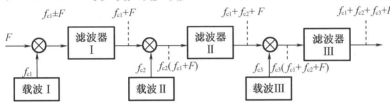

图 2.89　频谱多次搬移产生 SSB 信号

b. 移相法

可将单边带信号的表达式转化为两个双边带信号之和

$$s_{\mathrm{SSBL}}=\frac{1}{2}AA_0A_{\mathrm{m}}\cos(\omega_{\mathrm{c}}-\omega)t=\frac{1}{2}AA_0A_{\mathrm{m}}\big[\cos(\omega_{\mathrm{c}}t)\cos(\omega t)+\sin(\omega_{\mathrm{c}}t)\sin(\omega t)\big]$$

$$(2.107)$$

$$s_{\mathrm{SSBH}}=\frac{1}{2}AA_0A_{\mathrm{m}}\cos(\omega_{\mathrm{c}}+\omega)t=\frac{1}{2}AA_0A_{\mathrm{m}}\big[\cos(\omega_{\mathrm{c}}t)\cos(\omega t)-\sin(\omega_{\mathrm{c}}t)\sin(\omega t)\big]$$

$$(2.108)$$

因此,单边带信号可以采用图 2.90 所示的方案实现。

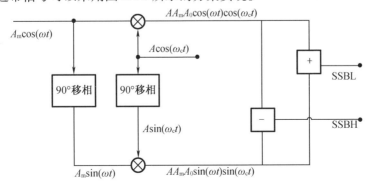

图 2.90　移相法产生 SSB 信号

移相法实现 SSB 信号是用移相网络对载频和调制信号分别进行 90°移相,将移相或不移相的载波及调制信号相乘,分别得到两个双边带信号,再对它们相加减得到所需要的上边带或下边带信号。移相法的优点是避免制作矩形系数要求极高的带通滤波器,但它的关键点是载波和基带两个信号都需要准确的 90°移相,特别是对带宽为 $\Delta F = F_{max} - F_{min}$ 的基带调制信号中的每一个频率成分都要实现准确的 90°移相,而幅频特性又应为常数,这是非常困难的。

6. 振幅解调

振幅解调是振幅调制的逆过程,其作用是从接收的已调信号中恢复原基带信号(调制信号),也称为检波,可以从时域和频域两个角度来考虑。通常把从时域出发构成的检波电路称为非相干解调,即包络检波;把从频域出发构成的检波电路称为相干解调,即同步检波。虽然这两类电路构成的思路不同,但它们都实现了将调幅波的频谱从载波频率 f_c 搬回到零频附近的目的,这一过程与调制过程恰好相反。

(1)相干解调

相干解调也叫同步检波。从频域上看,振幅调制与解调都是一种频谱的线性搬移。调制是把基带信号的频谱搬移到了载频的位置,这一过程可以通过一个相乘器与载波相乘来实现。解调则是调制的反过程,即把在载频位置的已调信号的频谱搬回到原始基带位置,所以实现的基本方法仍然是在时域上将两信号相乘,并通过滤波器滤出所需要的信号,相干解调器的一般模型如图 2.91 所示。

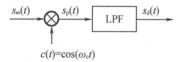

图 2.91 相干解调器的一般模型

相干解调时,为了无失真地恢复原基带信号,接收端必须提供一个与接收的已调波的载波同频同相的本地载波(称为相干载波),它与接收的已调信号相乘后,经低通滤波器(low pass filter,LPF)取出低频分量,即可得到原始的基带调制信号。

相干解调器适用于所有线性调制信号的解调,送入解调器的已调信号的一般表达式 $s_m(t) = s_I(t)\cos(\omega_c t) + s_Q(t)\sin(\omega_c t)$ 与同频同相的相干载波 $c(t)$ 相乘后,得

$$s_p(t) = s_m(t)\cos(\omega_c t) = \frac{1}{2}s_I(t) + \frac{1}{2}s_I(t)\cos 2(\omega_c t) + \frac{1}{2}s_Q(t)\sin(2\omega_c t) \quad (2.109)$$

经 LPF 后,得

$$s_d(t) = \frac{1}{2}s_I(t) \quad (2.110)$$

由式(2.110)和图 2.91 知,$s_I(t)$ 是 $m(t)$ 通过一全通滤波器 $H_I(\omega)$ 后的结果。因此,$s_d(t)$ 为解调输出,即

$$s_d(t) = \frac{1}{2}s_I(t) \propto m(t) \quad (2.111)$$

由此可见,相干解调器对于 AM、DSB、SSB 都是适用的。只是 AM 信号的解调结果中含有直流成分 A_0,为去除该直流成分,可在解调输出后加一隔直流电容即可。

从以上分析可知,实现相干解调的关键点是必须保证本地载波与已调波的载波同频同

相。否则会使原始基带信号减弱,引起失真。

相干解调是一种性能优良的解调方式,其难点在于同步信号的获取和实现电路比较复杂。

(2)包络检波

AM 信号在满足 $|m(t)|_{\max} \leqslant A_0$ 的条件下,其包络与调制信号 $m(t)$ 的形状完全一样,时域内包络变化能反映调制信号变化规律。因此,AM 信号除了可以采用相干解调外,一般都采用简单的包络检波法来恢复信号。

包络检波器通常由半波或全波整流器和低通滤波器组成,不需要相干载波,它属于非相干解调。一个二极管峰值包络检波器如图 2.92 所示,它由二极管 D 和 RC 低通滤波器组成。

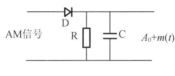

图 2.92　包络检波器

设输入信号是 AM 信号,即

$$s_{\mathrm{AM}}(t) = \left[A_0 + m(t) \right] \cos\left(\omega_{\mathrm{c}} t \right) \tag{2.112}$$

在大信号检波时(一般大于 0.5 V),二极管处于受控的开关状态。选择 RC 满足如下关系

$$f_{\mathrm{H}} \leqslant \frac{1}{RC} \leqslant f_{\mathrm{c}} \tag{2.113}$$

式中,f_{H} 是调制信号的最高频率;f_{c} 是载波的频率。

在满足式(2.113)的条件下,检波器的输出为

$$s_{\mathrm{d}}(t) = A_0 + m(t) \tag{2.114}$$

隔去直流后即可得到原信号 $m(t)$。

可见,包络检波器就是直接从已调波的幅度中提取原调制信号,其结构简单,且解调输出是相干解调输出的 2 倍。普通 AM 信号的包络与调制信号成正比,而 DSB、SSB 均是抑制载波的已调信号,其包络不直接表示调制信号,所以包络检波只适用于 AM 信号的解调。但若插入很强的载波,使之成为或近似为 AM 信号,则可利用包络检波器恢复调制信号,这种方法称为插入载波包络检波法。它对于 DSB、SSB 信号均适用。载波分量可以在接收端插入,也可在发送端插入。为了保证检波质量,插入的载波振幅应远大于信号的振幅,同时也要求插入的载波与调制载波同频同相。

2.5.2　角度调制

与幅度调制一样,角度调制也可以把基带信号频谱搬移到载波频谱的位置。角度调制可分为调频和调相两种方式。从时域分析的角度看,不论是调频还是调相,二者都是利用调制信号去控制载波的瞬时相位(或瞬时角度)来实现的。因此,它们都表现出载波总相角受到调变这一基本特征。

设角度调制信号的载波为

$$c(t) = A\cos[\varphi(t)] = A\cos[\omega_c t + \varphi_0] \tag{2.115}$$

式中，A 为常数，是载波的恒定振幅；$\varphi(t)$ 为载波的瞬时相位；ω_c 为载波的固有角频率；φ_0 为载波的初相位。

角度调制输出的调角波为

$$c_0(t) = AK_0\cos[\varphi(t)] = A_0\cos[(\omega_c t + \varphi_0) + f(s)] \tag{2.116}$$

式中，A_0 为常数，$A_0 = AK_0$，反映了载波振幅的大小和电路对振幅的影响；$\varphi(t)$ 为已调波的瞬时相位，$\omega_c t$ 反映了原载波的固有相位变化；φ_0 是已调波的初相位；$f(s)$ 是在原相位的基础上，受调制信号 $s(t)$ 调变的新增相位。

此外，与调频电路所对应的解调电路称为鉴频器，与调相电路所对应的解调电路称为鉴相器。

由式(2.116)可知，调角波的瞬时相位为

$$\varphi(t) = (\omega_c t + \varphi_0) + f[s(t)] \tag{2.117}$$

式中，$f(\cdot)$ 一般是非线性函数，且当 $s(t) = 0$ 时，$f(s) = 0$。

调角波的瞬时频率 $\omega(t)$ 为

$$\omega(t) = \frac{\mathrm{d}\varphi(t)}{\mathrm{d}t} = \omega_c + \frac{\mathrm{d}f[s(t)]}{\mathrm{d}t} \tag{2.118}$$

式中，$\dfrac{\mathrm{d}f(s(t))}{\mathrm{d}t}$ 直观地反映了调制信号在调变载波相位的同时，也对载波频率进行了调变。

从理论上讲，利用调制信号去调制瞬时相位的方法有三种：第一，调制信号直接控制瞬时频率；第二，调制信号直接控制瞬时相位；第三，调制信号对相位和频率同时进行控制。在实际应用中，考虑到相位与频率存在内在联系，及调角波变换应与调制信号对应的要求，前两种方法简单易行。其中，第一种调制方法称为调频，第二种调制方法称为调相。

1. 调频波(frequency modulation, FM)

由式(2.118)得采用调频方式时，已调波的瞬时角频率为

$$\omega(t) = \omega_c + k_f s(t) = \omega_c + \Delta\omega(t) \tag{2.119}$$

式中，$\Delta\omega(t)$ 表示瞬时角频率相对于载频的频移，简称角频偏，它直接反映了调制信号的变化规律。

此时，已调信号的瞬时相角可表示为

$$\varphi(t) = \int_0^t \omega(t)\mathrm{d}t = \omega_c t + \int_0^t \Delta\omega(t)\mathrm{d}t = \omega_c t + k_f\int_0^t s(t)\mathrm{d}t \tag{2.120}$$

式中，积分起点 $t = 0$ 表示调制的开始时间。令

$$k_f\int_0^t s(t)\mathrm{d}t = \varphi_0 + \Delta\varphi(t) \tag{2.121}$$

式中，φ_0 为积分后的常数，不代表信息，可归于原载波的初相中；$\Delta\varphi(t)$ 为积分后随时间变化的部分，它反映了信息的变化情况，称为瞬时相偏或简称相偏，与调制信号积分的变化成正比。

将式(2.120)代入式(2.116)中，可得调频波的表达式为

$$s_{\mathrm{FM}}(t) = A_0\cos\left[\omega_c t + k_f\int_0^t s(t)\mathrm{d}t\right] \tag{2.122}$$

2. 调相波(phase modulation, PM)

在式(2.117)的基础上,令调相波的瞬时相位为

$$\varphi(t) = \omega_c + k_p s(t) = \omega_c + \Delta\varphi(t) \tag{2.123}$$

式中,$\Delta\varphi(t)$为瞬时相位相对于载波相位的偏移,简称相偏,它直接反映了信息的变化规律。

将式(2.123)代入式(2.116)中,可得调相波的表达式为

$$s_{PM}(t) = A_0\cos[\omega_c t + k_p s(t)] \tag{2.124}$$

对应已调波的瞬时角频率为

$$\omega(t) = \frac{d\varphi(t)}{dt} = \omega_c + k_p\frac{ds(t)}{dt} = \omega_c + \Delta\omega(t) \tag{2.125}$$

式中,$\Delta\omega(t) = k_p\dfrac{ds(t)}{dt}$为调相波的瞬时角频偏或简称频偏,与调制信号的微分成正比。

3. 单音调制的角调波

将调角波频偏的最大值称为最大频偏,用 $\Delta\omega_m$ 表示,即

$$\Delta\omega_m = [\Delta\omega(t)]_{max} \tag{2.126}$$

将调角波相偏的最大值称为调制指数,用 m 表示,即

$$m = [\varphi(t)]_{max} \tag{2.127}$$

调频时,用 m_f 表示,称为调频指数;调相时,用 m_p 表示,称为调相指数。

为不失一般性,以正弦信号来表示低频调制信号,以便于在下面的讨论中得出一般性的结论。

设调制信号 $s(t) = A_s\cos\omega t$,代入式(2.122)并整理可得调频波的表达式为

$$s_{FM}(t) = A_0\cos\left[\omega_c t + \left(\frac{k_f A_s}{\omega}\right)\sin(\omega t)\right] \tag{2.128}$$

对于调相波,根据式(2.124)有

$$S_{PM}(t) = A_0\cos[\omega_c t + k_p A_s\cos(\omega t)] \tag{2.129}$$

在此基础上,将采用统一的相偏和频偏描述参数进行分析的结果列于表2.10中。

表 2.10　单音调制的调频波和调相波比较

设载波信号 $c(t) = A\cos(\omega_c t)$,调制信号 $s(t) = A_s\cos(\omega t)$		
	调频波	调相波
瞬时角频率	$\omega(t) = \omega_c + k_f A_s\cos(\omega t)$	$\omega(t) = \omega_c - k_p A_s\sin(\omega t)$
瞬时相位	$\varphi(t) = \omega_c t + \dfrac{k_f A_s}{\omega}\sin(\omega t)$	$\varphi(t) = \omega_c t + k_p A_s\cos(\omega t)$
瞬时角频偏	$\Delta\omega(t) = k_f A_s\cos(\omega t)$ 或 $\Delta\omega(t) = \dfrac{d\Delta\varphi(t)}{dt}$	$\Delta\omega(t) = -k_p A_s\sin(\omega t)$ 或 $\Delta\omega(t) = \dfrac{d\Delta\varphi(t)}{dt}$
瞬时相移	$\Delta\varphi(t) = \dfrac{k_f A_s}{\omega}\sin(\omega t)$	$\Delta\varphi(t) = k_p A_s\cos(\omega t)$
最大角频偏	$\Delta\omega_m = k_f A_s$	$\Delta\omega_m = k_p A_s\omega$
调制指数 m	$m_f = \dfrac{k_f A_s}{\omega}$ 或 $m_f = \dfrac{\Delta\omega_m}{\omega}$	$m_p = k_p A_s$ 或 $m_p = \dfrac{\Delta\omega_m}{\omega}$
已调信号	$s_{FM}(t) = A\cos[\omega_c t + m_f\sin(\omega t)]$	$s_{PM}(t) = A\cos[\omega_c t + m_p\cos(\omega t)]$

由上表可以看出,最大相偏和最大频偏之间存在着统一的关系,这一关系与调频或调相的具体调制方式无关。

需要强调的是,单音调制时,描述调角波频率的参数有 3 个,它们的含义是截然不同的。这 3 个参数分别是:载波角频率 ω_c,表示调角波频率变化的中心;角频偏 $\Delta\omega(t)$,表示瞬时角频率偏离载频 ω_c 的数值,其大小随调制信号的变化而变化;最大角频偏 $\Delta\omega_m$,表示角频偏的最大值。

无论是调频波还是调相波,它们的瞬时频率和瞬时相位都与原载波不同,即都会发生变化。正是由于相位与频率存在转换关系,单从已调波的波形上是无法区分调频波和调相波的,也就是说,在未知调频或调相的情况下,接收端是无法区分已调波的瞬时相位(或瞬时频率)是由什么调制引起的。

通过以上分析还可知:在理论上,调频和调相两种方式都不会引起已调波振幅随调制信号的变化而变化,即调角波具有恒包络的特点。

4. 调角波的波形与频谱分析

调角波的时域波形如图 2.93 所示。由调角波的时域描述得知,调频波与调角波具有相似的表达式。因此,下面分析调角波的频谱时就不再区分调频波和调相波,而是统一从下式出发进行讨论。

$$s(t) = A_0 \cos\left[\omega_c t + m\sin(\omega t)\right] \tag{2.130}$$

应该注意,调角波的最大频偏和带宽并不是一个层面的物理量。最大频偏是相对于载波频率的时域参数变化量,而带宽则是从信号波形整体构成出发得到的频域分析参数。事实上,式(2.130)的频谱并不是单频的。为此,对图 2.93 所示的已调波做如下讨论。

为方便讨论,令 $A_0 = 1$,并将式(2.130)通过三角公式展开,可得

$$s(t) = A_0\cos\left[\omega_c t + m\sin(\omega t)\right] = \cos(\omega_c t)\cos\left[m\sin(\omega t)\right] - \sin(\omega_c t)\sin(m\sin(\omega t)) \tag{2.131}$$

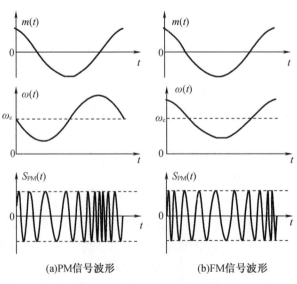

(a)PM信号波形 (b)FM信号波形

图 2.93 调角波的时域波形

将式中的 $\cos[m\sin(\omega t)]$ 和 $\sin[m\sin(\omega t)]$ 两项展开成级数,即

$$\cos[m\sin(\omega t)] = J_0(t) + 2\sum_{n=1}^{\infty}J_{2n}(m)\cos(2n\omega t) \tag{2.132}$$

$$\sin[m\sin(\omega t)] = 2\sum_{n=1}^{\infty}J_{2n+1}(m)\sin(2n+1)\omega t \tag{2.133}$$

式中,$J_n(m)$ 是自变量为 m 的 n 阶第一类贝塞尔函数,它们与 m 的关系曲线如图 2.94 所示。

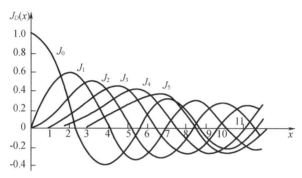

图 2.94　贝塞尔函数曲线

将式(2.132)和式(2.133)代入式(2.131)中,并借助三角公式

$$\begin{cases} 2\cos\alpha\cdot\cos\beta = \cos(\alpha+\beta) + \cos(\alpha-\beta) \\ -2\sin\alpha\cdot\sin\beta = \cos(\alpha+\beta) - \cos(\alpha-\beta) \end{cases} \tag{2.134}$$

可得

$$
\begin{aligned}
s(t) = \ & J_0(m)\cos\omega_c t + && \text{载频分量} \\
& J_1(m)[\cos(\omega_c+\omega)t - \cos(\omega_c-\omega)t] + && \text{第一边频} \\
& J_2(m)[\cos(\omega_c+2\omega)t + \cos(\omega_c-2\omega)t] + && \text{第二边频} \\
& J_3(m)[\cos(\omega_c+3\omega)t - \cos(\omega_c-3\omega)t] + && \text{第三边频} \\
& J_4(m)[\cos(\omega_c+4\omega)t + \cos(\omega_c-4\omega)t] + && \text{第四边频} \\
& \cdots
\end{aligned}
\tag{2.135}
$$

根据第一类贝塞尔函数的特性可得到

$$J_n(m) = \begin{cases} J_{-n}(m), & n \text{ 为偶数} \\ -J_{-n}(m), & n \text{ 为奇数} \end{cases} \tag{2.136}$$

于是,式(2.135)给出的已调波可写成

$$s(t) = \sum_{n=-\infty}^{+\infty}J_n(m)\cos(\omega_c+n\omega)t \tag{2.137}$$

上式表明,单音调制时调角波的频谱已不再是调制信号频谱的不失真搬移,而是由载频分量和无穷对边频分量所组成。其中,n 为奇数的上、下边频分量的振幅相等,相位相反;而 n 为偶数的上、下边频分量的振幅相等,相位相同。载波分量和各边频分量的振幅均随 m 变化而变化,具体数值由贝塞尔函数决定。例如,当调频指数 $m=1$ 时,可由贝塞尔函数表查得 $J_0(1)=0.77,J_1(1)=0.44,J_2(1)=0.11,J_3(1)=0.02$,据此,可画出其频谱分布如图 2.95($m=1$ 时,仅画出了 $n\leqslant 3$ 的各边频分量)所示。

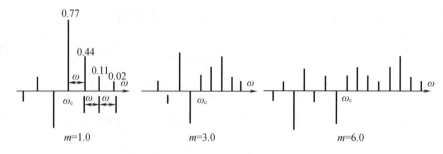

图 2.95　单音调制时,调角波的频谱图

通过上述讨论可知,调制指数 m 是描述调角波频谱特性的一个重要参量。与调幅指数不同的是,m 不仅可等于 1,而且可大于 1。对于单音调制的调幅波,有且仅有两个边频分量,其边频分量的数目与调幅系数无关;调角波则不然,其频谱结构与 m 密切相关,m 值越大,则具有一定幅度的边频数目就越多。

表 2.11 列出了 $m \leqslant 6$ 范围内载频和边频分量的幅度与调制指数 m 的关系。

表 2.11　载频和边频分量的幅度与调制指数 m 的关系

m	$J_0(m)$	$J_1(m)$	$J_2(m)$	$J_3(m)$	$J_4(m)$	$J_5(m)$	$J_6(m)$	$J_7(m)$
0.01	1.00							
0.20	0.99	0.10						
0.50	0.94	0.24	0.03					
1.00	0.77	0.44	0.11	0.02				
2.00	0.22	0.58	0.35	0.13	0.03			
3.00	0.26	0.34	0.49	0.31	0.13	0.04	0.01	
4.00	0.39	0.06	0.36	0.43	0.28	0.13	0.05	0.01
5.00	0.18	0.33	0.05	0.36	0.39	0.26	0.13	0.02
6.00	0.15	0.28	0.24	0.11	0.36	0.36	0.25	0.13

通过上述讨论可知,载频分量与各边频分量的振幅随 m 而变化。注意图 2.94,就可发现对于某些特定的 m 值,可使 $J_0(m) = 0$,即载波分量振幅为零;对于另外一些特定的 m 值,又可使另外某些边频分量的振幅等于零。

根据帕塞瓦尔定理,调角波的平均功率等于载波分量和各边频分量功率之和,即

$$P_{AV}(t) = \frac{1}{2R_L} \sum_{n=-\infty}^{+\infty} J_n^2(m) \tag{2.138}$$

式中,R_L 为负载电阻。

又由式(2.138)可知,已调波的总功率也可表示为

$$P_{AV}(t) = \frac{1}{2R_L} \tag{2.139}$$

故得

$$1 = \sum_{n=-\infty}^{+\infty} J_n^2(m) \tag{2.140}$$

可见,调角波的平均功率与调制信号的大小无关,当然也与 m 的大小无关。m 值不同,只会引起调制器输出的载波分量和各边频分量之间的功率分配不同,不会引起总功率的变化。并且,由于调角波的恒包络特性,可以使用高效率的丙类功率放大器来放大,因此,从调制的功率有效性来看,角度调制优于幅度调制。

5. 调角波的带宽

在多音调制情况下,实际调角波的相偏信号含有更多的频率分量,所以实际调角波的频谱构成要比上面分析的结果更为复杂。就一般而言,调角波的频谱应由载频及载频和相偏信号的频率分量的组合构成。例如,若相偏信号由角频率 ω_1 和 ω_2 的两个正弦信号叠加而成,则调角波的频谱成分中,不仅含有 ω_1 和 ω_2 对应的边带 $\omega_c \pm n_1\omega_1$ 和 $\omega_c \pm n_2\omega_2$,而且还含有满足 $\omega_c \pm n_1\omega_1 \pm n_2\omega_2$ 的交叉调制项。调角波的这一特性和调幅波有着明显的区别,对于调幅波,调制信号增加一个频率成分,仅使已调波相应增加一对边频分量,而没有交叉调制项。这也是称角度调制为频率非线性调制的原因(关于调角波相偏的非连续变化,以及相偏的高次谐波分量对已调波频谱的影响,可参见相关的专著和通信系统理论方面的书籍)。

在工程上,为减少交叉调制项的影响,调角波在发送前常将边频振幅小于载波振幅10%的边频分量滤除。因此,调角波的带宽(band width,BW)及调角波传送通道带宽通常都基于此项原则来确定。于是,由 $n > m+1$ 及 $J_n(m)$ 小于 0.1,可得

$$BW \approx 2(m+1)\omega_{\max} \tag{2.141}$$

式中,m 为最大相偏调制系数;$\omega_{\max}$ 为调制信号的最大角频率,若取 Hz 为单位时,则调制信号的最大频率应以 F 表示。

若 $m \leqslant 1$(工程上,只需 $m \leqslant 0.25$),则

$$BW \approx 2\omega_{\max} \tag{2.142}$$

其频谱宽度值近似为调制频率的两倍,相当于调幅波的频谱带宽。这时,调角波的频谱由载波分量和一对幅值相等、极性相反的上、下边频分量组成。通常,称其为窄带调角波。

与之相反,若 $m \geqslant 1$,则

$$BW \approx 2m\omega_{\max} \approx 2\Delta\omega_m \tag{2.143}$$

其值近似为最大频偏的两倍,称其为宽带调角波。

可见,调角信号的频谱宽度远大于调幅信号。

由表 2.10 可知,调频波的带宽为

$$BW_{\mathrm{FM}} \approx 2(m_{\mathrm{f}}+1)\omega_{\max} = 2\left(\frac{k_{\mathrm{f}}A_{\mathrm{s}}}{\omega_{\max}}+1\right)\omega_{\max} = 2(k_{\mathrm{f}}A_{\mathrm{s}}+\omega_{\max}) \tag{2.144}$$

调相波的带宽为

$$BW_{\mathrm{PM}} \approx 2(m_{\mathrm{p}}+1)\omega_{\max} = 2(k_{\mathrm{f}}A_{\mathrm{s}}+1)\omega_{\max} \tag{2.145}$$

显然,$\omega_{\max}$ 对调频波带宽的影响远小于对调相波的影响。在模拟通信系统中,实际已调波占用信道的带宽是按整个通信过程的最大 m 和 ω 来设计的,在调制信号频率较低期间,实际信道的有效频带中就存在未被利用的部分,这必然会增大进入接收机解调电路的干扰和噪声的能量,构成对正常接收的不利影响,因此,在模拟通信系统中一般采用调频体制而不采用调相体制。而在数字通信系统中,由于各种可能波形出现的概率基本相同,因此不

存在所需传输通道带宽在通信过程中有较大变化的情况,这也就是数字通信系统广泛采用调相体制的原因。

6. 调角波的产生与解调

通过前面的分析可知:通过模拟调制实现的调相波,有带宽变动大,不便于在接收端以固定带宽滤波电路滤除干扰信号的特点,因此,模拟通信都采用调频方案。且只在考虑频率和相位本身存在的对应关系时,才可能将调相方式作为调频体制中的一个环节来研究。对于调制信号为数字信号时,调相体制和调频体制都等同地得到实际的运用。

虽然,调频信号和调相信号的瞬时角频率和瞬时相位都会随调制信号变化而变化,但它们各自变化的出发点不一样,因而变化的规律也不一样。正因为如此,在接收端恢复原调制信号时,必须充分考虑调制时采用的变化规律,因此调频波的解调方法和调相波的解调方法是不一样的。

考虑到频率的变化和相位的变化都满足式(2.116)的关系,所以,无论是频偏还是相偏的实现,都有两种基本实现方案。对于调频波的频谱实现,可以采用如图2.96(a)和(b)所示的两个方案。其中,用调制信号直接去控制载波频率的方案称为直接调频,让调制信号先经过积分电路积分,再通过调相的方法最终得到调频波的方案称为间接调频。对于调相波的相偏实现,可以采用如图2.96(c)和(d)所示的两个方案。其中,用调制信号直接去控制载波相位的方案称为直接调相,让调制信号先经过微分电路微分,再通过调频的方法最终得到调相波的方案称为间接调相。

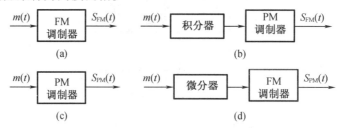

图 2.96　角度调制实现方案

对一个调频波产生的电路来说,其最主要的指标应该是载波的频率稳定度高、调制特性线性度好,能保证所需的频偏大小。直接调频的原理简单,频偏较大,但由于振荡器的频率直接受调制信号控制,因此频率稳定度不高。而间接调频的核心是调相,其载波信号可由晶体振荡器产生,因此频率稳定度高。但是间接调频的缺点是频偏小,必须加扩展频偏电路来增大频偏范围。

调频波的解调称为频率检波,简称鉴频。鉴频器的最主要指标是,鉴频特性应为线性,并且能保证一定的鉴频范围和鉴频灵敏度。调频波在接收端进入鉴频器之前,肯定会受到各种干扰和前级电路的影响,使其振幅发生变化,这种变化成为调频波的寄生调幅。如果不做处理,寄生调幅的影响会反映到输出信号上,引起失真,使输出信噪比下降。因此,鉴频器前面一般都要加限幅器以消除寄生调幅。

2.5.3　二进制振幅键控(binary amplitude-shift keying,2ASK)

振幅键控是正弦载波的幅度随数字基带信号变化而变化的数字调制。当数字基带信号为二进制时,则为二进制振幅键控。设发送的二进制符号序列由 0、1 组成,发送 0 符号的概率为 p,发送 1 符号的概率为 $1-p$,且相互独立。

该二进制符号序列可表示为非归零(non-return to zero,NRZ)信号

$$s(t) = \sum_n a_n g(t - nT_b) \tag{2.146}$$

式中,$a_n = \begin{cases} 0, & \text{发送概率为 } P \\ 1, & \text{发送概率为 } 1-P \end{cases}$

2ASK 一般需限制 $s(t)$ 为 NRZ 信号。T_b 是二进制基带信号时间间隔,$g(t)$ 是持续时间为 T_b 的矩形脉冲,即

$$g(t) = \begin{cases} 1, & 0 \leq t \leq T_b \\ 0, & \text{其他} \end{cases} \tag{2.147}$$

则 2ASK 信号可表示为

$$s_{2ASK}(t) = A \sum_n a_n g(t - nT_b) \cos \omega_c t \tag{2.148}$$

2ASK 信号的时间波形 $s_{2ASK}(t)$ 随二进制基带信号 $s(t)$ 通断变化,所以又称为通断键控(on-off keying,OOK)信号,波形如图 2.97 所示。

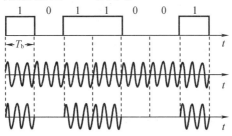

图 2.97　二进制振幅键控信号波形

2ASK 信号常采用如图 2.98 所示的两种方法产生,图中(a)为模拟幅度调制法,(b)为键控法。2ASK 信号实际就是 $s(t)$ 信号与载波信号相乘,所以其带宽是数字基带信号(脉冲波形)带宽的两倍,这与模拟 AM 调制和 DSB 调制一样。数字基带脉冲频谱的主瓣带宽可由下式确定

$$B = 2f_b = \frac{2}{T_b} \tag{2.149}$$

式中,T_b 为数字基带信号的码元宽度;f_b 为数字基带信息传送的波特率。

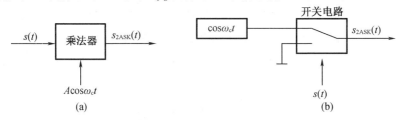

图 2.98　2ASK 信号调制原理框图

2ASK 信号经过高斯信道传输,将受到信道加性热噪声干扰,接收机处收到的为信号加噪声的混合波形,接收机进行相干或非相干解调的原理框图如图 2.99 所示。相干解调的缺点是接收端要产生本地同步载波,使得接收设备复杂且技术要求较高,但其抗干扰能力较强,故在高速数据传输的通信系统中,使用相干解调的情况比较常见。

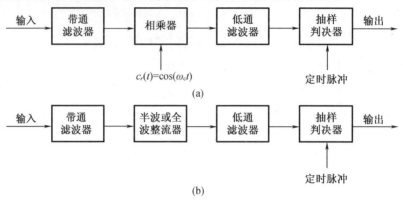

(a)

(b)

图 2.99　二进制振幅键控信号解调原理框图

2.5.4　二进制移频键控(binary frequency-shift keying,2FSK)

移频键控是正弦载波的频率随数字基带信号变化而变化的数字调制。当数字基带信号为二进制时,正弦载波的频率随二进制基带信号在 f_1 和 f_2 两个频率间变化,则为二进制移频键控。2FSK 信号的波形如图 2.100 所示。

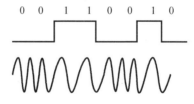

图 2.100　2FSK 信号波形图

2FSK 信号可以看成是两个不同载波的二进制振幅键控信号的叠加,即二进制基带信号的 1 符号对应于载波频率 f_1,0 符号对应于载波频率 f_2,而且 f_1 和 f_2 之间的改变是瞬间完成的。

2FSK 信号的时域表达式为

$$s_{2FSK}(t) = A \sum_n a_n g(t - nT_b) \cos(\omega_1 t + \theta_k) + A \sum_n \overline{a_n} g(t - nT_b) \cos(\omega_2 t + \varphi_k)$$

$$(2.150)$$

式中, $\overline{a_n}$ 是 a_n 的反码,对比式(2.149),可将一路 2FSK 看成两路 2ASK 信号的合成。结合(2.148)可得 2FSK 信号的带宽为

$$B_{2FSK} = 2f_b + |f_1 - f_2|$$

$$(2.151)$$

为了便于接收端解调,要求 f_1 和 f_2 之间要有足够的间隔,一般要求

$$\frac{|f_1 - f_2|}{f_b} = 3 \sim 5 \tag{2.152}$$

2FSK 信号产生常采用如图 2.101 所示的两种方法,图中(a)为模拟调制法,可采用直接调频或间接调频法实现;(b)为键控法。

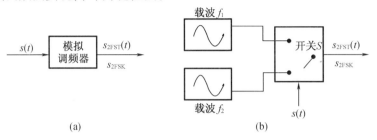

图 2.101　2FSK 调制方框图

2FSK 的解调方法很多,有非相干解调方法也有相干解调方法。其解调原理是将 2FSK 信号分解为上、下两路二进制振幅键控信号,分别进行解调,通过对上、下两路的抽样值进行比较最终判决出输出信号。其原理框图如图 2.102 所示,图中输入端的带通滤波器又称为匹配滤波器,分别与 ω_1 和 ω_2 匹配。当输入为 ω_1 时,与之匹配的滤波器产生与 ω_1 对应的输出,反之,当输入为 ω_2 时,与之匹配的滤波器产生与 ω_2 对应的输出,二者分别经包络检波器(或乘法器和低通滤波器)后,在 $t = T_b$ 时刻被取样,得到 V_1 和 V_2,当 $V_1 > V_2$ 时,抽样判决器确认为发送 ω_1,输出判为"1"码,反之判为"0"码。

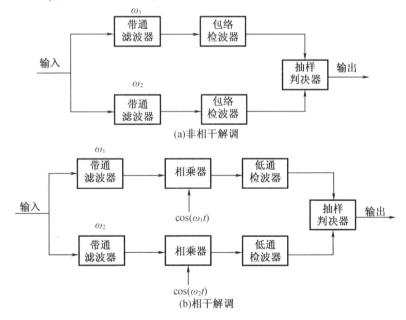

图 2.102　2FSK 解调原理框图

2FSK 的解调还可以采用差分检波法,如图 2.103 所示。该法将 2FSK 信号移相 τ 后再与原 2FSK 信号相乘,经低通滤波后,得

$$S' = \frac{V_{cm}^2}{2} \left[\cos\left(\omega_c \tau\right) \cos\left(\Delta\omega\tau\right) - \sin\left(\omega_c\tau\right) \sin\left(\Delta\omega\tau\right) \right] \tag{2.153}$$

如控制 τ,使 $\cos(\omega_c\tau)=0$,且 $\Delta\omega\tau\ll1$ 时,有

$$s' = \begin{cases} -\dfrac{V_m^2}{2}\Delta\omega\tau, & \omega_C\tau = \dfrac{\pi}{2} \\[2mm] \dfrac{V_m^2}{2}\Delta\omega\tau, & \omega_C\tau = -\dfrac{\pi}{2} \end{cases} \tag{2.154}$$

因为 $\Delta\omega = ks(t)$,所以输出 s' 与原基带信号 $s(t)$ 呈线性关系,判决后能实现基带信号还原。

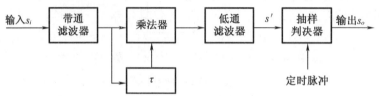

图 2.103 差分检波法原理框图

2FSK 信号中,"1""0"码元对应的载波频率不同,即在单位时间内的载波的过零点数目不同。根据这一特点,2FSK 还可以采用过零检测法来解调出基带信号,其原理和波形如图 2.104 所示。

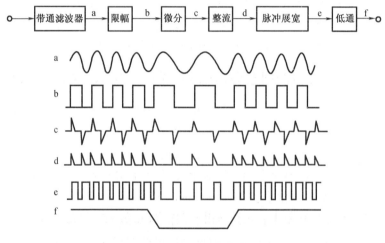

图 2.104 过零检测法解调 2FSK

2.5.5 二进制移相键控

移相键控是正弦载波的相位随数字基带信号变化而变化的数字调制。当数字基带信号为二进制时,正弦载波的相位随二进制基带信号离散变化,则为二进制移相键控。移相键控分为绝对调相和相对(差分)调相两种。

1.二进制绝对调相(binary phase shift keying,BPSK)

2BPSK 信号波形如图 2.105 所示,表达式为

$$s_{2\text{BPSK}}(t) = s(t)A_{cm}\cos(\omega_c t) = \Big[\sum_n a_n g(t-nT_b)\Big]A\cos(\omega_c t) \tag{2.155}$$

式中,a_n 与 2ASK 和 2FSK 时的不同,应选择双极性,即

$$a_n = \begin{cases} 1 & \text{发送信号为 } P \\ -1 & \text{发送信号为 } 1-P \end{cases} \tag{2.156}$$

$g(t)$ 是持续时间为码元宽度 T_b 的矩形脉冲。

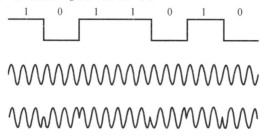

图 2.105　2BPSK 信号波形示意图

2BPSK 信号的带宽与 2ASK 类似,此处不再详述。2BPSK 信号常采用相干解调法(即同步检波法)进行解调,此方法关键是在接收端从接收信号中提取同步载波信号,其解调原理如图 2.106 所示。

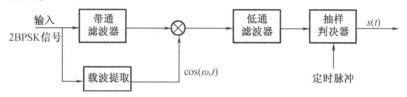

图 2.106　2BPSK 相干解调

同步载波信号提取常用平方环技术完成,其原理如图 2.107 所示。以解调 2BPSK 信号的平方环为例,讨论其实现原理。2BPSK 信号可以表示为

$$s(t) = a(t)\cos(\omega_c t + \varphi_1) \tag{2.157}$$

式中,$a(t) = +1$ 或 -1,代表传送的码字,φ_1 代表它的载波初相位。将此信号进行取平方的非线性运算,即

$$s^2(t) = a^2(t)\cos^2(\omega_c t + \varphi_1) = \frac{a^2(t)}{2}\left[1 + \cos(2\omega_c + 2\varphi_1)\right] \tag{2.158}$$

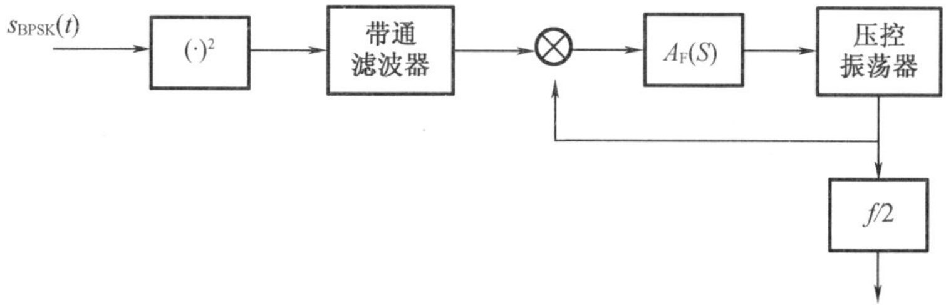

图 2.107　平方变换法提取载波

由于 $a^2(t) = 1$,用带通滤波器或窄带锁相环取出频率为 $2\omega_c$ 的分量,则有

$$s_1(t) = \frac{1}{2}\cos(2\omega_c t + 2\varphi_1) \tag{2.159}$$

可见,采用平方运算的非线性处理后,获得最重要的两个结果:一是调制信息被消除

了,出现了 $2\omega_c$ 的频率成分;二是通过 2 分频就可得到符合要求的参考载波。

显而易见,受信道和电路时延的影响,在接收端恢复的本地载波与接收到的 BPSK 信号中的载波在相位上难于保持同步,因此,易造成对绝对调相信号的解调产生误码。为解决这一问题,可采用二进制相对调相技术。

2. 二进制相对调相(二进制差分相移键控,differential phase shift keying,DPSK)

二进制相对调相是利用相邻码元的载波相位的相对变化来表示数字基带信号。假设"0"码载波相位变化 π,而"1"码载波相位不变,那么在接收时,初始相位就变得不重要了。只需要把收到的信号延时 T_b,再与原信号进行相位比较,相位相同则判为"1"码,相位相反则判为"0"码。2DPSK 信号的产生和解调原理如图 2.108 所示,调制与解调波形如图 2.109 所示。

调制时相当于先进行了一个从绝对码到相对码的码变换,即如果当前码位为"1"码,信号电平不变,如为"0"码信号电平反转。然后再进行绝对调相。假设原始信号 $s(t)$ 的码序列为"0010110",转换为相对码 $b(t)$ 的码序列为"1100100",各信号波形见图 2.109。解调时,鉴相器把接收到的 2DPSK 信号 $s_{DPSK}(t)$ 与其 1 码元延迟信号进行相位比较,相位相同则判为"1"码,相位相反则判为"0"码,这样就解决了接收端初始相位模糊的问题,并降低了误码率。

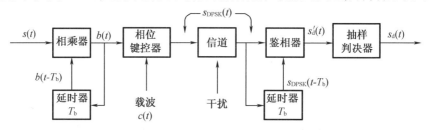

图 2.108 2DPSK 的调制与解调原理框图

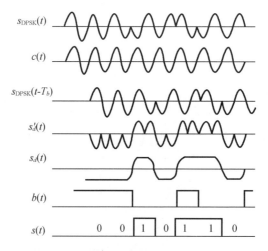

图 2.109 2DPSK 信号生成与解调波形图

2.5.6 二进制数字调制系统的性能比较

下面对二进制数字调制解调系统的误码率性能、频带利用率、对信道的适应能力等方面的性能作进一步的比较。

1.误码率

二进制数字调制方式有 2ASK、2FSK、2BPSK 和 2DPSK 等,每种数字调制方式又有相干解调和非相干解调方式。对同一种数字调制信号而言,采用相干解调方式的误码率低于采用非相干解调方式的误码率,但相干解调的设备复杂度大于非相干解调法。在误码率 P_e 一定的情况下,2BPSK/2FSK/2ASK 系统所需要的信噪比关系为

$$r_{2ASK} = 2r_{2FSK} = 4r_{2BPSK} \tag{2.160}$$

以分贝表示,则为

$$(r_{2ASK})dB = 3 \text{ dB} + (r_{2FSK}) = 6 \text{ dB} + (r_{2BPSK}) \tag{2.161}$$

2.对信道特性变化的敏感性

在 2FSK 系统中,判决器是根据上、下两条通道的解调输出的大小来做出判决的,不需要人为地设置判决门限,因而对信道的变化不敏感。

在 2BPSK 系统中,当发送符号概率相等时,判决器的最佳判决门限为零,与接收机输入信号的幅度无关。因此,判决门限不随信道特性的变化而变化,接收机总能保持工作在最佳判决门限状态。

对于 2ASK 系统,判决器的最佳判决门限为 $\frac{a}{2}$(当发送符号概率相等时),与接收机输入信号的幅度有关。当信道特性发生变化时,接收机输入信号的幅度将随之发生变化,从而导致最佳判决门限也将随之而变。这时,接收机不容易保持在最佳判决门限状态,因此,2ASK 对信道特性变化敏感,性能最差。

3.频谱带宽

当码元宽度为 T_b 时,2ASK、2BPSK 系统的频谱带宽近似为 $2f_b$(只考虑主瓣),而 2FSK 系统的频谱带宽近似为: $|f_1 - f_2| + 2f_b$。可见,2FSK 系统占用频带宽,频带利用率最差。

对二进制数字调制系统性能的比较结果可见表 2.12。

表 2.12　二进制数字调制系统的性能比较

信号	解调方法	占用带宽	$P_e \sim \gamma$	门限	用途
2ASK	非相干	$2f_b$	$P_e = \dfrac{1}{2}e^{-\frac{\gamma}{4}}$	有	—
	相干		$P_e = \dfrac{1}{2}\text{erfc}\dfrac{\sqrt{\gamma}}{2} = \dfrac{1}{\sqrt{\pi\gamma}}e^{-\frac{\gamma}{4}}$	有	—
2FSK	非相干	$|f_1 - f_2| + 2f_b$	$P_e = \dfrac{1}{2}e^{-\frac{\gamma}{2}}$	—	中、低速数据传输
	相干		$P_e = \dfrac{1}{2}\text{erfc}\sqrt{\dfrac{\gamma}{2}} = \dfrac{1}{\sqrt{2\pi\gamma}}e^{-\frac{\gamma}{2}}$	—	
2PSK	相干	$2f_b$	$P_e = \dfrac{1}{2}\text{erfc}\sqrt{\gamma} = \dfrac{1}{\sqrt{2\pi\gamma}}e^{-\gamma}$	有	—
2DPSK	非相干	$2f_b$	$P_e = \dfrac{1}{2}e^{-\gamma}$	有	—
	相干		$P_e = \text{erfc}\sqrt{\gamma} = \dfrac{1}{\sqrt{\pi\gamma}}e^{-\gamma}$	有	高速数据传输

由上表可见,对调制和解调方式的选择需要考虑的因素较多。通常,须对系统要求作出全面的考虑,并抓住其中最主要的性能要求,才能作出恰当合理的选择。例如,在恒参信道传输中,如果要求较高的功率利用率,则应选择相干 2BPSK 和 2DPSK,而 2ASK 最不可取;如果要求较高的频带利用率,则应选择相干 2BPSK 和 2DPSK,而 2FSK 最不可取;如果传输信道是随参信道,则 2FSK 具有更好的适应能力。

2.5.7　正交振幅调制

QAM 是一种振幅和相位联合键控。在 QAM 体制中,信号的振幅和相位作为两个独立的参量同时受到调制。这种信号的一个码元可以表示为

$$s_k(t) = A_k\cos(\omega_0 t + \theta_k) , kT \leqslant t \leqslant (k+1)T \tag{2.162}$$

式中,k 为整数;A_k 和 θ_k 分别可以取多个离散值。

式(2.162)可以展开为

$$s_k(t) = A_k\cos(\theta_k)\cos(\omega_0 t) - A_k\sin(\theta_k)\sin(\omega_0 t) \tag{2.163}$$

令 $X_k = A_k\cos(\theta_k)$,$Y_k = -A_k\sin(\theta_k)$,则式(2.163)变为

$$s_k(t) = X_k\cos(\omega_0 t) + Y_k\sin(\omega_0 t) \tag{2.164}$$

式中,X_k 和 Y_k 也是可以取多个离散值的变量。由式(2.164)可见,$s_k(t)$ 可以看作是两个正交的振幅键控信号之和。

在式(2.163)中,若 θ_k 值仅可以取 $\frac{\pi}{2}$ 和 $-\frac{\pi}{2}$,A_k 值仅可以取 $+A$ 和 $-A$,则此 QAM 信号就成为 QPSK 信号。所以,QPSK 信号就是一种最简单的 QAM 信号。有代表性的 QAM 信号是 16 进制的,记为 16QAM。类似地,有 64QAM 和 256QAM 等 QAM 信号,矢量合成图如图 2.110 所示,图中用黑点表示每个码元的位置,并且示出它是由两个正交矢量合成的,它们总称为 MQAM 调制。由于从其矢量图看像是星座,故又称星座调制。

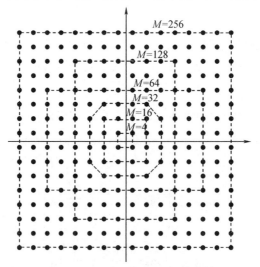

图 2.110　MQAM 调制信号矢量图

以 16QAM 信号为例作进一步分析。16QAM 信号的产生方法主要有两种。第一种是正交调幅法,即用两路独立的正交 4ASK 信号叠加,形成 16QAM 信号,如图 2.111(a)所示。

第二种方法是复合相移法,它用两路独立的 QPSK 信号叠加,形成 16QAM 信号,如图 2.111 (b)所示。图中虚线大圆上的 4 个大黑点表示第一个 QPSK 信号矢量的位置。在这 4 个位置上可以叠加上第二个 QPSK 信号矢量,后者的位置用虚线小圆上的 4 个小黑点表示。

现在将 16QAM 信号和 16PSK 信号的性能作比较。在图 2.111 中,按最大振幅相等,画出两种信号的星座图。设其最大振幅为 A_m,则 16PSK 信号的相邻矢量端点的欧氏距离为

$$d_1 \approx A_M \left(\frac{\pi}{8}\right) \approx 0.393 A_M \tag{2.165}$$

而 16QAM 信号的相邻点欧氏距离为

$$d_2 = \frac{\sqrt{2} A_M}{3} \approx 0.471 A_M \tag{2.166}$$

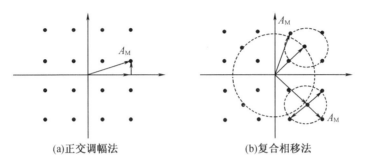

(a)正交调幅法　　　　　　　　(b)复合相移法

图 2.111　16QAM 产生方法示意图

此距离直接代表着噪声容限的大小,故 d_2 和 d_1 的比值代表了这两种体制的噪声容限之比。由式(2.165)和式(2.166)可算出,d_2 超过 d_1 约 1.57 dB。这仅仅是在最大功率(振幅)相等的条件下得出的结果,没有考虑这两种体制的平均功率差别。因 16PSK 信号的平均功率(振幅)就等于其最大功率(振幅),而 16QAM 信号,在等概率出现条件下,可算出其最大功率和平均功率之比等于 1.8 倍,即 2.55 dB。因此,在平均功率相等条件下,16QAM 信号比 16PSK 信号的噪声容限大 4.12 dB。

QAM 特别适合用于频带资源有限的场合。例如,由于电话信道的带宽通常限制在话音频带(300 Hz～3 400 Hz)范围内,若希望在此频带中提高数据传输速率,则 QAM 更具优势。

第 3 章 混沌振子调制信号相空间区域分割检测法

第 2 章我们已经给出了利用混沌振子相轨迹的形态差异进行二进制和多进制混沌调制的方法,本章将主要讨论怎样从混沌振子调制信号的相轨迹形态(图像)中解调(分离)基带信息的问题。显然,要完成这一任务,至少需有一种能够实时检出(辨识)混沌振子相轨迹形态差异的方法才行。

若要检测混沌振子相轨迹的图像差异,想必最简单直观和有效的方法应是用人眼来识别,但这存在着许多问题:

①易受主观因素影响,出错率较高;

②反应速度慢,无法满足高速数据传输的需求。

鉴于以上原因,我们需要找出一种行之有效的可自动判断混沌振子相轨迹形态差异的方法。本章将主要围绕这一问题展开讨论,并将详细介绍区域分割检测法的基本原理和具体的设计实现方法。

3.1 利用相空间区域分割技术解调混沌振子调制信号的基本原理

3.1.1 区域分割检测法

区域分割检测法的提出最早始于混沌振子微弱信号检测领域[86]。由 2.1 节的分析可知,只要能检测出 Duffing 振子的相轨迹形态是否发生变化(混沌态或大尺度周期态),就能判断出有无微弱正弦信号加入到了该混沌系统。

但是,因受微弱正弦信号扰动的 Duffing 振子系统的相轨迹形态与常规系统有所不同,其相轨迹形态也难凭人眼观察做出判断。为发展一种能自动检测 Duffing 振子相轨迹形态的方法,文献[86-87]提出利用区域分割器对 Duffing 振子相轨迹形态进行检测,进而形成了检测有无微弱信号存在的方法。

利用区域分割器进行微弱信号检测的方法可表述如下:

首先,调节 Duffing 振子内部周期驱动力的幅值,使其达到临界值 γ_c,此时 Duffing 振子的相轨迹处于由混沌到大尺度周期的临界态;然后,用内置于大尺度周期相轨迹内的边界尽可能大的矩形区域分割器将 Duffing 振子的二维相空间划分成域内和域外两个部分;接着,检测 Duffing 振子的相轨迹是否穿越区域分割器的边界;最后,判断相轨迹的形态并检测出微弱信号的有无。相轨迹形态判别及微弱信号检测规则为:若 Duffing 振子相轨迹反复多次的穿越矩形域分割器的边界,说明 Duffing 振子相轨迹为混沌态,此时不确定是否有微弱正弦信号加入到了混沌系统;若 Duffing 振子的相轨迹不穿越矩形域分割器边界,说明其相轨迹变为了大尺度周期态,表明有与内部驱动力同相的微弱信号加入到了混沌系统。

基于以上理论,运用区域分割器对 Duffing 振子相轨迹形态进行检测的原理如图 3.1 所示。

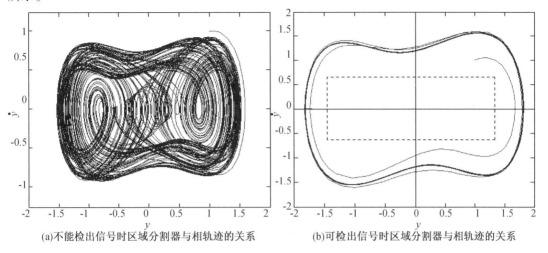

(a)不能检出信号时区域分割器与相轨迹的关系　　(b)可检出信号时区域分割器与相轨迹的关系

图 3.1　区域分割器工作原理示意图

由图 3.1 可见,由于区域分割检测法可用区域分割器来完成对混沌振子相轨迹形态的识别,因此,也完全可用于对混沌振子调制信号进行解调。

为便于讨论以区域分割检测法解调混沌调制信号,下面先对区域分割器的构建问题做一简要介绍。

3.1.2　区域分割器的设计原则

区域分割器主要通过对混沌吸引子的相轨迹(相图)形态进行区分和识别来达到从混沌调制信号中解调出基带信息的目的,设计时须遵守下列原则。

①要依据由单吸引子或多吸引子混沌调制取得的混沌调制信号的相轨迹形态(反映基带信息的相图模式)特征进行相空间区域划分。

②取相空间区域分界线作为区域分割器的边界线。该边界线应能把混沌吸引子的不同相图形态界线清晰地分离开来。

③选定的区域分割器的边界线方程应数学形式相对简单、易于工程实现。

通常,不同的混沌吸引子其相图形态也不同,因此,设计出的区域分割器的边界线方程也会有所不同。但是,对于每一个落入相空间子区域的吸引子相图都应为它构建一个区域分割器,借助该区域分割器,我们便可完成从混沌调制信号(吸引子相图形态)中解调出基带二进制信息的任务。

3.1.3　吸引子相轨迹分界线的确定

区域分割器边界线与混沌调制信号(吸引子)相轨迹在相空间中的分布特点有关,因此,确定区域分割器边界线的问题等同于确定吸引子相轨迹区域分界线的问题。

1. 单吸引子相轨迹的分界线

对于二进制调制,从基带信息到相空间的混沌映射只用一个吸引子就可实现,其相轨迹只出现在相空间的一定区域范围内,其边界线理论上可从单个吸引子的相轨迹方程求取。但因相轨迹方程比较复杂,不易取得解析解,因此,通常都是从单个吸引子相轨迹的形态特征来确定边界线,即在大周期状态的相轨迹内,构建一条密闭曲线作为区域分割器的边界线,并尽量使它的几何形状规则,方程形式简单。因边界线只有一条,故只需构建1个区域分割器来实现对相轨迹分布区域的区分与识别。

以 Duffing 振子为例,若要区分基带信息"0"和"1",则可在相轨迹内构建如图 3.1 所示的矩形密闭线,此时,相轨迹不穿越密闭线代表信息为"1",相轨迹穿越密闭线代表信息为"0",从而可实现对相轨迹状态的判断和基带信息的分离。

2. 多混沌吸引子相轨迹的分界线

对于多进制调制,从基带信息到相空间的混沌映射需要多个吸引子,每个吸引子的相轨迹占据一定的相空间区域,且界限分明轨迹互不纠缠,因此,分界线方程依吸引子相轨迹分界线的不同也不同。例如,混沌调制端选用 Jerk 振子时,吸引子相轨迹在相空间的分布如图 2.74 所示,其相轨迹分界线为与 x 轴垂直的直线,分界线方程可表示为

$$x = 2n, \quad n = 0, \pm 1, \pm 2, \cdots$$

因相轨迹分布在不同的区域,即边界线方程不同,所以,需构建多个不同的区域分割器来实现对相轨迹分布区域的区分与识别,即基带信息的分离。

3.1.4 混沌振子二进制解调原理

区域分割器能检出微弱信号的性能也可用于对混沌调制信号的解调。当用之解调混沌二进制调制信号时,解调器需由混沌振子、区域分割器和低通滤波器共同组成[87-88],原理如图 3.2 所示。

图 3.2　混沌振子二进制解调器的组成原理

图中,$r(t)$ 为混沌二进制调制信号;$y_1(t)$ 和 $y_2(t)$ 为表达混沌振子相轨迹的输出信号;区域分割器按 3.1.2 节给出的原则设计;低通滤波器起滤除混沌载波的作用;$s_d(t)$ 为解调器输出的基带二进制信号。

该解调器对混沌二进制调制信号的解调原理如下:

①将混沌二进制调制信号送入混沌振子,由其转化成为与基带二进制信息对应的混沌吸引子的相轨迹图案;

②区域分割器用边界线把混沌吸引子的相轨迹分割成域内(区域分割器边界线内)和域外(区域分割器边界线外)两个部分;此时,若相轨迹反复多次穿越区域分割器的边界,则表明混沌吸引子的相轨迹为混沌态,相应的区域分割器输出信号则为高低电平交替变化,反之,则表明混沌吸引子的相轨迹为大尺度周期态,相应的区域分割器输出信号则为恒定不变的高电平;

③区域分割器的输出信号经过低通滤波器后,将被恢复成为基带二进制信号,即解调器的输出信号。

3.1.5　混沌振子多进制解调原理

区域分割器解调混沌二进制调制信号的原理也可用于解调混沌多进制调制信号。

由于混沌振子多进制调制是用基带多进制信息把混沌振子的相轨迹调制到不同的相空间区域,即产生与基带多进制信息相对应的多混沌吸引子相图。因此,对混沌多进制调制信号解调时,需先利用多个区域分割器分别从不同的相空间区域中解调出(对应于混沌吸引子空间区域的)基带信息,再按其在多进制信息中占有的权位进行合并,最后生成基带多进制信号。

混沌多进制调制信号解调器可按图 3.3 的原理进行构建。

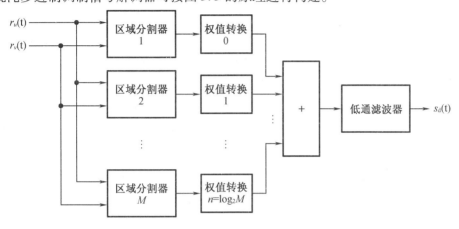

图 3.3　混沌 M 进制信号解调器的组成原理

图中,$r_u(t)$ 和 $r_v(t)$ 为表达多混沌吸引子相图的混沌多进制调制信号;各区域分割器的边界线按 3.1.2 节给出的原则设计;低通滤波器起滤除混沌载波的作用;$s_d(t)$ 为解调器输出的基带多进制信号。

该解调器对混沌多进制信号的解调原理为:

①将表达(混沌多进制调制信号的)多混沌吸引子相图的信号送入 M 个区域分割器,由其对多混沌吸引子的相图进行所在区域检测;

②M 个区域分割器用边界线把相空间分割成互不包含的 M 个子区域;此时,若混沌多进制调制信号的相轨迹(多混沌吸引子相图)出现在某个子区域内,则相应区域分割器的输出就为高电平,否则,输出为低电平;

③把各区域分割器的输出进行权值转换,然后再做求和运算;

④求和信号通过低通滤波器后,将被恢复成为基带多进制信号,即解调器的输出信号。

3.2　Duffing 振子混沌调制信号解调法

本节主要讨论解调 Duffing 振子混沌二进制或多进制调制信号的方法。讨论将涉及 Duffing 振子调制信号相轨迹的区域边界确定、区域分割器算法实现、低通滤波器设计、DPSK 信号解调等问题。通过讨论,Duffing 振子混沌调制信号解调器的具体构建方法将被给出。

3.2.1　Duffing 振子二进制调制信号相轨迹的区域边界的确定

由 2.2.2 节可知,对 Duffing 振子进行二进制混沌信号调制后,所获得的混沌二进制调制信号的相轨迹图案如图 3.1 所示,其中混沌态和大尺度周期态分别携带着基带数据"0"和"1"的信息。

由图 3.1 中的相轨迹图案可见,两种相轨迹占有的相空间区域可用大尺度周期态的相轨迹线进行区域分割。注意到 Duffing 振子方程为非线性方程及由其求取大尺度周期态相轨迹解析解的复杂性,在实践中比较多的情况是以实验法来确定 Duffing 振子二进制调制信号相轨迹的区域边界。

因 Duffing 振子二进制调制信号的相轨迹形态与 Duffing 振子内部驱动力参数 γ_c 的选取有关,故在 $\gamma_c = 0.825\,5$ 条件下,利用 Runge-Kutta 法数值解算 Duffing 振子方程(2.10),得到如图 3.4 所示的大尺度周期态相图。

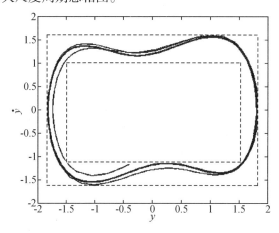

图 3.4　大尺度周期态相图(为取得稳定的周期态相轨迹,初始 100 点数据被抛弃)

通过观测图中相轨迹可知,其内接矩形的边界分别与直线方程 $y = \pm1.5$ 和 $\dot{y} = \pm1$ 相重叠。

3.2.2　区域分割器的确定及算法实现

依据 3.1.2 节给出的区域分割器设计原则,并参考图 3.4 中的内接矩形边界线,分别可确定两种适用于分割 Duffing 振子相图的区域分割器,即圆域分割器和矩形域分割器,如图 3.5 所示。

图 3.5 中,圆域分割器的边界检测方程可表示为

$$\tilde{y}(t) = \begin{cases} +1, & \sqrt{y_1^2 + y_2^2} > R \\ -2, & \sqrt{y_1^2 + y_2^2} \leqslant R \end{cases} \tag{3.1}$$

式中,R 为圆域分割器边界线的半径。

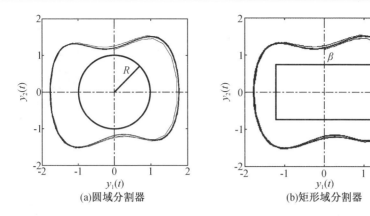

图 3.5　区域分割器边界线示意图

矩形域分割器的边界检测方程可表示为

$$\tilde{y}(t) = \begin{cases} +1, & \text{其他} \\ -2, & |y_1| \leqslant \alpha, |y_2| \leqslant \beta \end{cases} \quad (3.2)$$

式中，α 和 β 分别为矩形域分割器边界线的半长和半宽。$y_1(t)$ 和 $y_2(t)$ 代表 Duffing 振子二进制调制信号的相图[87-88]。

为确保用区域分割器的边界线能清晰有效地分割和检测 Duffing 振子二进制调制信号相图的混沌态和大尺度周期态，区域分割器的边界确定应尽可能多地把混沌态相图包含在其边界线内而又绝不包含大尺度周期态相图。基于这一原则，由图 3.4 可知，选 $R < 1$，或 $\alpha < 1.5$ 和 $\beta < 1$ 更为适宜。

此外，区域分割器输出用高电平" +1 "表示相轨迹不接触且不穿越区域边界线的情况；用低电平" -2 "（因经低通滤波器后平均电平为" -1 "）表示相轨迹接触或者穿越区域边界线的情况。

根据式(3.1)和式(3.2)，利用平方器、比较器、加法器和逻辑运算单元可分别搭建出圆域分割器和矩形域分割器，其算法实现结构如图 3.6 所示。

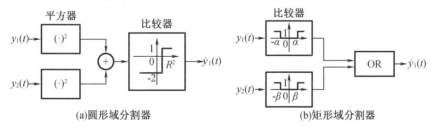

图 3.6　区域分割器的算法实现结构

图中，"OR"为或门电路，输出高电平时为" +1 "，输出低电平时为" -2 "[87-88]。

为了验证上述两种区域分割器的性能，把基带信息传送速率为 1 MHz、载波频率为 36.050 MHz 的(无噪声)待检 Duffing 振子二进制混沌调制信号送入接收端的 Duffing 振子，其输出分别送入圆域分割器和矩形域分割器，仿真时间取 60 μs，系统采样频率取为 360.5 MHz。获得的仿真曲线如图 3.7 所示。

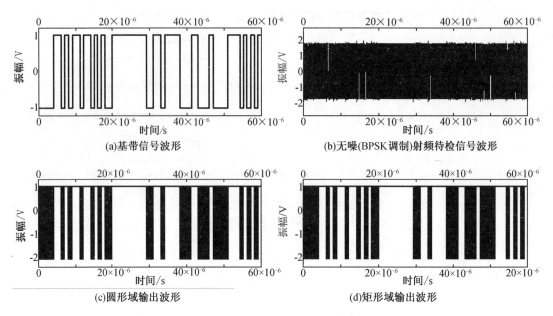

图 3.7　区域分割器仿真结果

由图可见,区域分割器输出的恒定不变"＋1"电平信号与基带数据"1"相对应,即与二进制混沌调制信号相图的大尺度周期态相对应;而输出的在"＋1"和"－2"电平间快速交替变化信号与基带数据"0"相对应,即与二进制混沌调制信号相图的混沌态相对应。

3.2.3　Duffing 振子二进制调制信号解调器的构建与实现

由图 3.7 可知,若要从区域分割器输出信号中分离出基带信息,尚需对其输出进行平滑处理,即低通滤波,方能滤除高频载波成分,进而恢复(解调)出基带信息。

低通滤波可采用积分－清洗滤波器(integrated and dump filter)完成。积分－清洗滤波器是一种匹配滤波器,即最佳滤波器,使用它对含有高斯白噪声干扰的信号进行滤波,可获得最佳滤波效果,其工作原理如图 3.8 所示。

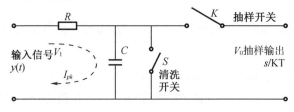

图 3.8　积分－清洗滤波器的工作原理

图中,R、C 是起积分作用的低通型滤波元件,开关 S 的作用是瞬间猝熄电容器 C 所存储的能量。S 在某一规定时刻(一般总在码元终了时刻)闭合,猝熄电容器 C 储存的能量后即刻重新开启。开关 K 的作用是在 S 即将动作前瞬间抽取电容器 C 上的电压。该滤波器输出波形由电容器 C 在每一基带码元时间(T_c)内被输入信号充电所累积起来的电压所构成。当电容量 C 足够大时,充电过程始终处于暂态。如果 K 在上述暂态过程的近似线性阶段中接通抽取电容器 C 上的电压,则获得的输出波形与匹配滤波器输出波形相近。

积分 – 清洗滤波器的数学表达式为

$$s(kT) = \int_{(k-1)T}^{kT} y(t)\,\mathrm{d}t, \quad k = 1,2,\cdots \tag{3.3}$$

上式须在位同步(积分 – 清洗)时钟的控制下工作,有关位同步时钟的获取方法将在 3.6.2 节详细介绍。

综上讨论,把 Duffing 振子、区域分割器和积分 – 清洗滤波器组合起来便可构成一个基于 Duffing 振子的 BPSK 信号解调器,如图 3.9 所示[88]。

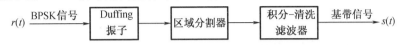

图 3.9　基于 Duffing 振子的 BPSK 信号解调器

由于对常规 BPSK 信号的解调,理论上存在着相位模糊问题[89],因此,在实际应用中普遍采用 DPSK 调制方案。

2.5.5 节中已经介绍过,DPSK 调制是利用前后相邻码元的相对载波相位值去表示数字信息。因在 DPSK 调制时把原数字信息序列(绝对码)变换成了相对码,故在接收端需要完成 DPSK 解码变换才能恢复出原数字信息序列。工程上,实现 DPSK 解码变换的方法有许多种,本书中我们采用易于实现的 1 – Bit 延时法来完成 DPSK 解码变换,1 – Bit 延时法的信号解调原理如图 3.10 所示[85]。

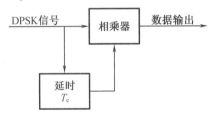

图 3.10　1 – Bit 延时器的 DPSK 解调原理

图中,T_c 表示码元持续时间。1 – Bit 延时法采用直接比较前后码元相位差的方法进行 DPSK 信号码反变换,也称为相位比较法。这种解调方法无需添加专门的相干载波即可实现码变换。但它需要一个延时电路,将待检信号精确地延时一个码元间隔 T_c。

现在,把 Duffing 振子、区域分割器、1 – Bit 延时器和积分 – 清洗滤波器组合起来就可构成一个基于 Duffing 振子的 DPSK 信号解调器,如图 3.11 所示[88]。

图 3.11　基于 Duffing 振子的 DPSK 信号解调器

为考察图 3.11 给出的 DPSK 解调器的性能,在信噪比 $\dfrac{E_s}{N_0} = 12$ dB 下对其进行了仿真,其他仿真参数选取与图 3.7 相同,得到的仿真结果如图 3.12 所示。

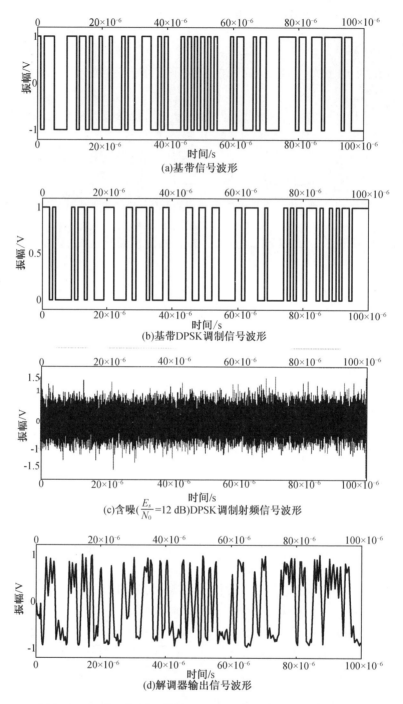

(a)基带信号波形

(b)基带DPSK调制信号波形

(c)含噪($\frac{E_s}{N_0}$=12 dB)DPSK调制射频信号波形

(d)解调器输出信号波形

图3.12 Duffing 振子二进制(DPSK)调制信号解调器仿真结果

3.2.4 Duffing 振子多进制混沌调制信号相空间轨迹边界及区域分割器的确定

因单一 Duffing 振子本身不具有产生多混沌吸引子的能力,所以,在用其传递基带多进制信息时,须通过相空间轨迹迁移控制方法来构造出所需的多混沌吸引子(详见 2.2.3 节)。此时,多混沌吸引子(Duffing 振子多进制调制信号)的相空间轨迹区域边界及区域分割器按下列方法确定。

1. Duffing 振子四进制混沌调制信号相空间轨迹边界及区域分割器的确定

由 2.2.3 节知,Duffing 振子四进制混沌信号调制后,原 Duffing 振子相图将被平移至 z_0 和 z_1 两个互不包含的独立区域,区域中心分别位于 $(y_1 - 2, y_2)$ 和 $(y_1 + 2, y_2)$。此时,区域 z_0 中的混沌态和大尺度周期态相图分别与基带数据序列 bit_0 取"0"和"1"相对应,区域 z_1 中的混沌态和大尺度周期态相图分别与基带数据序列 bit_1 取"0"和"1"相对应。而数据序列 bit_0 在基带数据中的权位 $w_0 = 2^0$,数据序列 bit_1 在基带数据中的权位 $w_1 = 2^1$。平移后的 Duffing 振子大尺度周期态相图及内接矩形边界线如图 3.13 所示。

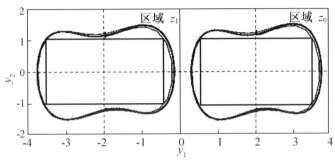

图 3.13　Duffing 振子四进制混沌调制信号的大尺度周期态相图及内接矩形边界线

参照 3.2.1 节给出的方法,由图 3.13 可求得,四进制混沌调制信号大尺度周期态相图的内接矩形边界分别与直线方程 $y_1 = \pm 0.5$,$y_1 = \pm 3.5$,$y_2 = \pm 1$ 相重叠。

依据 3.1.2 节给出的区域分割器设计原则,并参考图 3.13 中的内接矩形边界线,可设计出与 3.2.2 节中图 3.5 相同的两种区域分割器,即圆形域分割器和矩形域分割器。但是,为满足解调四进制混沌调制信号的需要,须对区域分割器的边界检测方程做与 Duffing 振子大尺度周期态相图相同的平移处理。

基于上述原理,可得到区域 z_0 和 z_1 内的圆形域分割器边界检测方程为

$$\tilde{y}(t) = \begin{cases} +1, & \sqrt{(y_1 \mp 2)^2 + y_2^2} > R \\ -2, & \sqrt{(y_1 \mp 2)^2 + y_2^2} \leqslant R \end{cases} \tag{3.4}$$

同理,也可得到区域 z_0 和 z_1 内的矩形域分割器边界检测方程为

$$\tilde{y}(t) = \begin{cases} +1, & \text{其他} \\ -2, & |y_1 \mp 2| \leqslant \alpha, |y_1| \leqslant \beta \end{cases} \tag{3.5}$$

两式中,R 为圆形域分割器边界线的半径;α 和 β 分别为矩形域分割器边界线的半长和半宽;y_1 和 y_2 代表 Duffing 振子四进制混沌调制信号的相图;"$\mp$"取"$-$"时对应于区域 z_0,取"$+$"时对应于区域 z_1。

利用平方器、加法器和比较器可搭建出边界检测方程满足式(3.4)的圆形域分割器,其算法实现结构如图 3.14 所示。

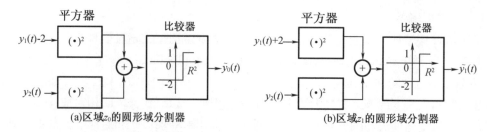

图 3.14　检测 Duffing 振子四进制混沌调制信号的圆形域分割器实现结构

同理,利用比较器和逻辑运算单元同样可搭建出边界检测方程满足式(3.5)的矩形域分割器,其算法实现结构如图 3.15 所示。

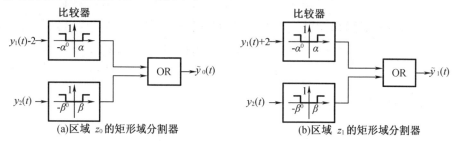

图 3.15　检测 Duffing 振子四进制混沌调制信号的矩形域分割器实现结构

为确保用区域分割器的边界线能清晰有效地分割和检测 Duffing 振子四进制混沌调制信号相图的混沌态和大尺度周期态,区域分割器的边界确定应尽可能多地把混沌态相图包含在其边界线内而又绝不包含大尺度周期态相图。基于这一原则,参照图 3.13 知,选 $R < 1$,或 $\alpha < 1.5$ 和 $\beta < 1$ 更为适宜。

2. Duffing 振子十六进制混沌调制信号相空间轨迹区域边界及区域分割器的确定

由 2.2.3 节知,通过 Duffing 振子十六进制混沌调制后,原 Duffing 振子的相图将被平移至 z_0、z_1、z_2 和 z_3 四个互不包含的独立区域,各区域中心坐标分别为($y_1 - 2$,$y_2 - 2$)、($y_1 - 2$,$y_2 + 2$)、($y_1 + 2$,$y_2 - 2$)和($y_1 + 2$,$y_2 + 2$),此时,区域 z_0、z_1、z_2 和 z_3 中的混沌态和大尺度周期态相图分别与基带数据序列 bit_0、bit_1、bit_2、bit_3 取"0"和"1"相对应,而数据序列 bit_0、bit_1、bit_2、bit_3 在基带数据中的权位 $w_0 = 2^0$、$w_1 = 2^1$、$w_2 = 2^2$、$w_3 = 2^3$。平移后的 Duffing 振子大尺度周期态相图及内接矩形边界线如图 3.16 所示。

参照 3.2.1 节给出的方法,由图 3.16 得知,Duffing 振子十六进制混沌调制信号的大尺度周期态相图的内接矩形边界分别与直线方程 $y_1 = \pm 0.5$,$y_1 = \pm 3.5$,$y_2 = \pm 1$,$y_2 = \pm 3$ 相重叠。

仿照 Duffing 振子四进制混沌调制信号区域分割器的设计原理,可确定检测十六进制调制信号相图的区域分割器的边界检测方程,以矩形域分割器为例,分别表示如下:

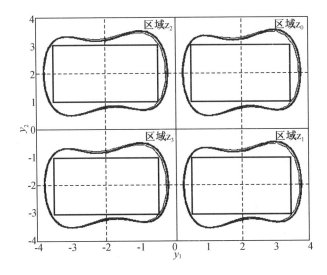

图 3.16 Duffing 振子十六进制混沌调制信号的大尺度周期态相图及内接矩形边界线

区域 z_0 内

$$\tilde{y}_0(t) = \begin{cases} +1, & \text{其他} \\ -2, & |y_1-2| \leqslant \alpha, |y_2-2| \leqslant \beta \end{cases} \tag{3.6}$$

区域 z_1 内

$$\tilde{y}_1(t) = \begin{cases} +1, & \text{其他} \\ -2, & |y_1-2| \leqslant \alpha, |y_2+2| \leqslant \beta \end{cases} \tag{3.7}$$

区域 z_2 内

$$\tilde{y}_2(t) = \begin{cases} +1, & \text{其他} \\ -2, & |y_1+2| \leqslant \alpha, |y_2-2| \leqslant \beta \end{cases} \tag{3.8}$$

区域 z_3 内

$$\tilde{y}_3(t) = \begin{cases} +1, & \text{其他} \\ -2, & |y_1+2| \leqslant \alpha, |y_2+2| \leqslant \beta \end{cases} \tag{3.9}$$

进一步,利用比较器和或门电路可搭建出分别满足上述边界检测方程的矩形域分割器,其算法实现结构如图 3.17 所示。

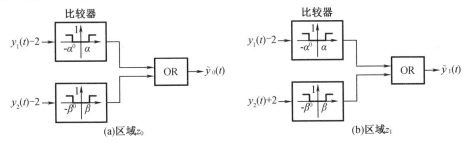

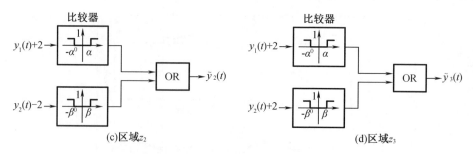

图 3.17　Duffing 振子十六进制混沌调制信号的区域分割器实现结构

3.2.5　Duffing 振子多进制调制信号解调器的构建与实现

1. Duffing 振子四进制混沌调制信号解调器

根据 2.2.3 节的讨论我们知道,通过平移两个 Duffing 振子的相图可获得 Duffing 振子四进制混沌调制信号。由于每一个 Duffing 振子的相轨迹都占有独立的相空间区域,且仅以混沌态和大尺度周期态形式出现,故被用于表达基带信息的"0"和"1"。因此,通过对 Duffing 振子四进制混沌调制信号相图的检测,可获得由其携带(传递)的基带信息,进而完成对 Duffing 振子四进制混沌调制信号的解调。

为解调由两个独立的无线信道传递的 Duffing 振子四进制混沌调制信号,我们可使用 3.2.3 节给出的圆域分割器(以式(3.4)为边界检测方程)或矩形域分割器(以式(3.5)为边界检测方程),按照 3.1.5 节给出的方案来构建 Duffing 振子四进制混沌调制信号解调器,具体构建原理和实现方案如图 3.18 所示。

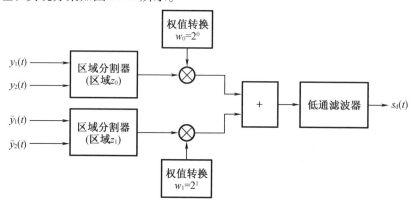

图 3.18　Duffing 振子四进制混沌调制信号解调器

图中,区域分割器既可采用圆形域分割器,也可采用矩形域分割器;权值转换和加法运算单元共同实现一个数据融合器的作用;低通滤波器的转折频率等于码率(即码元周期的倒数)。$y_1(t)$、$y_2(t)$ 和 $\tilde{y}_1(t)$、$\tilde{y}_2(t)$ 为表达双混沌吸引子相图的 Duffing 振子四进制混沌调制信号,分别由独立的无线信道传递;$s_d(t)$ 为解调器输出的基带四进制信号。

2. Duffing 振子十六进制混沌调制信号解调器

利用 2.2.3 节给出的相空间轨迹迁移控制技术,通过平移 Duffing 振子的相图,我们同样可获得 Duffing 振子十六进制混沌调制信号。该信号的相空间轨迹由四个 Duffing 振子生成,每一个 Duffing 振子的相轨迹都占有独立的相空间区域,而且其相轨迹呈现出的混沌态和大尺度周期态分别与基带数据序列 bit_0、bit_1、bit_2、bit_3 的取值"0"和"1"相对应。因此,四个 Duffing 振子的相图需利用独立的无线信道传送,方能使每一个 Duffing 振子相图独立的表达 1 比特信息。

为解调由四个独立的无线信道传递的 Duffing 振子十六进制混沌调制信号,可采用 3.2.4 节中边界检测方程满足式(3.6)~(3.9)的矩形域分割器,按照 3.1.5 节给出的方案来构建 Duffing 振子十六进制混沌调制信号解调器,具体构成原理及实现方案如图 3.19 所示。

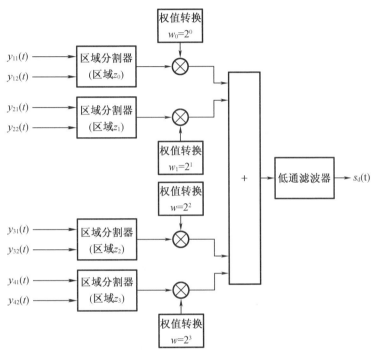

图 3.19　Duffing 振子十六进制混沌调制信号解调器

图中,区域分割器为矩形域分割器;低通滤波器的转折频率等于码率(即码元周期的倒数)。$y_{11}(t)$、$y_{12}(t)$,$y_{21}(t)$、$y_{22}(t)$,$y_{31}(t)$、$y_{32}(t)$ 和 $y_{41}(t)$、$y_{42}(t)$ 为表达四混沌吸引子相图的 Duffing 振子十六进制混沌调制信号,分别由独立的无线信道传递;$s_d(t)$ 为解调器输出的基带十六进制信号。

3. 无相图迁移控制的 Duffing 振子多进制混沌调制信号解调器

以相空间轨迹迁移控制技术,通过平移单个 Duffing 振子的相图获得混沌多进制调制信号,存在两个缺点,其一是该方法比无相图迁移调制法需要更多的能量进行无线传输,这源自叠加在相图上的迁移控制信息使 Duffing 振子相轨迹远离了原有中心(0,0)的缘故;其二是由于叠加在 Duffing 振子混沌多进制调制信号上的相图迁移控制信息在某种程度上泄露了基带信息的变化,因此,该方法对隐匿通信信息不利。

为克服上述缺点,我们可以利用两个无相图迁移控制的独立的 Duffing 振子二进制混沌信号调制器来完成四进制混沌信号调制。该项技术因不需要相图迁移控制,故有更好的信息隐匿特性和更低的传输能量需求,并可借助射频正交幅度调制技术,在不增加无线传输带宽的情况下,把两路 Duffing 振子二进制混沌调制信号从单一信道中发送出去。此外,该项技术还可借助频分多址技术实现多用户接入或数据传输带宽(吞吐率)提升,即实现相图无迁移的 Duffing 振子多进制混沌信号调制。

下面以构建 Duffing 振子四进制混沌调制信号解调器为例,对实现思路说明如下。

Duffing 振子四进制混沌调制信号的产生方法:

①利用串/并转换器把基带数据序列分成两个独立的子数据序列,记为 bit_0 和 bit_1;

②按 2.2.2 节给出二进制调制方法,取两个相同的 Duffing 振子,分别用 bit_0 和 bit_1 序列对其进行参数调制,生成(取得)两路 Duffing 振子二进制混沌调制信号;

③对两路 Duffing 振子二进制混沌调制信号进行射频正交幅度调制,产生 Duffing 振子四进制混沌调制的射频信号。

综合上述思路,得到 Duffing 振子四进制混沌调制方案如图 3.20 所示。

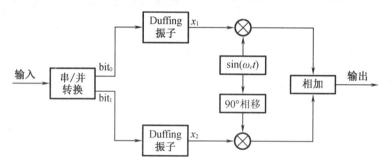

图 3.20　Duffing 振子四进制混沌调制方案

图中,输入信号为" $+1$ "或" -1 "序列,经过串/并转换后分为 I、Q 两路信号 bit_0 和 bit_1,各自控制一个工作在临界态的 Duffing 振子。在两路信号中,发送" $+1$ "时 Duffing 振子输出信号相轨迹为大尺度周期态;发送" -1 "时 Duffing 振子输出信号相轨迹为混沌态;在这里,用"0"表示未发送信号,Duffing 振子输出相轨迹为间歇混沌态。图 3.21 给出了 Duffing 振子输出时域波形图。

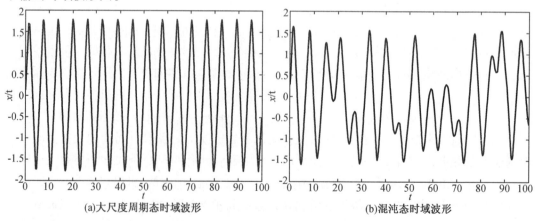

(a)大尺度周期态时域波形　　　　　　　　(b)混沌态时域波形

图 3.21　Duffing 振子输出信号时域波形

由图可知,当 Duffing 振子相轨迹为大尺度周期态时,其时域波形为正弦波,且频率与 Duffing 振子内部驱动力相同;当 Duffing 振子相轨迹为混沌态时,其时域波形为非规则波形,且其频率较分散(主要为内部驱动力频率和其若干分数频率)。

Duffing 振子四进制混沌调制信号解调方法:

从图 3.20 知,经正交幅度调制后,两路 Duffing 振子相轨迹时域波形将分别由四进制混沌调制射频信号传载到接收端。在接收端,利用正交幅度解调,可去除射频载波,把每一路 Duffing 振子相轨迹时域波形还原出来。对还原的 Duffing 振子相轨迹时域波形,可采用 Duffing 振子二进制混沌调制信号解调器完成基带信息解调。

综合上述思路,得到 Duffing 振子四进制混沌调制信号解调器实现方案如图 3.22 所示。

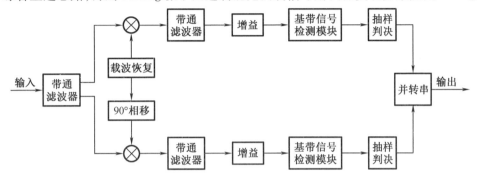

图 3.22　Duffing 振子四进制混沌调制信号解调方案

图中,射频输入带通滤波器主要用于滤除射频带外噪声干扰信号,解调器前端为 QAM 解调,被恢复载波为正弦信号。在 QAM 解调时,首先要从射频输入信号中恢复出载波信号,此处,载波同步使用平方环法提取载波。载波同步信号建立后,QAM 解调将恢复出两路 Duffing 振子二进制混沌调制信号。该信号通过带通滤波器抑制带外干扰后,经由增益单元调整信号幅度,使之达到 Duffing 振子可敏感的待检信号幅度范围内。接着,由基带信号检测模块完成对 Duffing 振子四进制混沌调制信号的解调。该模块结构如图 3.23 所示,原理与图 3.9 所示的 Duffing 振子 BPSK 调制信号解调器相类似,都含有 Duffing 振子、区域分割器、积分 – 清洗滤波器。I、Q 两路中的基带信号检测模块的作用分别是从 Duffing 振子相轨迹时域波形中恢复出基带数据 bit_0 和 bit_1。

图 3.23　基带信号检测模块的组成结构

最后,经过对基带数据 bit_0 和 bit_1 的抽样判决和并/串转换,便可获得基带原始信号序列,即完成对 Duffing 振子四进制混沌调制信号的解调工作。

虽然上述讨论,仅以 Duffing 振子四进制混沌信号的调制和解调为例,但思路和原理,也可用于对多进制混沌信号的调制和解调。例如,若要实现 Duffing 振子十六进制混沌信号调制,原始输入信号可经串/并转换为四路并行信号,令每两路为一组,每组都用如图 3.20 所示的 Duffing 振子四进制调制器进行混沌信号调制,则可实现 Duffing 振子十六进制混沌信号调制。此时,Duffing 振子十六进制混沌调制信号要经由两个射频信道发送。因此,接收端解调时,须用两个如图 3.22 所示的 Duffing 振子四进制解调器对混沌调制信号进行解调,然后,再对两个 Duffing 振子四进制解调器的输出进行并/串转换,便可获得基带原始信号序列,即完成了对 Duffing 振子十六进制混沌调制信号的解调。

需要指出,在前面的讨论中,我们没有考虑 Duffing 振子相位敏感性对解调器工作性能的影响。事实上,要使 Duffing 振子对待检信号大尺度周期态相图响应(即信号存在时能正确检出),必须在其内部驱动力相位与待检信号初相达成一定条件时方能完成。这种相位关联条件被称为 Duffing 振子的信号接收窗。通常,一个 Duffing 振子的信号接收窗最大约为 180°左右。

由于 Duffing 振子调制信号从发送端经传输到达接收端时的初相位与传输距离有关,不能保持恒定值,并且 Duffing 振子的信号接收窗又不能覆盖 360°,因此,需要以某种方法来拓展 Duffing 振子的信号接收窗口,使之对待检信号的初相位不敏感,才能在接收端对 Duffing 振子调制信号进行解调。为了解决这一问题,我们发展了一种同频 Duffing 振子阵列技术,可把 Duffing 振子的信号接收窗口扩大到 360°,进而可完成对初相位不确定的待检信号的解调任务。有关此同频 Duffing 振子阵列技术的细节将在 4.2 节中进行介绍。

3.3　Hamilton 振子混沌调制信号解调器

本节主要讨论解调 Hamilton 振子多进制混沌调制信号的问题。讨论将涉及 Hamilton 振子多进制调制信号相轨迹的区域边界确定、区域分割器阵列构建与算法实现、数据融合器设计等问题。通过讨论,将给出 Hamilton 振子混沌调制信号解调器的具体设计方法。

3.3.1　Hamilton 振子多进制混沌调制信号相空间轨迹区域边界的确定

由 2.3 节的讨论可知,把初值点 (u_{00}, v_{00}) 代入式(2.62)和(2.63)进行迭代计算,可获得如图 3.24 所示的 Hamilton 振子环状相轨迹 $loop_0$,显然,该相轨迹以 $(0,0)$ 为中心。

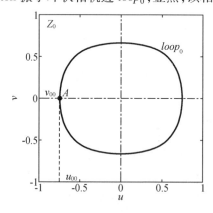

图 3.24　中心位于(0,0)点的 Hamilton 振子环状相轨迹

进一步利用相空间轨迹迁移控制,则可把区域 Z_0 内以 $(0,0)$ 为中心的相轨迹 $loop_0$ 平移到以 (K_i, J_i) 点为中心的区域 Z_i 内。通过建立区域 Z_i 与基带数据 $data_i$ 的映射关系,可得到 Hamilton 振子 M 进制混沌调制信号,当 $M = 16$ 时,此 Hamilton 振子混沌调制信号的相图具有图 3.25 所示的形态。

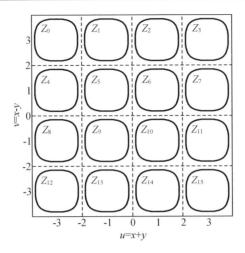

图 3.25　Hamilton 振子 M 进制混沌调制信号的相轨迹形态图($M = 16$)

需要指出,图中 Hamilton 振子混沌调制信号的相轨迹,在同一时间仅出现在一个面积为 2×2 的相空间区域中,且以环状相轨迹占有相平面中不同区域的形式传递基带信息。

于是,注意到区域 Z_i 是以 (K_i, J_i) 点为中心的事实,则可把包含 Hamilton 振子混沌调制信号相轨迹的 16 个相空间区域的边界分别表示为

$$|u - K_i| = 1 \text{ 及 } |v - J_i| = 1, i = 0, 1, \cdots, 15 \tag{3.10}$$

显然,式(3.10)所表达的相空间区域为互不重叠的正方形区域,且每一区域都与一条携带着基带信息的 Hamilton 振子混沌调制信号相轨迹相对应。因此,当解调 Hamilton 振子混沌调制信号时,需设计出 M 个边界满足式(3.10)的区域分割器,并用其构成阵列,在同一时刻同时对 Hamilton 混沌调制信号的相轨迹进行占用区域检测,方能实现对 Hamilton 振子 M 进制混沌调制信号的解调。本质上,这属于一种图像识别技术,它以判断被分割区域内有无 Hamilton 振子环状相轨迹的方式进行工作。

此外,应注意到,在以上讨论中所给出的相空间区域边界确定方法,同样也适用于确定任意 M 进制下的 Hamilton 振子混沌调制信号相轨迹的边界。

3.3.2　Hamilton 振子多进制混沌调制信号解调器的构建与实现

Hamilton 振子多进制混沌调制信号解调器由区域分割器阵列和数据融合器这两个基本功能单元组成[90]。下面分别对区域分割器阵列、数据融合器、Hamilton 振子多进制混沌调制信号解调器的构建和实现方法进行介绍[90]。

1. 区域分割器的构建与实现

令 $u(t)$、$v(t)$ 为待解调的 Hamilton 振子多进制调制信号,并假设其相轨迹落入以 (K_i, J_i) 为中心的相空间区域 Z_i,则参见 3.3.1 节给出的 Hamilton 振子相轨迹边界线,可确定检测区域 Z_i 中有无 Hamilton 振子环状相轨迹的区域分割器 $Z_{divider}^i$ 的边界线检测方程为

$$\gamma_i(t) = \begin{cases} 1, & K_i - 1 < u(t) < K_i + 1 \text{ 且 } J_i - 1 < v(t) < J_i + 1 \\ 0, & \text{其他} \end{cases} \tag{3.11}$$

式中,下标 $i \in \{0, 1, \cdots, M - 1\}$;$M$ 为多进制调制数;$\gamma_i(t)$ 为区域分割器 $Z_{divider}^i$ 的输出。当由 $u(t)$、$v(t)$ 表达的 Hamilton 振子相轨迹落入相空间区域 Z_i 时输出高电平"1",否则输出低电

平"0"。

利用比较器和与门电路可搭建出满足边界线检测方程(3.11)的区域分割器 Z_{divider}^i，其算法实现结构可按图 3.26 所示的原理构建。

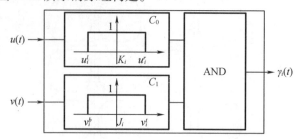

图 3.26　区域分割器 Z_{divider}^i 的算法实现结构图

图中，$u_i^r = K_i + 1$，$u_i^l = K_i - 1$，分别表示落入相空间区域 Z_i 内的 Hamilton 振子多进制调制信号相轨迹的右边界和左边界；$v_i^t = J_i + 1$，$v_i^b = J_i - 1$，分别表示落入相空间区域 Z_i 的 Hamilton 振子多进制调制信号相轨迹的上边界和下边界；(K_i, J_i) 为相空间区域 Z_i 的中心，取值与基带多进制信息有关，由相空间轨迹迁移控制确定。$\gamma_i(t)$ 是区域分割器 Z_{divider}^i 的输出。

该区域分割器的工作原理可描述如下：首先，待解调的 Hamilton 多进制调制信号 $u(t)$ 和 $v(t)$ 被分别送入比较器 C_0 和 C_1 进行幅度检测。当 $u(t)$ 满足 $u_i^l < u(t) < u_i^r$ 时，C_0 输出高电平，否则输出低电平；同理，当 $v(t)$ 满足 $v_i^b < v(t) < v_i^t$ 时，C_1 输出高电平，否则输出低电平。然后，由与门 AND 对 C_0 和 C_1 的输出进行综合判断，当二者同时为高电平时，则区域分割器 Z_{divider}^i 的输出 $\gamma_i(t)$ 为高电平，否则为低电平。于是，根据区域分割器 Z_{divider}^i 输出电平可识别 Hamilton 振子多进制混沌调制信号相轨迹是否出现在相空间区域 Z_i 中，即可检测出对应的基带 M 进制信息是否被传送。

2. 区域分割器阵列的构建与实现

由于 M 进制调制下 Hamilton 振子的单环状相轨迹能分别落入边界为 $u(t) = K_i \pm 1$ 和 $v(t) = J_i \pm 1$，$i = 0, 1, \cdots, M - 1$ 的 M 个相空间区域内，因此，需要 M 个区域分割器方能把 Hamilton 振子多进制混沌调制信号相轨迹所携带的基带 M 进制信息分离出来。

为实现上述目的，在式(3.11)中，令 $i = 0, 1, \cdots, M - 1$，并建立基带 M 进制信息取值 $i(0 \leq i \leq M - 1)$ 与相空间区域 z_i 之间的一一映射关系，则可确定 M 个区域分割器阵列的边界线检测方程为

$$y_i(t) = \begin{cases} i, & K_i - 1 < u(t) < K_i + 1 \text{ 且 } J_i - 1 < v(t) < J_i + 1 \\ 0, & \text{其他} \end{cases}, \quad i = 0, 1, \cdots, M - 1$$

(3.12)

式中，第 i 个区域分割器的算法实现结构，可按图 3.27 所示原理构建。

图中，K_i 和 J_i 为第 i 个区域分割器的区域中心坐标；$K = i$ 为放大器的放大倍数，i 为基带 M 进制信息值；y_i 为第 i 个区域分割器的输出。

进一步把 M 个区域分割器按图 3.28 所示的方法连接，即组成可从 Hamilton 振子 M 进制混沌调制信号相图中分离基带 M 进制符号信息的区域分割器阵列。

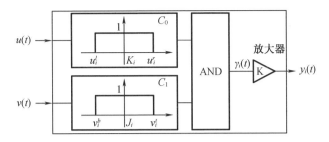

图 3.27　式(3.12)中第 i 个区域分割器的算法实现结构

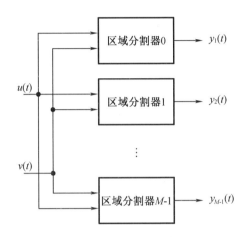

图 3.28　由 M 个区域分割器组成的阵列

图中,区域分割器阵列在同一时刻仅一个区域分割器会输出 M 进制符号,其余皆无信息输出,故可把这 M 个输出组合起来作为 M 进制符号信息。

3. 数据融合器

把区域分割器阵列的 M 个输出组合起来可用数据融合器完成[90]。该数据融合器需由加法器、低通滤波器和 M 电平识别器组成,其工作原理是:由区域分割器阵列 M 路输出获取含有噪声的 M 进制符号序列,用低通滤波器滤除带外噪声,以 M 电平识别器抑制带内噪声恢复 M 进制符号序列。该数据融合器的实现原理如图 3.29 所示。

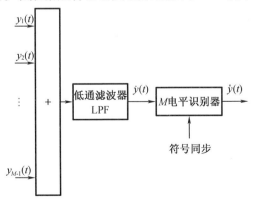

图 3.29　数据融合器实现原理示意图

图中,加法器实现 $y = \sum\limits_{i=0}^{M-1} y_i$ 的等加权数据融合运算;低通滤波器起滤除带外噪声的作用;M 电平识别器在符号同步信号控制下完成对含噪 M 进制符号的抽取和判决,判决策略如图 3.30 所示。

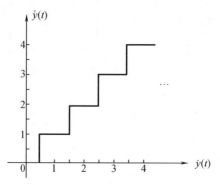

图 3.30　M 电平识别器判决策略曲线

4. Hamilton 振子多进制混沌调制信号解调器实现

为解调 Hamilton 振子 M 进制混沌调制信号,可利用图 3.28 给出的区域分割器阵列和图 3.29 给出的数据融合器,按图 3.31 给出的方案来构建解调器。

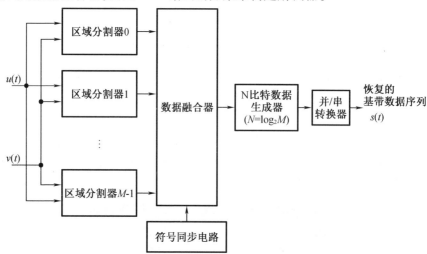

图 3.31　Hamilton 振子多进制混沌调制信号解调器

图中,$u(t)$、$v(t)$ 为待解调的 Hamilton 振子多进制调制信号;每个方形区域分割器的边长取 2,区域中心分别按 $J = 2n, K = 2n, n = 0, \pm 1, \pm 2, \cdots, \pm N_0$ 选取,N_0 需根据 M 进制确定;N 比特数据生成器的作用是把 M 进制符号序列转换成 N 比特并行数据序列;并/串转换器完成从 N 比特并行数据序列到基带数据序列的转换,即恢复出基带数据序列。

3.4　Jerk 振子混沌调制信号解调器

Jerk 振子的相轨迹形态虽与 Hamilton 振子有所不同,但其在相空间中的分布规律却与 Hamilton 振子比较相似。因此,对 Jerk 振子混沌调制信号的解调可仿照对 Hamilton 振子混沌调制信号的解调思路和方法来处理。

本节将主要讨论 Jerk 振子多进制混沌调制信号相轨迹的区域边界确定、区域分割器阵列构建与算法实现、数据融合器设计等问题。通过讨论,将给出 Jerk 振子混沌调制信号解调器的具体设计方法。

3.4.1　Jerk 振子多进制混沌调制信号相空间轨迹区域边界的确定

由 2.4 节的讨论可知,在 Jerk 振子方程(2.77)中,通过修改非线性函数 $f(x)$ 的形式,可从 Jerk 振子获得奇数个或偶数个涡卷混沌吸引子,这些涡卷混沌吸引子的特点是其涡卷中心会位于相空间的不同区域中,并且涡卷相轨迹不会相互重叠。

为确定 Jerk 振子涡卷混沌吸引子相轨迹所在区域的边界,下面以产生偶数个涡卷的 Jerk 振子为例,给出其区域边界的具体确定方法。

首先,在 2.4.4 节提出的两种 Jerk 振子初始值确定法(跟踪法或平衡点估计法)中,设置初始值为(1.5,0,0.1)(见表 2.7 和 2.8),再代入式(2.88)进行迭代计算(或送入图 2.62 的仿真模型中运算),可得到如图 3.32 所示的 Jerk 振子涡卷相轨迹。

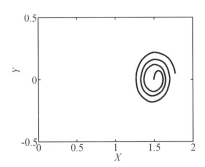

图 3.32　初值为(1.5,0,0.1)的 Jerk 振子相轨迹

由图可见,在 $x-y$ 平面内,Jerk 振子生成的涡卷混沌吸引子的相轨迹呈指纹状,其中心点位于(1.5,0),轨迹近似分布在半径一定的圆形区域内。

若要进行多进制(M 进制)信息调制,则须按照同样的方法产生多个(M 个)涡卷混沌吸引子。根据 2.4 节的讨论可知,Jerk 振子可以产生单方向的多涡卷,也可产生二方向的多涡卷。当 $M=16$ 时,通过相空间迁移控制由 Jerk 振子可生成混沌调制信号相图,如图 3.33 所示,其中(a)为沿 x 轴线分布的 16 涡卷 Jerk 振子相轨迹;(b)为沿 $x-y$ 平面分布的 16 涡卷 Jerk 振子相轨迹。

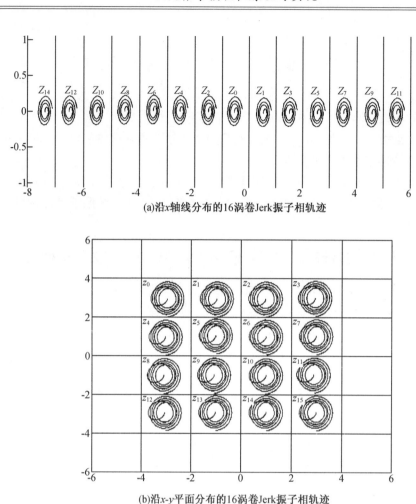

(a)沿x轴线分布的16涡卷Jerk振子相轨迹

(b)沿x-y平面分布的16涡卷Jerk振子相轨迹

图3.33 16涡卷Jerk振子混沌调制信号相轨迹分布图

图中,Jerk振子混沌调制信号的相轨迹在同一时间仅有一个出现在相空间区域,因此,基带信息以涡卷出现在相平面中不同区域的形式进行传递。因在图3.33(b)中Jerk振子相轨迹的相空间分布规律、区域边界都与图3.25给出的Hamilton振子类似,故可仿照3.3节介绍的方法来确定16(4×4)涡卷Jerk振子相轨迹的区域边界和解调Jerk振子多进制混沌调制信号。

鉴于上述情况,以下仅对确定图3.33(a)中的16涡卷Jerk振子相轨迹的区域边界问题进行讨论。

由图3.33(a)可见,16涡卷Jerk振子相轨迹的边界线为直线,其方程可表示为

$$x=n, \quad n=0, \pm1, \pm2, \cdots, \pm8 \tag{3.13}$$

很明显,式(3.13)表达的相空间区域为互不重叠的长方形区域,且每一区域都与一条携带基带信息的Jerk振子多进制混沌调制信号的相轨迹(涡卷曲线)相对应。因此,在解调Jerk振子M进制混沌调制信号时,需设计出M个边界满足式(3.13)的区域分割器,并由它们构成区域分割器阵列,在同一时刻同时对Jerk振子M进制混沌调制信号的相轨迹所处区域进行检测,才能实现对Jerk振子M进制混沌调制信号的解调。

3.4.2　Jerk 振子多进制混沌调制信号解调器的构建与实现

Jerk 振子多进制混沌调制信号解调器与 Hamilton 振子多进制混沌调制信号解调器一样,也是由区域分割器阵列和数据融合器这两个基本功能单元组成。

1. 区域分割器的构建与实现

设接收端接收到的涡卷沿 x 轴线分布的 Jerk 振子 M 进制混沌调制信号为 $x(t)$ 和 $y(t)$ 其相轨迹必位于相空间某一区域 Z_i,而 $i \in \{0,1,\cdots,M-1\}$,则由 Jerk 振子相轨迹(涡卷)边界线方程(3.13)可知,检测区域 Z_i 中有无 Jerk 振子涡卷状相轨迹的区域分割器 Z_{divider}^i 的边界线检测方程为

$$\gamma_i(t) = \begin{cases} 1, & j < x(t) < j+1 \\ 0, & \text{其他} \end{cases} \tag{3.14}$$

式中,$j \in \left\{ -\dfrac{M}{2},\cdots,0,\cdots,\dfrac{M}{2}-1 \right\}$;下标 $i \in \{0,1,\cdots,M-1\}$;M 为多进制调制数,此处取偶数;$\gamma_i(t)$ 为区域分割器 Z_{divider}^i 的输出,当 Jerk 振子相轨迹落入相空间区域 Z_i 时,输出高电平 "1",否则输出低电平 "0"。

满足方程(3.14)的区域分割器 Z_{divider}^i 可以用比较器来实现,其算法实现结构如图 3.34 所示。图中,j 和 $j+1$ 分别表示落入相空间区域 Z_i 内的 Jerk 振子多进制混沌调制信号相轨迹的左边界和右边界,$(j+0.5,0)$ 为轨迹的中心点,$\gamma_i(t)$ 为区域分割器 Z_{divider}^i 的输出。

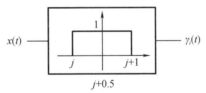

图 3.34　区域分割器的算法实现结构

该区域分割器的工作原理为:将待解调的 Jerk 多进制混沌调制信号中的 $x(t)$ 分量信号送入比较器进行幅度检测,当 $x(t)$ 满足 $j < x(t) < j+1$ 时,比较器输出高电平,否则输出低电平。于是,由区域分割器 Z_{divider}^i 的输出电平便可识别出 Jerk 振子多进制混沌调制信号相轨迹是否出现在相空间区域 Z_i 中,即可检测出对应的基带 M 进制信息是否被传送。

2. 区域分割器阵列的构建与实现

因 M 进制调制下,Jerk 振子的涡卷状相轨迹会分别落入边界为 j 和 $j+1$ 的 M 个相空间区域内,其中 $j \in \left\{ -\dfrac{M}{2},\cdots,0,\cdots,\dfrac{M}{2}-1 \right\}$,故需要 M 个区域分割器组成检测阵列才能把 Jerk 振子多进制混沌调制信号相轨迹所携带的基带 M 进制信息全部检测出来。

为设计由 M 个区域分割器组成的阵列,可利用式(3.14),建立如图 3.33(a)所示的基带 M 进制信息值与相空间区域 Z_i,$i \in \{0,1,\cdots,M-1\}$ 之间的一一映射关系。于是,可给出边界检测方程为

$$y_i(t) = \begin{cases} i, & j < x(t) < j+1 \\ 0, & \text{其他} \end{cases} \tag{3.15}$$

式中，$j = \begin{cases} -1 - \dfrac{i}{2}, & i \text{ 为偶数时} \\ \dfrac{i-1}{2}, & i \text{ 为奇数时} \end{cases}$，$i = 0, \cdots, M-1$。

在区域分割器阵列中，第 i 个区域分割器的算法实现结构，可按图 3.35 所示的结构搭建。

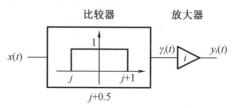

图 3.35　第 i 个区域分割器的算法实现结构

图中，$x(t)$ 为待检信号；i 为基带 M 进制信息值；$y_i(t)$ 为第 i 个区域分割器输出的基带 M 进制信息；放大器提供从比较器输出 γ_i（值等于 1）到基带 M 进制信息所需的转换值（即放大倍数 $k = i$）。

进一步把 M 个区域分割器按图 3.36 连接，即可组成区域分割器阵列。

图 3.36　M 个区域分割器组成的区域分割器阵列

需要指出，区域分割器阵列在同一时刻仅有且必有一个区域分割器有信号输出，而其余区域分割器皆无输出。因此，可用区域分割器阵列从 Jerk 振子 M 进制混沌调制信号的相图中恢复出基带 M 进制符号信息。

3. 数据融合器

由于同一时刻在区域分割器阵列中仅有一个区域分割器有信号输出，因此，我们可以利用求和运算把区域分割器阵列的 M 路输出合并成为一路输出，此时，求和运算的作用相当于一个数据融合器，其数学关系可由下式表达

$$y(t) = \sum_{i=1}^{M} y_i(t) \tag{3.16}$$

为正确地从数据融合器抽取基带 M 进制信息和抑制噪声干扰，数据融合器需由加法器、低通滤波器和 M 电平识别器组成，实现结构如图 3.37 所示，其工作原理和电平判决策略可参见 3.3 节有关数据融合器的详细讨论。

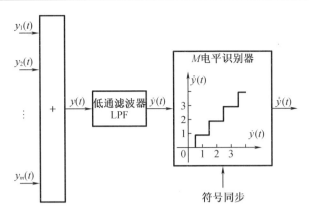

图 3.37　M 电平数据融合器的实现结构

4. Jerk 振子多进制混沌调制信号解调器实现

为解调 Jerk 振子 M 进制混沌调制信号,可利用区域分割器和数据融合器来构建解调器,方案如图 3.38 所示。

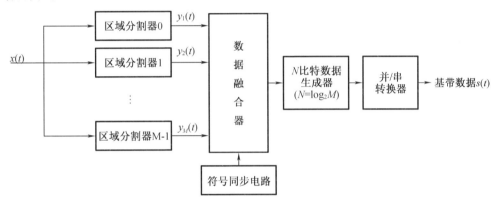

图 3.38　Jerk 振子多进制混沌调制信号解调器结构图

图中,$x(t)$ 为待解调的 Jerk 振子多进制混沌调制信号;区域分割器对应的区域中心为 j $+0.5, j \in \left\{ -\dfrac{M}{2}, \cdots, 0, \cdots, \dfrac{M}{2}-1 \right\}$,由 M 进制决定(M 应取偶数);每个区域沿 x 轴方向的边长均为 1;N 比特数据生成器的作用是把 M 进制符号序列转换成 N 比特并行数据序列;并/串转换器完成将 N 比特并行数据转换为串行的基带数据序列,即恢复出基带数据序列。

对比 Hamilton 振子和 Jerk 振子多进制混沌调制信号解调的原理与方法,我们发现,二者使用的关键技术基本相同,并且都使用了区域分割器边界从混沌调制信号的相轨迹中分离基带信息。值得注意的是,这是在理想条件下完成的,即没有考虑真实通信环境中的噪声对混沌调制信号相轨迹边界的影响。因此,为确保在给定信噪比条件下,利用区域分割器边界能从混沌调制信号的相轨迹中有效地分离基带信息并获得最佳信号解调性能,开展噪声对多进制混沌调制信号相轨迹边界影响的研究是十分必要的,下节我们将集中讨论这一问题。

3.5 噪声对区域分割器边界范围的影响

在进行混沌通信时,接收机收到的信号是混有信道噪声的混沌调制信号,其信号相轨迹会因信道噪声扰动而变形,这势必会影响到区域分割器边界范围的选取,进而影响到以区域分割器为核心所构建的信号解调器的性能。鉴于此,有必要从研究白噪声对信号相轨迹的影响入手,寻找解决噪声影响区域分割器边界选取问题的方法,以达到优选区域分割器边界的目的。

为便于讨论,我们将采用信噪比来表征信号对噪声的能量相对大小,用相轨迹的平均偏移距离来表示信号相轨迹受噪声影响的程度。

本节的讨论将以 Hamilton 调制信号为例,主要分析噪声对区域分割器边界范围的影响,以期获得优选区域分割器边界的方法。

Hamilton 调制信号的相轨迹在相空间上呈平面分布,不同基带信号对应的调制信号所在相轨迹区域不同、且互不干扰。由于 Hamilton 振子基带解调器是根据相轨迹落入的相空间区域来解调信号的,当受噪声影响的相轨迹出现在区域边界范围之外时,显然会影响解调器的正确解调。因此,欲研究噪声对混沌调制信号相轨迹的影响,可通过研究信噪比与信号相轨迹平均偏移距离间的关系来实现。我们将从定性和定量两个方面入手,深入研究信噪比与信号相轨迹平均偏移距离的关系,给出区域分割器的边界设计方案[79]。

3.5.1 加性高斯白噪声对区域分割器边界范围的影响

1. 以曲线拟合法确定区域分割器边界范围的研究

首先,通过实验直接观察不同信噪比下 Hamilton 调制信号的相轨迹变化情况,找出信噪比与接收端混沌信号相轨迹平均偏移距离的关系并绘制成图,再利用曲线拟合的方法确立两者之间的定量关系,最后,利用该定量关系确定区域分割器的边界范围。

经过大量实验,我们发现,白噪声对 Hamilton 调制信号相轨迹的影响表现为在原轨迹附近做某种振荡,因此,造成 Hamilton 调制信号相轨迹的左右和上下边界偏离原轨迹位置,为确定其偏离程度,我们分别对经接收机射频解调恢复的两路 Hamilton 混沌调制信号 $\bar{u}(t)$ 和 $\bar{v}(t)$ 进行了研究。结果显示:噪声对 $\bar{u}(t)$ 的影响会使区域分割器的边界向左右扩展,对 $\bar{v}(t)$ 的影响会使区域分割器的边界向上下扩展,如图 3.39 所示。

图中,点 A 和点 B 分别是未受白噪声影响时 Hamilton 振子相轨迹与 $u-v$ 平面水平轴和垂直轴正向的交点。

为研究 Hamilton 振子相轨迹在噪声影响下的偏离程度,将受噪声影响的 Hamilton 振子相轨迹与 $u-v$ 平面水平轴和垂直轴正向的交点分别记作 C 和 D,且要求 C 和 D 在圆形相轨迹的外面。于是,可用 AC 和 BD 连线长度,简记为 x 和 y,表示 Hamilton 振子相轨迹在噪声影响下偏离原轨迹的程度。然后,在每一给定信噪比条件下,对多次实验测取的 x 和 y 求平均值,可得到平均偏移距离 PDD_x 和 PDD_y,即平均偏移距离随信噪比的变化规律。

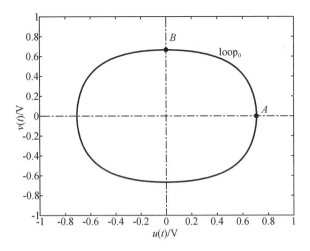

图 3.39　受噪声影响的 Hamilton 振子相轨迹

本实验使用了四进制调制信号,其调制信号单环状相轨迹中心坐标分别位于(8,8),(8,−8),(−8,8),(−8,−8),半径为 1V,由实验数据绘制出的信噪比与平均偏移距离关系曲线如图 3.40 和 3.41 所示,由 PDD_x 和 PDD_y 的变化规律可见,无论水平方向还是垂直方向的轨迹偏移程度都随信噪比的增加而单调递减。

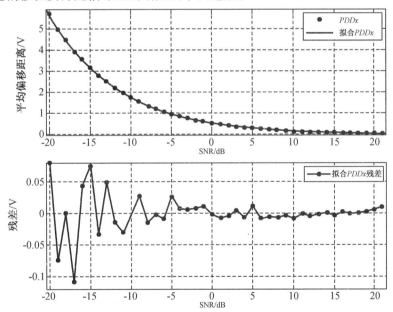

图 3.40　信噪比 SNR 与平均偏移距离 PDD_x 的拟合曲线及残差曲线

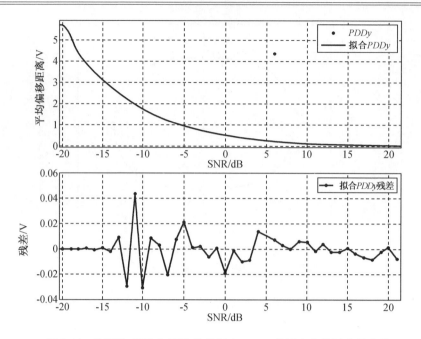

图 3.41　信噪比 SNR 与平均偏移距离 PDD_y 的拟合曲线及残差曲线

对 PDD_x 数据进行曲线拟合后,得到下列函数关系

$$f(x) = 0.538\,2\mathrm{e}^{-0.118\,1x} - 0.024\,65\mathrm{e}^{0.010\,02x} \tag{3.17}$$

其拟合优度统计量分别为:误差平方和 $SSE = 0.038\,67$;R 的平方 $RS = 0.999\,6$;调整的 R 平方 $ARS = 0.999\,6$;均方误差的根 $RMSE = 0.031\,9$,可见拟合效果较好。

对 PDD_y 数据进行曲线拟合后,得到下列函数关系

$$f(y) = 0.755\,5\exp\left[-\left(\frac{y+19.72}{1.308}\right)^2\right] + 0.256\,6\exp\left[-\left(\frac{y+16.7}{4.437}\right)^2\right] -$$

$$0.031\,43\exp\left[-\left(\frac{y+15.08}{1.072}\right)^2\right] + 50.81\exp\left[-\left(\frac{y+70.23}{32.72}\right)^2\right] \tag{3.18}$$

其拟合优度统计量分别为:误差平方和 $SSE = 0.006\,021$;R 的平方 $RS = 0.999\,9$;调整的 R 平方 $ARS = 0.999\,9$;均方误差的根 $RMSE = 0.014\,17$,可知拟合效果较好。

由图 3.40 和图 3.41 中的拟合曲线看到,信噪比大于 0 dB 后,噪声对水平和垂直方向的平均偏移距离均不超过 0.6 V,且平均偏移距离随信噪比的增加而减小。

为降低生成 Hamilton 振子相轨迹的计算复杂度,可将 Hamilton 振子的单环相轨迹用圆环线近似为

$$\begin{cases} u(t) = J + A\cos(2\pi f_0 t) \\ v(t) = K + A\sin(2\pi f_0 t) \end{cases} \tag{3.19}$$

式中,$J, K \in n, n = \{0, \pm 2, \pm 4, \cdots\}$ 分别为圆线相轨迹中心点的横、纵坐标;$A < 1$ 为圆线相轨迹的半径;f_0 为 M 进制数字信号的符号速率,可保证在每一个数字符号周期内生成一个完整的圆形相轨迹。此时,经 Hamilton 振子调制的基带信号带宽 $B_\omega = f_0$。

由式(3.19)可知,J 和 K 分别表示 Hamilton 调制信号相轨迹的圆心点横纵坐标,A 为圆轨迹半径。再经过信道传输及射频 QAM 解调后,信号幅度衰落为原先的一半,此时,区域分割器左右和上下边界范围可由式(3.20)和式(3.21)确定

$$\begin{cases} u_{L_0} \leqslant \dfrac{1}{2}(J-A) - PDD_x \\ u_{R_0} \geqslant \dfrac{1}{2}(J+A) + PDD_x \end{cases} \tag{3.20}$$

$$\begin{cases} u_{D_0} \leqslant \dfrac{1}{2}(K-A) - PDD_y \\ u_{U_0} \geqslant \dfrac{1}{2}(K+A) + PDD_y \end{cases} \tag{3.21}$$

该方法的优势是在不需要知道白噪声的时域分布情况下就可建立信噪比与 Hamilton 调制信号相轨迹的平均偏移距离的函数关系，从而给出区域分割器的边界范围。此方法对非高斯分布白噪声一样适用。

2. 以统计学方法确定区域分割器边界范围的研究

不失一般性，这里考虑理想加性零均值高斯白噪声信道，假设信道噪声 $n(t)$ 的功率谱密度为 N_0，基带采用 Hamilton 振子调制，射频采用 QAM 调制，混沌通信系统如图 3.42 所示。

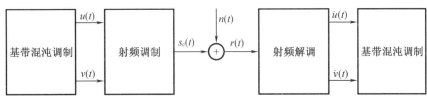

图 3.42　Hamilton 振子多进制混沌通信系统原理框图

到达接收机的信号可表达为

$$r(t) = s_c(t) + n(t) \tag{3.22}$$

式中，$s_c(t) = u(t)\cos(\omega_c t) + v(t)\sin(\omega_c t)$ 为发射信号；$\omega_c = 2\pi f_c$ 为载波角频率；$u(t) = J + A\cos(2\pi f_0 t)$，$v(t) = K + A\sin(2\pi f_0 t)$ 代表基带 Hamilton 振子调制信号。经过带通滤波后，$n(t)$ 变为窄带高斯随机过程，可表达为

$$\overline{n}(t) = a(t)\cos(\omega_c t) - b(t)\sin(\omega_c t) \tag{3.23}$$

式中，$a(t)$ 和 $b(t)$ 为平稳实随机过程。

经过 QAM 解调和低通滤波后，接收机恢复的 Hamilton 基带调制信号可表达为

$$\begin{aligned} \overline{u}(t) &= \mathrm{LPF}\{[s_c(t) + \overline{n}(t)]\cos(\omega_c t)\} \\ &= \mathrm{LPF}\{[(u(t)+a(t))\cos(\omega_c t) + (v(t)-b(t))\sin(\omega_c t)]\cos(\omega_c t)\} \\ &= \frac{1}{2}[u(t) + a(t)] \end{aligned} \tag{3.24}$$

式中，$\mathrm{LPF}\{\cdot\}$ 表示低通滤波器，其截止频率取基带最高信号频率，远小于载波频率 ω_c。

同理可得

$$\overline{v}(t) = \frac{1}{2}[v(t) - b(t)] \tag{3.25}$$

显然，经接收机恢复的 Hamilton 调制信号含有带限高斯噪声成分，因而在该噪声的影响下，重构的 Hamilton 振子 M 进制调制信号相轨迹的粗糙度将呈统计规律变化。

因带限高斯白噪声的相关函数表现为 sin c 函数,故就一般而言,带限高斯白噪声不是 i. i. d. 型的随机量,呈现一定程度的彩化特性,但是,如果对噪声选择合适的采样时刻,即选择的采样频率 f_s 满足采样定理,便可得到具有 i. i. d. 特性的噪声样本值。因此,在任一给定的时刻 $t = \Delta tk, \left(\Delta t = \dfrac{1}{f_s}\right), k = 0, 1, 2, \cdots$,对 $\bar{u}(t)$ 和 $\bar{v}(t)$ 采样可得到

$$\begin{cases} \bar{u}_t = \dfrac{1}{2}(u_t + a_t) \\ \bar{v}_t = \dfrac{1}{2}(v_t - b_t) \end{cases} \tag{3.26}$$

式中,u_t 和 v_t 是确定性变量;a_t 和 b_t 是方差为 σ_1^2 均值为零的 i. i. d. 型高斯随机变量,因而,$\bar{u}_t$ 和 $\bar{v}_t$ 也是 i. i. d. 型高斯随机变量,它们的均值和方差可分别算出为

$$\begin{cases} E(\bar{u}_t) = \dfrac{1}{2}E[(u_t + a_t)] = \dfrac{1}{2}E(u_t) = \dfrac{1}{2}[J + A\cos(2\pi f_0 t)] \\ E(\bar{v}_t) = \dfrac{1}{2}E[(v_t - b_t)] = \dfrac{1}{2}E(v_t) = \dfrac{1}{2}[K + A\sin(2\pi f_0 t)] \end{cases} \tag{3.27}$$

$$D(\bar{u}_t) = \dfrac{1}{4}E[(a_t)^2] = \dfrac{1}{4}E[(b_t)^2] = D(\bar{v}_t) = \dfrac{1}{4}\sigma_1^2 \tag{3.28}$$

$\bar{u}_t$ 和 $\bar{v}_t$ 的概率密度函数为

$$\begin{cases} f_{\bar{u}}(\bar{u}_t) = \dfrac{1}{\sqrt{2\pi \dfrac{1}{4}\sigma_1^2}} \exp\left\{ -\dfrac{[\bar{u}_t - E(\bar{u}_t)]^2}{\dfrac{1}{2}\sigma_1^2} \right\} \\ f_{\bar{v}}(\bar{v}_t) = \dfrac{1}{\sqrt{2\pi \dfrac{1}{4}\sigma_1^2}} \exp\left\{ -\dfrac{[\bar{v}_t - E(\bar{v}_t)]^2}{\dfrac{1}{2}\sigma_1^2} \right\} \end{cases} \tag{3.29}$$

由于 $\bar{u}_t$ 和 $\bar{v}_t$ 的均值分别代表 Hamilton 振子 M 进制调制信号相轨迹中心的横、纵坐标位置,因此,信道衰落和噪声对其相轨迹边界的影响等同于对其相轨迹中心的横、纵坐标所在位置的影响。

令 $\bar{u}_t - E(\bar{u}_t)$ 和 $\bar{v}_t - E(\bar{v}_t)$ 代表信道噪声影响下 Hamilton 振子 M 进制调制信号相轨迹粗糙度的横、纵坐标值,记为 $\Delta r_{\bar{u}} = \bar{u}_t - E(\bar{u}_t)$ 和 $\Delta r_{\bar{v}} = \bar{v}_t - E(\bar{v}_t)$,则由概率统计学理论和置信区间小于 0. 995 的条件,可得到

$$\begin{cases} P\left\{ \dfrac{|\bar{u}_t - E[\bar{u}_t]|}{\dfrac{1}{2}\sigma_1} \leqslant \delta_1 \right\} = 0.995 \\ P\left\{ \dfrac{|\bar{v}_t - E[\bar{v}_t]|}{\dfrac{1}{2}\sigma_1} \leqslant \delta_2 \right\} = 0.995 \end{cases} \tag{3.30}$$

式中,$\delta_1 = \delta_2 = 2.81$(可由标准正态分布表查出)。于是得到

$$\begin{cases} |\Delta r_{\bar{u}}| \leqslant \dfrac{1}{2}\delta_1\sigma_1 = 1.405\sigma_1 \\[2mm] |\Delta r_{\bar{v}}| \leqslant \dfrac{1}{2}\delta_2\sigma_1 = 1.405\sigma_1 \end{cases} \tag{3.31}$$

注意到通信系统的信噪比可表示为

$$SNR = \rho = \frac{E_{sav}}{N_0} = \frac{P_{sav}}{N_0 B_W} = \frac{P_{sav}}{\sigma_1^2} \tag{3.32}$$

在加性高斯白噪声下 Hamilton 振子 M 进制调制信号的符号平均功率 P_{sav} 可表示为

$$P_{sav} = \frac{1}{T}\int_0^T s_c^2(t)\,\mathrm{d}t = \frac{1}{T}\int_0^T [u^2(t) + v^2(t)]\cos^2(\omega_c t - \theta_m)\,\mathrm{d}t \tag{3.33}$$

式中,$\theta_m = \arctan\left(\dfrac{v}{u}\right)$;$B = \dfrac{1}{T} = R_m$,$T$ 为 Hamilton 振子 M 进制调制信号的符号周期,R_m 为符号传输速率。把 $u(t)$ 和 $v(t)$ 代入式(3.33)可算出 $P_{sav} = \dfrac{1}{2}(J^2 + K^2 + A^2)$。因此,可把式(3.31)进一步表示为

$$\begin{cases} |\Delta r_{\bar{u}}| \leqslant |\Delta r_{\bar{u}}|_{\max} = \dfrac{1}{2}\delta_1\sqrt{\dfrac{P_{sav}}{2\rho}} = 1.405\sqrt{\dfrac{J^2 + K^2 + A^2}{2\rho}} \\[3mm] |\Delta r_{\bar{v}}| \leqslant |\Delta r_{\bar{v}}|_{\max} = \dfrac{1}{2}\delta_2\sqrt{\dfrac{P_{sav}}{2\rho}} = 1.405\sqrt{\dfrac{J^2 + K^2 + A^2}{2\rho}} \end{cases} \tag{3.34}$$

式中,$|\Delta r_{\bar{u}}|$ 和 $|\Delta r_{\bar{v}}|$ 为接收机中重构的 Hamilton 振子 M 进制调制信号 $\bar{u}_t$ 和 $\bar{v}_t$ 的相轨迹的最大粗糙度或最大平均偏移距离。

上式表明,在接收机中重构的 Hamilton 振子 M 进制调制信号的相轨迹的粗糙度随 SNR 增加而减小。此外,由式(3.30)知,重构信号 $\bar{u}_t$ 和 $\bar{v}_t$ 的值将以 0.995 的概率落入下列区间

$$\begin{cases} \left(\dfrac{1}{2}\right)\times(J-A) - |\Delta r_{\bar{u}}|_{\max} \leqslant \bar{u}(t) \leqslant \left(\dfrac{1}{2}\right)\times(J+A) + |\Delta r_{\bar{u}}|_{\max} \\[3mm] \left(\dfrac{1}{2}\right)\times(K-A) - |\Delta r_{\bar{v}}|_{\max} \leqslant \bar{v}(t) \leqslant \left(\dfrac{1}{2}\right)\times(K+A) + |\Delta r_{\bar{v}}|_{\max} \end{cases} \tag{3.35}$$

因此,若要确定区域分割器的左右上下边界,只需利用式(3.34)算出 $|\Delta r_{\bar{u}}|_{\max}$ 和 $|\Delta r_{\bar{v}}|_{\max}$,即可由下式求出区域分割器的边界

$$\begin{cases} u_{L_0} = \left(\dfrac{1}{2}\right)\times(J-A) - |\Delta r_{\bar{u}}|_{\max} \\[3mm] u_{R_0} = \left(\dfrac{1}{2}\right)\times(J+A) + |\Delta r_{\bar{u}}|_{\max} \end{cases} \tag{3.36}$$

$$\begin{cases} v_{D_0} = \left(\dfrac{1}{2}\right)\times(K-A) - |\Delta r_{\bar{v}}|_{\max} \\[3mm] u_{U_0} = \left(\dfrac{1}{2}\right)\times(K+A) + |\Delta r_{\bar{v}}|_{\max} \end{cases} \tag{3.37}$$

式中,u_{L_0} 和 u_{R_0} 分别表示区域分割器的左、右边界;v_{U_0} 和 v_{D_0} 分别表示区域分割器的上、下边界。

综合上面理论分析结果,利用式(3.34),可绘制出信噪比与平均偏移最大距离的关系曲线如图 3.43 所示。

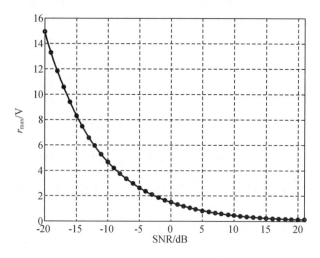

图 3.43 在 $J = K = 1$ V, $A = 0.5$ V 下 Hamilton 四进制混沌通信系统信噪比与恢复信号相轨迹最大粗糙度的关系图

由图可知, $|\Delta r_{\bar{u}}|_{\max}$ 和 $|\Delta r_v|_{\max}$ 随着信噪比 SNR 的增加而单调递减,这是因为信噪比增加,噪声能量减小,对混沌调制信号相轨迹的影响变小,因此相轨迹粗糙度变小。在常规通信中,如 QAM 或者 QPSK 系统中,误码率要求应大于 10^{-4} 数量级,对应的信噪比(信号检测门限)应该不低于 10 dB。因此在设计区域分割器时,应取信噪比为 10 dB 时对应的平均最大粗糙度 $|\Delta r_{\bar{u}}|_{\max}$ 和 $|\Delta r_v|_{\max}$ 来决定区域分割器的边界范围。

3.5.2 加性高斯彩色噪声对区域分割器边界范围的影响

3.5.1 节已从定量和定性两个方面给出了加性白噪声下 Hamilton 振子调制信号相轨迹粗糙度与信噪比的关系。

加性彩色噪声对 Hamilton 振子调制信号相轨迹的影响比白噪声情况要复杂很多,单纯从 Hamilton 振子调制信号相轨迹去研究该类噪声的影响,并给出区域分割器的区域边界设计比较困难。但注意到高斯彩色噪声具有可分为高斯白噪声成分和纯彩色噪声成分之和的特性,因此,本节将研究重点放在高斯彩色噪声对 Hamilton 振子调制信号相轨迹的影响上,即通过研究分别在高斯白噪声下和纯彩色噪声下给出确定区域分割器边界的方法[91]。

①窄带加性高斯白噪声处理方案

根据前面讨论可知,混沌 M 进制通信系统占用有限频带宽度,其接收机相当于一个窄带系统。因此,当信道中高斯彩色噪声中的高斯白噪声成分经过接收机(窄带系统)后,会变成窄带高斯白噪声(不具有独立同分布,相当于高斯彩色噪声)。在这种情况下,区域分割器的边界设计问题,可通过选取适当的噪声样本的办法将窄带高斯白噪声(高斯彩色噪声)转换为理想高斯白噪声后再进行解决。

因窄带高斯白噪声的自相关函数是 sinc 函数,故只要在 sinc 函数的过零点上进行采样,便可使得所有噪声样本点的统计特性不相关(即相互独立性——理想高斯白噪声的特性)。因此,其联合概率密度函数(似然比)可用每一噪声样本的概率密度函数的乘积求出。求出联合概率密度函数后,进一步可参照 3.5.1 节给出的概率统计学方法来确定区域分割器的边界范围。

②纯彩色噪声处理方案

因为纯彩色噪声的统计特性不独立,其自相关函数不能单纯地用 sinc 函数表达,所以对窄带高斯白噪声给出的处理方法已不再适用。但对此情况,可使用白化滤波技术,先把纯彩色噪声转化成高斯白噪声,然后再利用 3.5.1 节给出的概率统计学方法来确定区域分割器的边界范围。

基于如上思想,研究细节可分述如下。

首先,令

$$r(t) = s_c(t) + n(t) \tag{3.38}$$

式中,$s_c(t) = u(t)\cos(\omega_c t) + v(t)\sin(\omega_c t)$ 为射频 QAM 调制信号,$\omega_c = 2\pi f_c$ 为载波角频率;$u(t) = J + A\cos(2\pi f_0 t)$ 和 $v(t) = K + A\sin(2\pi f_0 t)$ 为 Hamilton 基带调制信号;$n(t)$ 为加性纯彩色噪声。

显然,$r(t)$ 经过白化滤波器后,虽能将彩色噪声白化,但 Hamilton 基带调制信号将发生畸变,故无法直接应用 3.5.1 节给出的概率统计学方法去设计区域分割器。为解决该问题,我们提出对 Hamilton 基带调制信号进行预失真的处理方法,即在发射机 Hamilton 振子调制信号之后设置预失真滤波器(逆白化滤波器),同时也在接收机区域分割器之前设置白化滤波器(白化器)。于是,在对纯彩色噪声进行白化处理的同时,也能将预失真的 Hamilton 基带调制信号复原,这样解决了将高斯白噪声下给出的区域分割器的设计方法(见 3.5.1 节)应用于纯彩色噪声下的区域分割器的设计问题。

综上分析可见,纯彩色噪声处理方案的关键是白化器和预失真器的设计问题,下面将对二者进行详细讨论。

1. 预白化处理方法

(1)利用频谱分解设计白化器

不失一般性,考虑具有功率谱 $G_x(\omega)$ 的平稳随机过程 $X(t)$,假设 $G_x(\omega)$ 可表示成为有理真分式形式,即

$$G_x(\omega) = a^2 \frac{(\omega + Z_1)\cdots(\omega + Z_n)}{(\omega + \beta_1)\cdots(\omega + \beta_m)}, \quad Z_n \neq \beta_m \tag{3.39}$$

式中,分子、分母为关于 ω 的多项式。此假设与常见的工程应用系统中的随机信号的功率谱有很高的契合度,且可用有理数去任意逼近它。

若平稳随机过程的功率谱 $G_x(\omega)$ 是非负的实偶函数,则可表示为

$$G_x(\omega) = \left[a \frac{(j\omega + a_1)\cdots(j\omega + a_k)}{(j\omega + \beta_1)\cdots(j\omega + \beta_l)} \right]\left[a \frac{(-j\omega + a_1)\cdots(-j\omega + a_k)}{(-j\omega + \beta_1)\cdots(-j\omega + \beta_l)} \right] \tag{3.40}$$

显然,其零、极点必对称于 $j\omega$ 轴。

将 ω 延拓到复平面 s:令 $s = \sigma + j\omega$,则 $G_x(\omega)$ 在 s 平面上的零、极点分布将具有类似图 3.44 所示的形式。

于是,令

$$G_x^+(\omega) = \left[a \frac{(j\omega + \alpha_1)\cdots(j\omega + \alpha_k)}{(j\omega + \beta_1)\cdots(j\omega + \beta_l)} \right] \tag{3.41}$$

$$G_x^-(\omega) = \left[a \frac{(-j\omega + \alpha_1)\cdots(-j\omega + \alpha_k)}{(-j\omega + \beta_1)\cdots(-j\omega + \beta_l)} \right] \tag{3.42}$$

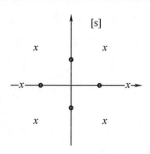

图 3.44　功率谱 $G_x(\omega)$ 在 s 平面的零、极点分布图

则有

$$G_x(\omega) = G_x^+(\omega)\big[\,G_x^+(\omega)\,\big]^* = G_x^+(\omega)\,G_x^-(\omega) \qquad (3.43)$$

式中，$G_x^+(\omega)$ 代表零、极点均在 s 左半平面的部分，$G_x^-(\omega)$ 代表零、极点均在 s 右半平面的部分。实质上，$G_x^+(\omega)$ 为右边信号，而 $G_x^-(\omega)$ 为左边信号。

由此可以求得白化滤波器 $H_1(\omega)$ 的解析式为

$$\big|\,H_1(\omega)\,\big|^2 = \frac{1}{G_x(\omega)} \qquad (3.44)$$

因为

$$\big|\,H_1(\omega)\,\big|^2 = H_1(\omega)\,H_1^*(\omega) = H_1(\omega)\,H_1(-\omega) \qquad (3.45)$$

$$G_x(\omega) = G_x^+(\omega)\,G_x^-(\omega) = G_x^+(\omega)\,G_x^+(-\omega) \qquad (3.46)$$

所以，有

$$H_1(\omega) = \frac{1}{G_x^+(\omega)} \qquad (3.47)$$

为运用拉氏变换进行分析计算，以 s 代替 $j\omega$，可得白化滤波器公式为

$$H_1(s) = \frac{1}{G_x^+(s)},\ s = \sigma + j\omega \qquad (3.48)$$

由式(3.48)知，白化滤波器 $H_1(\omega)$ 的时域响应为 $h_1(t)$。因为 $G_x^+(\omega)$ 零、极点在 s 左半平面，所以 $\dfrac{1}{G_x^+(\omega)}$ 的零、极点也是在 s 左半平面。故有 $h_1(t)$ 在 $t<0$ 时为零，因此，白化滤波器 $H_1(\omega)$ 是物理可实现的。

于是，利用图 3.45 所示的白化滤波器，对由 QAM 解调获得的含有纯彩色噪声的预失真基带 Hamilton 调制信号 $\bar{u}(t)$ 和 $\bar{v}(t)$ 处理后，纯彩色噪声将被转化为高斯白噪声，预失真的基带 Hamilton 调制信号 $\bar{u}(t)$ 和 $\bar{v}(t)$ 将被纠正为 $\tilde{u}(t)$ 和 $\tilde{v}(t)$。此时，信号 $\tilde{u}(t)$ 和 $\tilde{v}(t)$ 中混有的噪声已转化为高斯白噪声，因此，3.5.1 节给出的概率统计学方法就可被用于设计从 $\tilde{u}(t)$ 和 $\tilde{v}(t)$ 中解调基带数据信息的区域分割器的边界。而具体的白化滤波器可根据式(3.40)和(3.48)进行设计。

(2)通过相关域进行白化处理

当从接收机得到的数据观测时间相对较短时，可以采用分解噪声自相关函数的方法来设计白化滤波器。此方法的实现思路是，先从噪声样本建立噪声自相关矩阵 $\boldsymbol{R}_N = \boldsymbol{n}\boldsymbol{n}^{\mathrm{H}}$($n$ 为随机向量，由噪声样本构成；H 表示希尔伯特变换)，然后用变换矩阵 $\boldsymbol{L}$ 把它分解为 $\boldsymbol{L}\boldsymbol{D}_L\boldsymbol{L}^{\mathrm{H}}$

形式,最后用由变换矩阵构造的 L^{-1} 矩阵对有限长的观测数据序列进行滤波,即可完成白化处理过程(把纯彩色噪声转化为高斯白噪声的滤波运算)。

图 3.45　白化滤波器原理框图

注意到一般情况下,噪声自相关矩阵的对称性和其 LD_LL^H 分解的存在性。于是,由噪声自相关矩阵的矩阵分解式

$$R_N = LD_LL^H \tag{3.49}$$

可以得到

$$L^{-1}R_N(L^H)^{-1} = L^{-1}LD_LL^H(L^H)^{-1} = D_L \tag{3.50}$$

式中,矩阵 L 为归一化下三角矩阵,归一化元素在对角线上;矩阵 D_L 是对角阵。因 L 是下三角矩阵,故 L^{-1} 也是下三角矩阵。

进一步,由式(3.50)得知,D_L 应是由下式给出的随机向量的相关矩阵

$$w = L^{-1}n \tag{3.51}$$

由于 D_L 是对角阵,因此,随机向量 w 的各分量是相互正交的,这表明 w 呈现出的是高斯白噪声特性。可见,通过式(3.51)的矩阵变换,或称之为白化处理,利用变换矩阵 L^{-1} 可把具有纯彩色噪声特性的随机向量 n 转化成为具有高斯白噪声特性的随机向量 w。

实际上,任何一种形如下式的矩阵变换

$$w = An \tag{3.52}$$

只要变换矩阵 A 能使随机变量 n 正交化(例如正交矩阵变换),都能起到把各分量不独立的(纯彩色噪声)随机向量转化成为各分量相互独立的(高斯白噪声)随机向量的作用。

最后,需要指出,对由 QAM 解调获得的含有纯彩色噪声的预失真基带 Hamilton 调制信号 $\bar{u}(t)$ 和 $\bar{v}(t)$ 施以白化处理后,纯彩色噪声将被转化为高斯白噪声,而预失真的基带 Hamilton 调制信号 $\bar{u}(t)$ 和 $\bar{v}(t)$ 将被纠正为 $\tilde{u}(t)$ 和 $\tilde{v}(t)$。由于纯彩色噪声已被转化为高斯白噪声,因此,3.5.1 节给出的概率统计学方法可直接用于区域分割器的边界设计。

(3)通过自回归模型进行白化处理

假设彩色噪声由白噪声通过自回归滤波器(如 IIR 滤波器)产生,为获得该滤波器,一般需求解 Wiener 方程组。注意到自回归滤波器对高斯白噪声输入序列的滤波处理相当于卷积运算,因此有

$$n(n) = h(n) * w(n) \tag{3.53}$$

式中,$h(n)$ 表示自回归滤波器的冲激响应,$w(n)$ 表示白噪声输入序列,$n(n)$ 表示彩色噪声输出序列。

令 $h(n)$ 取全极点 p 阶自回归模型,则式(3.53)可用差分方程表示为

$$n(n) - \sum_{i=1}^{p} a_i n(n-i) = w(n) \tag{3.54}$$

式中,$a_i = h(i)$,$i = 1,2,\cdots,p$。

将差分方程两边同乘 $n(n-l)$,再取数学期望,得

$$R_N(l) - \sum_{i=1}^{p} a_i R_N(l-i) = R_{WN}(l) \tag{3.55}$$

因有

$$R_{WN}(l) = E[w(n)n(n-l)]$$

$$= E[w(n) \sum_{i=1}^{p} w(i)h(n-l-i)]$$

$$= \sum_{i=1}^{p} \sigma_W^2 \delta(n-i)h(n-l-i) = \sigma_W^2 h(-l) \tag{3.56}$$

故对式(3.55),依次令 $l = 1,2,\cdots,p$,则可得到下列方程

在 $l = 0$ 时 $\qquad\qquad \boldsymbol{R}_N(0) - \sum_{i=1}^{p} a_i \boldsymbol{R}_N(-i) = \sigma_W^2$

在 $l = 1$ 时 $\qquad\qquad \boldsymbol{R}_N(1) - \sum_{i=1}^{p} a_i \boldsymbol{R}_N(-i+1) = 0$

在 $l = 2$ 时 $\qquad\qquad \boldsymbol{R}_N(2) - \sum_{i=1}^{p} a_i \boldsymbol{R}_N(-i+2) = 0$

$\qquad\qquad\qquad\qquad\qquad \vdots$

在 $l = p$ 时 $\qquad\qquad \boldsymbol{R}_N(p) - \sum_{i=1}^{p} a_i \boldsymbol{R}_N(-i+2) = p$

把上述方程写成矩阵形式,则有

$$\boldsymbol{R}_N \boldsymbol{a}^T = \boldsymbol{r}^T \tag{3.57}$$

其中,

$$\boldsymbol{a}^T = [a_1, a_2, \cdots, a_p] \tag{3.58}$$

$$\boldsymbol{r}^T = [\boldsymbol{R}_N(1), \boldsymbol{R}_N(2), \cdots, \boldsymbol{R}_N(p)] \tag{3.59}$$

$$\boldsymbol{R}_N = \begin{bmatrix} \boldsymbol{R}_N(0) & \boldsymbol{R}_N(-1) & \boldsymbol{R}_N(-2) & \cdots & \boldsymbol{R}_N(-P+1) \\ \boldsymbol{R}_N(1) & \boldsymbol{R}_N(0) & \boldsymbol{R}_N(-1) & \cdots & \boldsymbol{R}_N(-P+2) \\ \boldsymbol{R}_N(2) & \boldsymbol{R}_N(1) & \boldsymbol{R}_N(0) & \cdots & \boldsymbol{R}_N(-P+3) \\ \vdots & \vdots & \vdots & & \vdots \\ \boldsymbol{R}_N(P-1) & \boldsymbol{R}_N(P-2) & \boldsymbol{R}_N(P-3) & \cdots & \boldsymbol{R}_N(0) \end{bmatrix} \tag{3.60}$$

显然,通过求解矩阵方程(3.57),可获得自回归滤波器的冲激响应 $h(n)$。进一步利用全极点 p 阶自回归模型,可确定白化器的脉冲响应函数为

$$H_w(z) = 1 - \sum_{i=1}^{p} a_i z^{-i} \tag{3.61}$$

利用白化器对由 QAM 解调获得的含有纯彩色噪声的预失真基带 Hamilton 调制信号 $\bar{u}(t)$ 和 $\bar{v}(t)$ 施以白化处理后,纯彩色噪声将被转化为高斯白噪声,而预失真的基带 Hamilton 调制信号 $\bar{u}(t)$ 和 $\bar{v}(t)$ 将被纠正为 $\tilde{u}(t)$ 和 $\tilde{v}(t)$。由于纯彩色噪声已被转化为高斯白噪声,因此,3.5.1 节给出的概率统计学方法可直接用于区域分割器的边界设计。

2. 预失真滤波器设计

如 3.5.2.1 节所述,对彩色噪声进行白化处理使之转化为高斯白噪声的同时,必然导致

基带 Hamilton 调制信号畸变,进而会影响到其相轨迹的形状变化,因此,若想沿用高斯白噪声对 Hamilton 调制信号相轨迹粗糙度影响的思路去设计区域分割器,必须在发射机中对 Hamilton 调制信号进行预失真处理。

预失真处理可通过在发射机产生的基带 Hamilton 调制信号 $u(t)$ 和 $v(t)$ 之后分别加入一个预失真滤波器来实现。考虑到加入该滤波器目的,只为消除由接收机中白化滤波器导致基带 Hamilton 调制信号畸变的影响,故应选择白化滤波器频率响应的逆变换作为其频率响应。

假定白化滤波器的频率响应为

$$H_w(z) = \frac{1}{G_x^+(z)} = \frac{A(z)}{B(z)} \tag{3.62}$$

那么预失真滤波器的频率响应,则应选取为

$$H(z) = H_w^{-1}(z) = G_x^+(z) = \frac{B(z)}{A(z)} \tag{3.63}$$

注意到 $H(z)$ 应是物理可实现的滤波器(即所有零极点都在单位圆内)且拥有逆变换,这项要求将导致接近零频的信号成分无法通过该滤波器。为了避免这种情况出现,有必要对基带 Hamilton 调制信号先进行上变频,再送给预失真滤波器,以确保信号 $u(t)$ 和 $v(t)$ 通过预失真滤波器时,不会造成有用频率分量损失。

3. 白化滤波器设计

白化滤波器应是物理可实现的滤波器,在通信系统中应被放置在接收机的射频解调器之后,其频率响应可表示为

$$H_w(z) = \frac{1}{G_x^+(z)} = \frac{A(z)}{B(z)} \tag{3.64}$$

有多种设计白化滤波器的方法可供使用,前面已给出了较为详细的讨论,此处不再细述。

4. 区域分割器的设计

尽管区域分割器在彩色噪声信道下的多进制混沌调制通信系统中的信号解调原理与在高斯白噪声信道下的多进制混沌调制通信系统中的信号解调原理是一样的,但是由于上、下变频器,预失真滤波器以及白化滤波器模块的增加,其区域边界的设计与白噪声情况下将有一些不同。下面针对彩色噪声情况下的区域分割器的边界设计问题给出深入理论分析[91]。

在彩色噪声信道下,接收机的接收信号可以表述为如下形式

$$r(t) = s_c(t) + n_c(t) \tag{3.65}$$

式中,$s_c(t) = u_c(t)\cos(\omega_c t) + v_c(t)\sin(\omega_c t)$,表示 QAM 射频调制发射信号,且有 $u_c(t) = |\alpha u_t(t)\cos(\omega_d t)|_{PF}$,$u_c(t) = |\alpha v_t(t)\cos(\omega_d t)|_{PF}$,$\alpha$ 表示上变频器的增益,ω_d 表示上变频频率,ω_c 表示载波频率;$u_t(t) = \pm J + A\cos(\omega_0 t)$,$v_t(t) = \pm K + A\sin(\omega_0 t)$,表示基带混沌调制单元的输出,$\omega_0$ 表示基带混沌信号的频率;$|\cdot|_{PF}$ 表示预失真滤波处理;$n_c(t)$ 表示加性高斯彩色噪声。此时,经过射频前端带通滤波器后的接收信号可以表示为

$$\begin{aligned}\overline{r(t)} &= \left|\left|\alpha u_t(t)\cos(\omega_d t)\cos(\omega_c t)\right|_{PF} + \left|\alpha v_t(t)\cos(\omega_d t)\sin(\omega_c t)\right|_{PF} + n_c(t)\right|_{BF_1} \\ &= \left|\frac{\alpha}{2}u_t(t)\cos(\omega_d + \omega_c)t\right|_{PF} + \left|\frac{\alpha}{2}v_t(t)\sin(\omega_d + \omega_c)t\right|_{PF} + |n_c(t)|_{BF_1}\end{aligned} \tag{3.66}$$

式中，$| \cdot |_{\mathrm{PF_1}}$ 表示通带中心频率为 $\omega_d + \omega_c$、带宽为 $2\omega_0$ 的带通滤波处理。

由于噪声是加性的，因此可将信号与噪声分别进行讨论[91]。

（1）信号部分

经过 QAM 射频解调后，同相通道信号 $\overline{u_c(t)}$ 可以表示为

$$\overline{u_c(t)} = \left| \left| \left| \frac{\alpha}{2} u_t(t) \cos(\omega_d + \omega_c) t \cos(\omega_c t) \right|_{\mathrm{PF}} + \left| \frac{\alpha}{2} v_t(t) \sin(\omega_d + \omega_c) t \cos(\omega_c t) \right|_{\mathrm{PF}} \right|_{\mathrm{PF_2}} + \right.$$
$$\left| \left| n_c(t) \right|_{\mathrm{BF_1}} \cos(\omega_c t) \right|_{\mathrm{BF_2}}$$
$$= \left| \frac{\alpha}{4} u_t(t) \cos(\omega_d t) \right|_{\mathrm{PF}} + \left| \frac{\alpha}{4} v_t(t) \sin(\omega_d t) \right|_{\mathrm{PF}} + \left| \left| n_c(t) \right|_{\mathrm{BF_1}} \cos(\omega_c t) \right|_{\mathrm{BF_2}} \quad (3.67)$$

式中，$| \cdot |_{\mathrm{PF_2}}$ 表示通带中心频率为 ω_d、带宽为 $2\omega_0$ 的带通滤波处理。

而经同相通道进入区域分割器之前的待解调信号可以表示为

$$\overline{u_t(t)} = \left| \left| \overline{u_c(t)} \right|_{\mathrm{WF}} \beta \cos(\omega_d t) \right|_{\mathrm{LF}}$$
$$= \left| \left| \left| \frac{\alpha}{4} u_t(t) \cos(\omega_d t) \right|_{\mathrm{PF}} \right|_{\mathrm{WF}} \beta \cos(\omega_d t) \right|_{\mathrm{LF}} +$$
$$\left| \left| \left| \frac{\alpha}{4} v_t(t) \sin(\omega_d t) \right|_{\mathrm{PF}} \right|_{\mathrm{WF}} \beta \cos(\omega_d t) \right|_{\mathrm{LF}} +$$
$$\left| \left| \left| \left| n_c(t) \right|_{\mathrm{BF_1}} \cos(\omega_c t) \right|_{\mathrm{BF_2}} \right|_{\mathrm{WF}} \beta \cos(\omega_d t) \right|_{\mathrm{LF}}$$
$$= \left| \frac{\alpha\beta}{4} u_t(t) \cos^2(\omega_d t) \right|_{\mathrm{LF}} + \left| \frac{\alpha\beta}{4} v_t(t) \sin(\omega_d t) \cos(\omega_d t) \right|_{\mathrm{LF}} +$$
$$\left| \left| \left| \left| n_c(t) \right|_{\mathrm{BF_1}} \cos(\omega_c t) \right|_{\mathrm{BF_2}} \right|_{\mathrm{WF}} \beta \cos(\omega_d t) \right|_{\mathrm{LF}}$$
$$= \frac{\alpha\beta}{8} u_t(t) + \left| \left| \left| \left| n_c(t) \right|_{\mathrm{BF_1}} \cos(\omega_c t) \right|_{\mathrm{BF_2}} \right|_{\mathrm{WF}} \beta \cos(\omega_d t) \right|_{\mathrm{LF}} \quad (3.68)$$

式中，$| \cdot |_{\mathrm{WF}}$ 表示白化滤波处理；$| \cdot |_{\mathrm{LF}}$ 表示截止频率为 ω_0 的低通滤波处理；β 表示下变频器的增益。

同理，QAM 射频解调后，经正交通道进入区域分割器之前的待解调信号可以表示为

$$\overline{v_t(t)} = \frac{\alpha\beta}{8} v_t(t) + \left| \left| \left| \left| n_c(t) \right|_{\mathrm{BF_1}} \sin(\omega_c t) \right|_{\mathrm{BF_2}} \right|_{\mathrm{WF}} \beta \cos(\omega_d t) \right|_{\mathrm{LF}} \quad (3.69)$$

（2）噪声部分

令彩色噪声 $n_c(t)$ 是平稳高斯随机过程，$\overline{n_c(t)}$ 是通过带通滤波器后的窄带高斯随机过程，可以表示为

$$\overline{n_c(t)} = \left| n_c(t) \right|_{\mathrm{BF_1}} = a(t)\cos(\omega_c + \omega_d)t - b(t)\sin(\omega_c + \omega_d)t \quad (3.70)$$

式中，$a(t)$ 和 $b(t)$ 都是具有彩色噪声特性的平稳随机过程。

QAM 射频解调和白化处理后，随同待解调信号 $\overline{u_t(t)}$ 和 $\overline{v_t(t)}$ 一起到达区域分割器前端的两路噪声可分别表示为

$$\overline{n_{cu}(t)} = \left| \left| \left| \left| n_c(t) \right|_{\mathrm{BF_1}} \cos(\omega_c t) \right|_{\mathrm{BF_2}} \right|_{\mathrm{WF}} \beta \cos(\omega_d t) \right|_{\mathrm{LF}}$$
$$= \left| \left| \left| \left[a(t)\cos(\omega_c + \omega_d)t - b(t)\sin(\omega_c + \omega_d)t \right] \cos(\omega_c t) \right|_{\mathrm{BF_2}} \right|_{\mathrm{WF}} \beta \cos(\omega_d t) \right|_{\mathrm{LF}}$$
$$= \left| \left[\frac{1}{2}\overline{a(t)}\cos(\omega_d t) - \frac{1}{2}\overline{b(t)}\sin(\omega_d t) \right] \beta \cos(\omega_d t) \right|_{\mathrm{LF}}$$
$$= \frac{1}{4}\beta \overline{a(t)} \quad (3.71)$$

和

$$
\begin{aligned}
\overline{n_{cv}(t)} &= \Big|\ \big|\ \big|\ |n_c(t)|_{BF_1}\sin(\omega_c t)\ \big|_{BF_2}\ \big|_{WF}\beta\cos(\omega_d t)\ \Big|_{LF} \\
&= \Big|\ \big|\ \big|\ [a(t)\cos(\omega_c+\omega_d)t - b(t)\sin(\omega_c+\omega_d)t]\sin(\omega_c t)\ \big|_{BF_2}\ \big|_{WF}\beta\cos(\omega_d t)\ \Big|_{LF} \\
&= \Big|\ \big[\ -\frac{1}{2}\overline{a(t)}\sin(\omega_d t) - \frac{1}{2}\overline{b(t)}\cos(\omega_d t)\big]\beta\cos(\omega_d t)\ \Big|_{LF} \\
&= \frac{1}{4}\beta\,\overline{b(t)}
\end{aligned}
\tag{3.72}
$$

式中,$\overline{a(t)}$ 和 $\overline{b(t)}$ 是具有高斯白噪声特性的随机过程。

因此,区域分割器前端两路待解调的混沌调制信号可以分别表示为

$$
\overline{u_t(t)} = \frac{\alpha\beta}{8}u_t(t) + \frac{1}{4}\beta\,\overline{a(t)}
\tag{3.73}
$$

和

$$
\overline{v_t(t)} = \frac{\alpha\beta}{8}v_t(t) - \frac{1}{4}\beta\,\overline{b(t)}
\tag{3.74}
$$

式中,$u_t(t)$ 和 $v_t(t)$ 是确定性变量;$\overline{a(t)}$ 和 $\overline{b(t)}$ 是零均值、方差为 σ_1^2 的高斯随机变量。

注意到窄带高斯白噪声的相关函数在时域上表现为 sinc 函数,如果选择合适的采样率,则经过采样得到的样本值将是统计独立的。在合适的时刻 t,对 $\overline{u_t(t)}$ 和 $\overline{v_t(t)}$ 进行采样可得

$$
\begin{cases}
\overline{u}_t = \dfrac{1}{8}\alpha\beta u_t + \dfrac{1}{4}\beta a_t \\[2mm]
\overline{v}_t = \dfrac{1}{8}\alpha\beta v_t - \dfrac{1}{4}\beta b_t
\end{cases}
\tag{3.75}
$$

式中,$\overline{u}_t$ 和 $\overline{v}_t$ 也是高斯随机变量,它们的均值和方差表示如下

$$
\begin{cases}
E[\overline{u}_t] = \dfrac{1}{2}E[(u_t+a_t)] = \dfrac{1}{8}\alpha\beta E[u_t] = \dfrac{1}{8}\alpha\beta[J + A\cos(2\pi f_0 t)] \\[2mm]
E[\overline{v}_t] = \dfrac{1}{2}E[(v_t-b_t)] = \dfrac{1}{8}\alpha\beta E[v_t] = \dfrac{1}{8}\alpha\beta[K + A\sin(2\pi f_0 t)]
\end{cases}
\tag{3.76}
$$

$$
D[\overline{u}_t] = \frac{1}{16}\beta^2 E[(a_t)^2] = \frac{1}{16}\beta^2 E[(b_t)^2] = D[\overline{v}_t] = \frac{1}{16}\beta^2\sigma_1^2
\tag{3.77}
$$

于是,可得 $\overline{u}_t$ 和 $\overline{v}_t$ 的概率密度函数为

$$
\begin{cases}
f_u(\overline{u}_t) = \dfrac{1}{\sqrt{2\pi\,\dfrac{1}{16}\beta^2\sigma_1^2}}\exp\left\{-\dfrac{[\overline{u}_t - E(\overline{u}_t)]^2}{\dfrac{1}{8}\beta^2\sigma_1^2}\right\} \\[6mm]
f_v(\overline{v}_t) = \dfrac{1}{\sqrt{2\pi\,\dfrac{1}{16}\beta^2\sigma_1^2}}\exp\left\{-\dfrac{[\overline{v}_t - E(\overline{v}_t)]^2}{\dfrac{1}{8}\beta^2\sigma_1^2}\right\}
\end{cases}
\tag{3.78}
$$

因 $\overline{u}_t$ 和 $\overline{v}_t$ 的均值表示 Hamilton 调制信号相轨迹中心的横、纵坐标,故可见该轨迹的中心位置会在信道衰落和噪声的影响下发生偏移。

令 $\bar{u}_t - E(\bar{u}_t)$ 和 $\bar{v}_t - E(\bar{v}_t)$ 分别表示 Hamilton 调制信号相轨迹受噪声影响后距离原轨迹的偏移距离的横、纵坐标,则可用 $\Delta r_{\bar{u}} = \bar{u}_t - E(\bar{u}_t)$ 和 $\Delta r_{\bar{v}} = \bar{v}_t - E[\bar{v}_t]$ 表示受噪声影响的 Hamilton 调制信号相轨迹的粗糙度。根据统计学理论,为了能够准确解调信号,将置信区间设置成如下形式

$$\begin{cases} p\left\{ \dfrac{|\bar{u}_t - E(\bar{u}_t)|}{\frac{1}{4}\beta\sigma_1} \leqslant \delta_1 \right\} = 0.995 \\[4mm] p\left\{ \dfrac{|\bar{v}_t - E(\bar{v}_t)|}{\frac{1}{4}\beta\sigma_1} \leqslant \delta_2 \right\} = 0.995 \end{cases} \tag{3.79}$$

其中 $\delta_1 = \delta_2 = 2.81$,因此,有

$$\begin{cases} |\Delta r_{\bar{u}}| \leqslant \dfrac{1}{4}\beta\delta_1\sigma_1 = 0.702\,5\beta\sigma_1 \\[4mm] |\Delta r_{\bar{v}}| \leqslant \dfrac{1}{4}\beta\delta_2\sigma_1 = 0.702\,5\beta\sigma_1 \end{cases} \tag{3.80}$$

另一方面,整个混沌多进制通信系统在加性彩色噪声信道下的信噪比可表示如下

$$P_{\text{sav}} = \frac{1}{T}\int_0^T s_c^2(t)\,\mathrm{d}t = \frac{1}{T}\int_0^T [u^2(t) + v^2(t)]\cos^2(\omega_c t - \theta_m)\alpha^2\cos^2\omega_d t\,\mathrm{d}t \tag{3.81}$$

式中,$\theta_m = \arctan\left(\dfrac{v}{u}\right)$;$\omega_d$ 表示上变频的频率;T 表示 Hamilton 振子 M 进制调制信号的符号周期。

代入 $u(t)$ 和 $v(t)$ 可算出 $P_{\text{sav}} = \dfrac{1}{4}\alpha^2(J^2 + K^2 + A^2)$,因此有

$$\begin{cases} |\Delta r_{\bar{u}}| \leqslant |\Delta r_{\bar{u}}|_{\max} = \dfrac{1}{4}\beta\delta_1\sqrt{\dfrac{P_{\text{sav}}}{\rho}} = 0.351\,25\alpha\beta\sqrt{\dfrac{J^2 + K^2 + A^2}{\rho}} \\[5mm] |\Delta r_{\bar{v}}| \leqslant |\Delta r_{\bar{v}}|_{\max} = \dfrac{1}{4}\beta\delta_2\sqrt{\dfrac{P_{\text{sav}}}{\rho}} = 0.351\,25\alpha\beta\sqrt{\dfrac{J^2 + K^2 + A^2}{\rho}} \end{cases} \tag{3.82}$$

于是,区域分割器的边界可以表示为

$$\begin{cases} u_{\text{L}_0} = \left(\dfrac{\alpha\beta}{8}\right) \times (J - A) - |\Delta r_{\bar{u}}|_{\max} \\[4mm] u_{\text{R}_0} = \left(\dfrac{\alpha\beta}{8}\right) \times (J + A) + |\Delta r_{\bar{u}}|_{\max} \end{cases} \tag{3.83}$$

$$\begin{cases} v_{\text{D}_0} = \left(\dfrac{\alpha\beta}{8}\right) \times (K - A) - |\Delta r_{\bar{v}}|_{\max} \\[4mm] v_{\text{U}_0} = \left(\dfrac{\alpha\beta}{8}\right) \times (K + A) + |\Delta r_{\bar{v}}|_{\max} \end{cases} \tag{3.84}$$

3.6　接收机中的位同步问题

同步是指使收发两端的信号在时间上步调一致,包括载波同步、位同步和群同步三种[92-94]。在相干解调中,要求接收端产生一个参考载波,而该参考载波的频率相位必须与发射端同频同相,产生这种参考载波的技术称为载波同步技术;同理,在对接收的码元进行处理时,也要求接收端产生一个与发端同频同相的码元时钟,产生这种码元时钟的技术称为位同步技术。同步技术是同步通信系统中的核心前提,其好坏直接影响通信系统的性能。

3.6.1　载波同步

载波同步基本方法有两种,第一种是插入导频法,第二种是直接法。本节介绍通过直接法对调制信号进行非线性变换,再从中提取载波的技术。非线性变换主要用到平方变换法和同相正交环法。

1. 平方变换法

令基带信号 $m(t)$ 不含直流分量,则经过 DSB 调制后的信号可表示为

$$s(t) = m(t)\cos(\omega_c t) \tag{3.85}$$

式中,ω_c 为载波频率。

对式(3.85)进行平方变换后,可得到

$$e_0(t) = m^2(t)\cos^2(\omega_c t) = \frac{m^2(t)}{2} + \frac{1}{2}m^2(t)\cos(2\omega_c t) \tag{3.86}$$

式中,第一项不含载波信息,第二项包含 $2\omega_c$ 频率分量。因此,可用一个窄带滤波器将 $2\omega_c$ 频率分量滤出,然后经过二分频即可获得载频 ω_c。其载波恢复原理如图 3.46 所示。

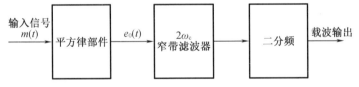

图 3.46　平方变换法提取载波

由于窄带滤波器的信号跟踪、记忆能力欠佳,而且过窄的通带宽度难于实现,因此实际应用中常用锁相环来替代窄带滤波器。若平方变换法中采用锁相环提取载波则称为平方环法,其实现方案如图 3.47 所示,图中 PD 为鉴相器(phase detector,PD),VCO 为压控振荡器(voltage-controlled oscillator ,VCO)。

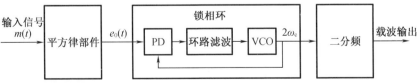

图 3.47　平方环法提取载波

2. 同相正交环法

同相正交环法的原理如图 3.48 所示。

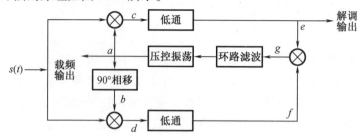

图 3.48　同相正交环法提取载波

图中,送入两个相乘器的本地参考信号分别为 VCO 同相输出信号 $\cos(\omega_c t + \theta)$ 和正交输出信号 $\sin(\omega_c t + \theta)$;载波提取利用锁相环来完成。

设输入的抑制载波双边带信号为 $m(t)\cos(\omega_c t)$,则有

$$c = m(t)\cos(\omega_c t)\cos(\omega_c t + \theta) = \frac{1}{2}m(t)\left[\cos\theta + \cos(2\omega_c t + \theta)\right] \tag{3.87}$$

$$d = m(t)\cos(\omega_c t)\sin(\omega_c t + \theta) = \frac{1}{2}m(t)\left[\sin\theta + \sin(2\omega_c t + \theta)\right] \tag{3.88}$$

低通滤波器输出可表示为

$$e = \frac{1}{2}m(t)\cos(\theta) \tag{3.89}$$

$$f = \frac{1}{2}m(t)\sin(\theta) \tag{3.90}$$

将 e 和 f 送入乘法器可得到 g,其表达式为

$$g = ef = \frac{1}{8}m^2(t)\sin(2\theta) \tag{3.91}$$

式中,θ 表示输入调制信号载波与压控振荡器输出信号之间的相位误差。当 θ 较小时有

$$g \approx \frac{1}{4}m^2(t)\theta \tag{3.92}$$

由上式可知,g 的大小与相位误差 θ 成正比,它相当于鉴相器的输出,用 g 去调整 VCO 输出信号的相位,最后使稳态相差减小到很小的数值,此时 VCO 的输出给出所需要提取的载波。

下面是一个采用同相正交法提取载波的仿真实例,由 SystemView 系统仿真软件中的科斯塔斯(costas)环模块完成,costas 环的工作原理如图 3.49 所示。

图中,Token 0 产生射频调制信号;Token 3 为 VCO,输出同相和正交本地载波信号;Token 9 ~ 12 是环路滤波器;Token 5 ~ 6 用于观察恢复的同相和正交载波信号。

3.6.2　位同步电路设计

与载波同步情况类似,对于本身不包含位同步信号的基带信号,需要通过位同步以实现基带信号的准确恢复。位同步恢复也有两种方法,插入导频法和直接法。一般直接从数字信号中获取位同步信号,这样不需要专门发送导频,可以提高信号发射功率效率。因此,

本节仅对直接法进行介绍。

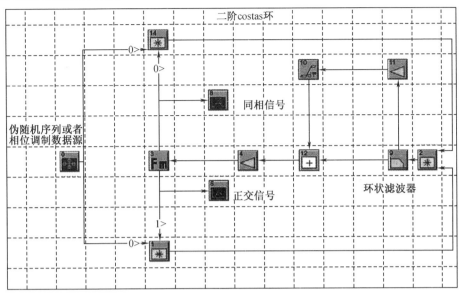

图 3.49　二阶 costas 环仿真系统

由于信道噪声、衰落及多径传播等因素的影响,基带混沌解调器输出的信号波形,在每个符号持续周期边沿处会发生抖动,出现尖峰或者凹陷。因此,为了准确恢复出原始数字信息,需要精确提取出符号同步时钟,再用它定时在每个符号持续周期的中间位置进行抽取来消除符号抖动的影响。现给出符号同步电路设计,如图 3.50 所示。

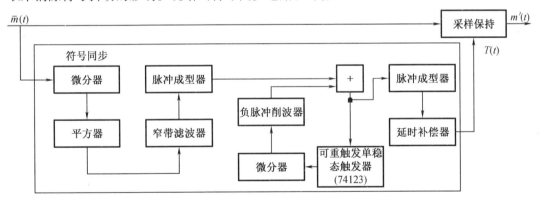

图 3.50　Hamilton 振子的 M 进制混沌通信系统的符号同步电路设计

图中,输入信号 $\bar{m}(t)$ 为混沌基带信号解调器输出的基带多进制数字信息,即由区域分割器输出的基带信号。

该同步电路依据非线性变换 – 滤波思想[95],从符号切换的边沿跳跃信息中提取同步时钟。不失一般性,为便于推导,设输入的基带信号为二进制数据源(多进制数据情况与此相似)为

$$\bar{m}(t) = \sum_{k=-\infty}^{\infty} A_k g(t - kT_b) \tag{3.93}$$

式中，A_k 为以等概率取 $+A$、$-A$ 的调制符号，且相互统计独立，即

$$E(A_i A_j) = \begin{cases} A^2, & i = j \\ 0, & i \neq j \end{cases} \tag{3.94}$$

$g(t)$ 表示单个符号的脉冲成型函数，这里采用矩形脉冲作为成型函数，有

$$g(t) = \begin{cases} 1, & 0 \leq t \leq T_b \\ 0, & \text{其他} \end{cases} \tag{3.95}$$

式中，T_b 为调制符号（码元）宽度。

$\overline{m}(t)$ 经过微分器和平方器相当于进行如下变换

$$\left[\frac{\mathrm{d}\overline{m}(t)}{\mathrm{d}t}\right]^2 \approx \left[\frac{\overline{m}(t) - \overline{m}(t - \Delta t)}{\Delta t}\right] = \frac{2A^2}{\Delta t^2} - \frac{2\overline{m}(t)\overline{m}(t - \Delta t)}{\Delta t^2} \tag{3.96}$$

这里 Δt 为系统采样间隔，且 $\Delta t \ll T_b$，式（3.96）中第一项为直流项，第二项等效为输入信号的延迟相乘，因此有

$$\overline{m}(t)\overline{m}(t - \Delta t) = \sum_{i=-\infty}^{\infty} A_i g(t - iT_b) \sum_{i=-\infty}^{\infty} A_j g(t - \Delta t - jT_b) \tag{3.97}$$

进一步可得到该项的双边功率谱密度为

$$S_v(f) = A^4\left[\left(1 - \frac{\Delta t}{T_b}\right)^2 \delta(f) + \left(\frac{\Delta t}{T_b}\right)^2 \sum_{\substack{n=-\infty \\ n \neq 0}}^{\infty} \mathrm{sinc}^2\left(\frac{n\pi\Delta t}{T_b}\right)\delta\left(f + \frac{n}{T_b}\right) + \left(\frac{\Delta t}{T_b}\right)^2 \sin c^2(\pi f \Delta t)\right]$$

$$\tag{3.98}$$

式中，$\mathrm{sinc}(x) = \dfrac{\sin x}{x}$，第一项为直流成分，第二项为符号时钟分量及各高次谐波，第三项为连续谱。当 $\Delta t = \dfrac{T_b}{2}$，$n = \pm 1$ 时，第二项为

$$\frac{1}{4}A^4 \mathrm{sinc}^2\left(\frac{\pi}{2}\right)\left[\delta\left(f + \frac{1}{T_b}\right) + \delta\left(f - \frac{1}{T_b}\right)\right] \tag{3.99}$$

是符号时钟的离散谱。

因此，微分器被用来提取基带信号 $\overline{m}(t)$ 的符号边沿信息，用平方器生成符号频率的倍频分量，用窄带滤波滤除信道噪声和提取符号信息的倍频分量，然后经脉冲整形后，用于同步本地振荡器，使之振荡在符号速率的倍频上。本地振荡器为由可重触发单稳态触发器、微分器、负脉冲削波器和加法器组成的具有同步端的多谐振荡器，主要用于自动产生符号同步时钟。延迟补偿器主要用于使同步时钟与基带信号符号周期的中心点对齐，以保证通过符号抽取可精确地恢复出符号信息 $\widetilde{m}(t)$。实现 M 进制混沌通信系统符号同步电路的仿真系统如图 3.51 所示。

图中，Token 25 为基带信号输入端；Token 103 是微分器；Token 104 是脉冲成型器；Token 50 是抽样器，用来降低信号样本量和增加仿真系统运行速度；Token 29 是窄带滤波器；Token 30 是脉冲成型器，产生频率与符号速率相同的信号；Token 21~22 为重触发单稳态触发器、Token 24 是微分器、Token 23 是负脉冲削波器、Token 28 是加法器，它们共同组成具有同步端的多谐振荡器，并自动产生符号同步时钟。Token 31、32 和 27 共同完成在每个符号持续周期的中间位置产生符号抽取同步时钟的任务；Token 26 为符号抽取同步时钟的

输出端。

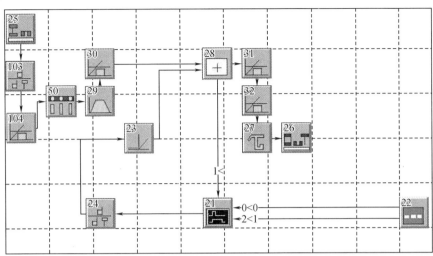

图 3.51　M 进制混沌通信系统同步电路仿真

3.7　基带信息恢复与匹配滤波

为了在解调端实现基带信息的恢复,需要对区域分割器输出的原始基带信息进行线性滤波,而最佳线性滤波器的设计通常有两种准则:一种是使滤波器输出的信号波形与发送信号波形之间的均方误差最小,由此导出的最佳线性滤波器称为维纳滤波器;另一种是使滤波器输出信噪比在某一特定时刻达到最大,由此导出的最佳线性滤波器称为匹配滤波器。在数字通信中,匹配滤波器具有更广泛的应用。鉴于 3.6 节给出的位同步方法已可用于匹配滤波的同步时钟设计,本节将主要讨论基带信息恢复所需的匹配滤波器的设计与实现问题[96]。

1. 匹配滤波器的基本原理

设接收滤波器的传输函数为 $H(f)$,冲激响应为 $h(t)$,滤波器输入信号码元 $s(t)$ 的持续时间为 T_s,含噪输入信号 $r(t)$ 为

$$r(t) = s(t) + n(t), \quad 0 \leqslant t \leqslant T_s \tag{3.100}$$

式中,$s(t)$ 为信号码元;$n(t)$ 为加性高斯白噪声。设 $s(t)$ 的频谱密度函数为 $S(f)$,噪声 $n(t)$ 的双边功率谱密度为 $P_n(f) = \dfrac{N_0}{2}$,N_0 为噪声单边功率谱密度。

假定滤波器是线性的,根据线性电路叠加原理,当滤波器输入电压 $r(t)$ 中包括信号和噪声两部分时,滤波器的输出 $y(t)$ 中也包含信号 $s_0(t)$ 和噪声 $n_0(t)$ 两部分,即

$$y(t) = s_0(t) + n_0(t) \tag{3.101}$$

式中,$s_0(t) = \displaystyle\int_{-\infty}^{\infty} H(f) S(f) \mathrm{e}^{\mathrm{j}2\pi f_t}\mathrm{d}f$。

在抽样时刻 t_0,输出信号瞬时功率与噪声平均功率之比为

$$r_0 = \frac{|s_0(t_0)|^2}{N_0} = \frac{\left|\int_{-\infty}^{\infty} H(f)S(f)\,e^{j2\pi f t_0}\,df\right|^2}{\frac{n_0}{2}\int_{-\infty}^{\infty} |H(f)|^2\,df} \tag{3.102}$$

引用施瓦兹不等式,可得

$$r_0 \leqslant \frac{\int_{-\infty}^{\infty} |H(f)|^2\,df \int_{-\infty}^{\infty} |S(f)|^2\,df}{\frac{n_0}{2}\int_{-\infty}^{\infty} |H(f)|^2\,df} = \frac{\int_{-\infty}^{\infty} |S(f)|^2\,df}{\frac{n_0}{2}} = \frac{2E}{n_0} \tag{3.103}$$

式中, $E = \int_{-\infty}^{\infty} |S(f)|^2\,df$ 为信号码元的能量。

由施瓦兹不等式知,当

$$H(f) = kS^*(f)e^{-j2\pi f t_0} \tag{3.104}$$

时,即 $h(t)=ks(t_0-t)$ (滤波器冲激响应取时反版的信号码元)时,式(3.103)的等号成立,给出最大输出信噪比 $r_{0\max} = \frac{2E}{n_0}$。

式(3.104)表明, $H(f)$ 就是我们要找的最佳接收滤波器的传输特性,它等于信号码元频谱的复共轭,故称此类滤波器为匹配滤波器。

2. 匹配滤波器的意义

经由混沌解调器输出的信号,在进行最后的抽样判决前,还需要对它进行线性滤波,以期从中恢复出原始的基带信息。由数字信号的判决原理我们知道,抽样判决器输出数据正确与否,与滤波器输出信号波形和发送信号波形之间的相似程度无关,即与滤波器输出信号波形的失真程度无关,而只取决于抽样时刻信号的瞬时功率与噪声平均功率之比,即信噪比。信噪比越大,错误判决的概率就越小;反之,信噪比越小,错误判决的概率就越大。匹配滤波器使得输出信号具有最大输出信噪比,而这一条件可以获得最小的误码率。对于通信系统而言,实现信息准确传输是第一要务,因此,误码率就成为衡量通信系统好坏的最重要的指标。同时,匹配滤波器是一种有利于信号,不利于噪声的加权方式,而经过区域分割器输出的信号不可避免的混有各种噪声,且这些噪声通常都具有高斯白噪声特性,因此,运用匹配滤波器是实现基带信息恢复的最佳选择。

3. 匹配滤波器的设计

选定了匹配滤波器作为接收端的线性滤波器后,还要考虑到一个实际的问题:匹配滤波器应该是物理可实现的,其冲激响应必须符合因果关系,也就是:在输入冲激脉冲加入前不应该有冲激响应出现,即 $t<0$ 时,必须有: $h(t)=0$,这等同于要求: $t<0$ 时, $s(t_0-t)=0$ 及 $t>t_0$ 时, $s(t)=0$,换言之,即接收滤波器输入端的信号码元 $s(t)$ 在抽样时刻 t_0 之后必须为零。故通常选择在码元末尾抽样,即选 $t_0=T$ (T 为码元持续时间)。于是,可确定匹配滤波器的冲激响应为

$$h(t) = ks(T-t) \tag{3.105}$$

此时,若匹配滤波器的输入电压为 $s(t)$,则输出信号码元的波形为

$$s_0(t) = \int_{-\infty}^{\infty} s(t-\tau)h(\tau)\mathrm{d}\tau = k\int_{-\infty}^{\infty} s(t-\tau)s(T-\tau)\mathrm{d}\tau = kR(t-T) \qquad (3.106)$$

上式表明,匹配滤波器输出信号码元波形是输入信号码元波形的自相关函数的 k 倍,通常取 $k=1$。

对于二进制输入信号而言,匹配滤波器的算法可按图 3.52 所示的实现方案搭建,即由积分器、延迟电路和加法器组成,经过匹配滤波器前后的信号波形如图 3.53 所示。

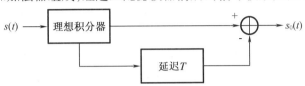

图 3.52　匹配滤波器算法实现方案

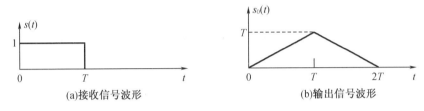

(a)接收信号波形　　　　　　　(b)输出信号波形

图 3.53　匹配滤波器波形

4. 积分－清洗滤波器

在 3.2.3 中,我们作为低通滤波器介绍过积分－清洗滤波器,电路图如图 3.8 所示,将匹配滤波器的方框图 3.52 与图 3.8 所示的积分－清洗滤波器进行比较不难发现,积分－清洗滤波器同时也是一种匹配滤波器,电阻电容 RC 构成积分器,位同步控制抽样开关在特定时刻 T 抽样输出即实现了信号的延迟。因此,我们选用的积分－清洗滤波器实际上起到了两方面的作用:一是可实现匹配滤波,得到最大输出信噪比;二是同时可实现低通滤波。由于区域分割器输出的信号中不可避免的含有各种噪声,因此,以积分－清洗滤波器对信号进行匹配滤波处理,既可获得良好的基带信息恢复效果,而且工程实现起来也花费较低。

第4章 混沌振子接收机的设计与实现

在前两章中,我们已经详细介绍了使用 Duffing 振子产生混沌调制信号和完成对混沌调制信号解调的原理和方法。实际上,Duffing 振子除了可用于混沌调制和解调外,也可用于解调具有常规(非混沌)调制模式的通信信号,例如 BPSK 信号或 DPSK 信号。本章将围绕着如何利用 Duffing 振子构建 DPSK 信号接收机的问题展开讨论,内容将涉及接收机性能的主要评价指标,Duffing 振子检测 DPSK 信号的原理,同频 Duffing 振子阵列的构建方法,Duffing 振子 DPSK 接收机设计及硬件搭建问题。最后给出了基于 Duffing 振子的混沌数字接收机的实现电路和性能评价结果。

4.1 常用的接收机性能评价技术指标

通信系统的性能,需通过若干技术参数和指标来表征,混沌振子接收机也不例外。当评价一个通信系统的性能优劣时,工程上,常用信噪比门限、灵敏度、噪声系数、选择性、信号带宽、动态范围、增益、误码率等技术指标对其进行评测。鉴于此,为便于使用这些技术指标,下面对其中较为重要的几种接收机性能指标进行介绍。

1. 信噪比和信噪比门限

在无线通信中,通信信号经过信道传输与信道噪声同时到达并进入接收机。因信道传输特性的不同,噪声特性往往呈现较大差异,其影响根据信道特性的不同,可考虑为白噪声或彩色噪声。此外,从噪声与信号混合的方式看,其影响又可分为加性的或乘性的。不失一般性,为简洁起见,下面的分析讨论只针对 AWGN 信道进行。

加性高斯白噪声由人为噪声、环境噪声和接收机内部噪声组成。衡量信号中混有噪声的多少,常采用信噪比参数来表达。信噪比的定义为:信号功率与落入信号带宽内的噪声功率之比[85]。

例如,令接收机输入信号用 $s_i(t)$ 表示,加性高斯白噪声用 $n(t)$ 表示,二者在接收机中经放大,并由带宽为 B 的带通滤波器滤除带外噪声后被送入解调器。

假定送入解调器的待解调信号为幅度等于 A 的正弦信号,噪声的单边功率谱密度为 n_0,则待解调信号和噪声的平均功率分别为

$$S_i = \overline{s_i^2(t)} = \frac{1}{2}A^2 \tag{4.1}$$

$$N_i = \overline{n_i^2(t)} = n_0 B \tag{4.2}$$

于是,解调器的输入信噪比可表示为

$$\frac{S_i}{N_i} = \frac{\overline{s_i^2(t)}}{\overline{n_i^2(t)}} = \frac{\frac{1}{2}A^2}{n_0 B} \tag{4.3}$$

根据信噪比的定义可知,在信号能量保持不变的条件下,信噪比越大,信号中混有的噪声能量越小;反之,信噪比越小,信号中混有的噪声能量越大。因此,信噪比越小,接收机接收(解调)信号的误码率就会越高。

为了表示接收机对抗加性高斯白噪声的能力,即抗噪性能,工程上常用信噪比门限作为衡量接收机性能的一个指标[85]。显然,在相同误码率要求下,接收机的信噪比门限越低,则其抗噪性能就越好,因为信噪比门限等于接收机在规定误码率条件下的输入信噪比。

2. 灵敏度和噪声系数

灵敏度是表征接收机可接收最低功率有用信号的一个参数。它与三个因素有关系,即信号带宽内的热噪声功率、系统的噪声系数、系统能正常接收信号所需要的最小信噪比。由于信号带宽内的热噪声经过接收机后,将被放大 NF 倍,因此,要想让经过接收机的有用信号不被淹没在热噪声中,即无法识别,就必须要求有用信号功率比噪声功率大 SNR 倍。于是,可得灵敏度的数学定义为

$$S = 10\lg(KTB) + NF + SNF = P_N + SNR \tag{4.4}$$

式中,S 为接收灵敏度,单位是 dBm;K 为波尔兹曼常数,单位是 J/K;T 为绝对温度,单位是 K;B 表示信号带宽,单位是 Hz;KTB 代表信号带宽内的热噪声功率;NF 表示系统的噪声系数,单位是 dB;SNR 表示信号解调所需的信噪比,单位是 dB;P_N 表示系统底噪声,单位是 dBm[97]。

由式(4.4)可知,灵敏度取决于接收机系统的底噪声和输入信号的特性。而接收机系统的底噪声与噪声系数有关。噪声系数是度量接收机系统的固有噪声对其检测性能影响程度的一个参数,被定义为接收机输入信噪比与输出信噪比的比值[98],即

$$NF = \frac{S_i/N_i}{S_o/N_o} \tag{4.5}$$

对接收机而言,噪声系数表征其内部噪声的大小。若 $NF = 1$,则说明接收机内部没有噪声,显然,这是一种理想情况。

3. 选择性和信号带宽

选择性表示接收机可从输入信号中分离出某种或某些频率信号且滤除邻频干扰的能力。选择性与接收机高、中频电路的频率特性有关。在确定接收机所需的选择性时,必须同时兼顾两个指标,即选择性要足够敏锐,以抑制相邻信道的干扰和寄生响应。同时,选择特性要足够宽,以使信号的全部有效频率成分能以可接受的幅度和相位失真通过。显然,在保证可接收到所需信号的条件下,带宽越窄或谐振曲线的矩形系数越好,则滤波性能越高,所受到的邻频干扰也就越小,即选择性越好[99]。

信号带宽也被称为接收机的通频带,是反映接收机可接收信号带宽的参数。若用 τ 表示信号脉冲宽度,用 Δf 表示信号带宽,则有

$$\Delta f = \frac{1}{\tau} \tag{4.6}$$

为使输出的脉冲边沿陡直,接收机的通频带通常取为 $\frac{2}{\tau}$。

4. 动态范围和增益

动态范围是指接收机在可容忍的噪声与失真条件下能够处理的最强与最弱输入信号之比（常以 dB 为单位）。最弱输入信号通常取为最小可分辨信号 S_{min}，最强输入信号由接收机正常工作要求确定。当输入信号太强时，接收机将发生饱和与过载，从而使弱信号显著减小甚至丢失，即接收机失去了对弱信号的接收能力。为了保证信号不论强弱都能正常接收，就要使接收机的动态范围足够大，使接收机的增益可变是拓展接收机动态范围的一项重要措施[97]。

增益表示接收机对输入信号的放大能力，它定义为输出信号和输入信号的功率比，即 $G = S_o/S_i$，有时用输出信号和输入信号的电压比表示，称为"电压增益"。接收机的增益并不是越大越好，它由接收机的系统要求确定[97]。接收机的增益确定了接收机输出信号的幅度，在实际的接收机设计中，增益及其分配，要综合考虑噪声系数和动态范围等指标。

5. 误码率

误码率是衡量数字通信系统正常工作时传输消息可靠程度的一个重要指标。误码率的定义是接收端错误接收的码元数在总传输码元数中所占的比例，即码元在通信系统中被传错的概率。误码率主要源自信道和系统噪声所引起的码位抖动，它也用于标定接收机的灵敏度和噪声特性[85]。

此外，也可用误信率来表征接收机的接收性能。误信率又称误比特率，是指错误接收的信息量在总传输信息量中所占的比例，即码元的信息量在传输系统中被丢失的概率[85]。

4.2 用 Duffing 振子接收常规 BPSK/DPSK 调制信号的对策和方法

常规（非混沌）DPSK 通信系统的应用已很普遍，但若用 Duffing 振子接收这种通信信号，我们尚有一些问题需要解决。本节主要对此进行深入讨论，内容包括 Duffing 振子对常规 BPSK/DPSK 通信信号的响应，用 Duffing 振子解调常规 DPSK 通信信号的原理，单一 Duffing 振子信号接收窗分析，移动单一 Duffing 振子信号接收窗的方法，无相位敏感性同频 Duffing 振子阵列的构建技术，单一 Duffing 振子与 Duffing 振子阵列的 DPSK 信号接收灵敏度比较，以及基于同频 Duffing 振子阵列的寻优技术。通过讨论，我们将给出用 Duffing 振子接收常规 DPSK 调制信号的对策和方法。

4.2.1 Duffing 振子对常规 BPSK/DPSK 通信信号的响应

需要指出，在 3.2.3 节，我们给出的 Duffing 振子 BPSK/DPSK 解调器，是在假定 Duffing 振子与 BPSK/DPSK 信号满足必要的相位关联关系条件下得到的。此相位关联关系的含义，可由下面的讨论分析给出。

不失一般性，到达 Duffing 振子的常规 BPSK/DPSK 调制信号可表示为

$$s(t) = d(t)\cos(\omega t + \varphi_0) \tag{4.7}$$

式中，$d(t)$ 为电平取 +1 或 −1、码元宽度为 T_c 的双极性数字基带信号（BPSK 调制时基带码元未经差分编码，而 DPSK 调制时基带码元经过差分编码）。ω 为 BPSK/DPSK 调制信号的载波频率，φ_0 为 $s(t)$ 到达 Duffing 振子时具有的初相位。

取检测常规 BPSK/DPSK 信号的 Duffing 振子方程为

$$\begin{cases} \dot{y}_1 = \omega y_2 \\ \dot{y}_2 = \omega\left[-ky_2 + y_1 - y_1^3 + \gamma_c\cos(\omega t) + ax(t) \right] \end{cases} \tag{4.8}$$

式中，$\gamma_c\cos(\omega t)$ 为 Duffing 振子的内部周期驱动力，幅值取临界值 γ_c，频率 ω 取 BPSK/DPSK 信号载波频率；$a > 0$ 为外部信号注入强度因子；$x(t) = s(t) + n(t)$ 为外部信号，其中 $s(t)$ 为待检的 BPSK/DPSK 信号，$n(t)$ 为加性高斯白噪声[100]。

先不考虑噪声影响，则外部信号 $x(t)$ 与内部驱动力合并后形成的内部总驱动力为

$$\begin{aligned} A(t) &= \gamma_c\cos(\omega t) + ax(t) \\ &= \gamma_c\cos(\omega t) + ad(t)\cos(\omega t + \varphi_0) \\ &= \gamma_c\cos(\omega t) + ad(t)\cos(\omega t)\cos(\varphi_0) - ad(t)\sin(\omega t)\sin(\varphi_0) \\ &= \left[\gamma_c + ad(t)\cos(\varphi_0) \right]\cos(\omega t) - ad(t)\sin(\omega t)\sin(\varphi_0) \\ &= \bar{\gamma}\cos(\omega t + \bar{\varphi}) \end{aligned} \tag{4.9}$$

式中，$\bar{\gamma} = \sqrt{\gamma_c^2 + 2ad(t)\gamma_c\cos(\varphi_0) + a^2}$，$\bar{\varphi} = \arctan\dfrac{ad(t)\sin(\varphi_0)}{\gamma_c + ad(t)\cos(\varphi_0)}$。

显然，当 $\varphi_0 = 0$ 及 $d(t) = 1$ 时，$\bar{\gamma} = \sqrt{\gamma_c^2 + 2a\gamma_c + a^2} > \gamma_c$，即内部总驱动力幅值大于临界值 γ_c，使得 Duffing 振子相轨迹呈现大尺度周期态；当 $\varphi_0 = 0$ 及 $d(t) = -1$ 时，$\bar{\gamma} = \sqrt{\gamma_c^2 - 2a\gamma_c + a^2} < \gamma_c$，即内部总驱动力幅值小于临界值 γ_c，使得 Duffing 振子相轨迹呈现混沌态[101]。两种情况下，Duffing 振子的相轨迹图案如图 4.1 所示[88]。

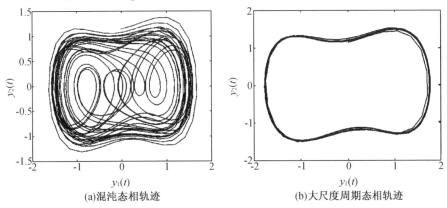

(a)混沌态相轨迹　　　　　　　　　(b)大尺度周期态相轨迹

图 4.1　Duffing 振子对 BPSK/DPSK 信号响应相轨迹图

由图可见，在 $\varphi_0 = 0$ 条件下，Duffing 振子具有以大尺度周期态和混沌态来表达信息 $d(t) = 1$ 和 $d(t) = -1$ 的能力。这表明，利用 Duffing 振子相轨迹的图案特征，我们有希望从 BPSK/DPSK 信号中检测出基带信息。但是，深入研究这种表达关系后，我们发现，Duffing 振子以大尺度周期态表达 $d(t) = 1$ 和以混沌态表达 $d(t) = -1$ 的能力会随着 φ_0 的变化而变化，特别是当 $\varphi_0 = 180°$ 时，则会出现以大尺度周期态表达 $d(t) = -1$ 和以混沌态表达 $d(t) = 1$ 的情况，即"倒 π 现象"[89]。

由于在大多数通信应用中，信号到达接收机（Duffing 振子）时具有的初相位 φ_0 往往都是不可控的，即不可预先知道的。因此，若想要利用 Duffing 振子从 BPSK/DPSK 信号中检出

基带信息,首先须解决 Duffing 振子对 BPSK/DPSK 信号初相位敏感的问题。考虑到该问题的复杂性,我们将依次在 4.2.2、4.2.3 和 4.2.4 节中进行详细讨论,并最终给出解决方案。

4.2.2 单一 Duffing 振子的信号接收窗问题

Duffing 振子对 BPSK/DPSK 信号初相位敏感,这本质上是因为 BPSK/DPSK 信号初相位影响了 Duffing 振子内部驱动力的振幅所造成的。那么,BPSK/DPSK 信号初相位 φ_0 在什么范围内变化不引发 Duffing 振子相变,或者说,在什么范围内变化会引发 Duffing 振子相变呢?以下分析可给出明确答案。

由 4.2.1 节讨论可知,Duffing 振子方程可简化为

$$\begin{cases} \dot{y}_1 = \omega y_2 \\ \dot{y}_2 = \omega \left[-ky_2 + y_1 - y^3 + \bar{\gamma}\cos(\omega t + \bar{\varphi}) \right] \end{cases} \tag{4.10}$$

式中,$\bar{\gamma} = \sqrt{\gamma_c^2 + 2ad(t)\gamma_c\cos(\varphi_0) + a^2}$ 为内部总驱动力的振幅,也是决定 Duffing 振子工作状态的重要参数。同时,$\bar{\gamma}$ 还是 BPSK/DPSK 信号初相位 φ_0 的函数。

于是,由 $\bar{\gamma} > \gamma_c$ 可知 Duffing 振子必呈现大尺度周期态可得到[101]

$$2d(t)\gamma_c\cos(\varphi_0) + a > 0 \tag{4.11}$$

因此,由式(4.11)可求出,Duffing 振子呈现大尺度周期态时,BPSK/DPSK 信号初相位 φ_0 的对应取值范围为

$$-\pi + \arccos\left(\frac{a}{2\gamma_c}\right) < \varphi_0 < \pi - \arccos\left(\frac{a}{2\gamma_c}\right), \quad d(t) = +1$$

或

$$\arccos\left(\frac{a}{2\gamma_c}\right) < \varphi_0 < 2\pi - \arccos\left(\frac{a}{2\gamma_c}\right) \tag{4.12}$$

上式给出了 Duffing 振子呈现大尺度周期态时 BPSK/DPSK 信号初相位 φ_0 的可取值范围,也称为 Duffing 振子的信号接收窗。

当 $a = 0.1$,$\gamma = 0.896$ 时,利用式(4.12)算出 Duffing 振子的信号接收窗口宽度约等于 186.4°,图 4.2 给出了此时 Duffing 振子敏感 BPSK/DPSK 信号初相位的情况。

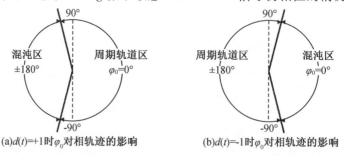

(a)$d(t)$=+1时φ_0对相轨迹的影响　　(b)$d(t)$=-1时φ_0对相轨迹的影响

图 4.2　Duffing 振子的信号接收窗

仔细观察图 4.2 我们发现,单一 Duffing 振子的信号接收窗不能覆盖 φ_0 的 360°变化范围,用其解调 BPSK/DPSK 信号将会出现下列三种情况。

①φ_0 在 $\left[-\arccos\left(\frac{a}{2\gamma_c}\right), \arccos\left(\frac{a}{2\gamma_c}\right) \right]$ 内,振子周期态表示 $d(t) = +1$,混沌态表示 $d(t)$

$=-1$。

②φ_0 在 $\left[\pi+\arccos\left(\dfrac{a}{2\gamma_c}\right),\pi-\arccos\left(\dfrac{a}{2\gamma_c}\right)\right]$ 内,振子周期态表示 $d(t)=-1$,混沌态表示 $d(t)=+1$。此时,因表示方式与 1) 相反,使 $d(t)$ 的极性发生反转。

③φ_0 在 $\left[\arccos\left(\dfrac{a}{2\gamma_c}\right),\pi-\arccos\left(\dfrac{a}{2\gamma_c}\right)\right]$ 或 $\left[-\pi+\arccos\left(\dfrac{a}{2\gamma_c}\right),-\arccos\left(\dfrac{a}{2\gamma_c}\right)\right]$ 内,不论 $d(t)$ 是 $+1$ 还是 -1 都以振子周期态表达。此时,不能正确表达 $d(t)$。

由进一步分析知:情况①,既适用于解调 BPSK 信号,也适用于解调 DPSK 信号;情况②,因存在 $d(t)$ 的极性反转问题,即“倒 π 现象”,故只适用于解调 DPSK 信号,而不适用于解调 BPSK 信号;情况③,不论解调 BPSK 信号还是 DPSK 信号,错误概率都接近 0.5,此区域相对较小(当取 $a=0.1$,$\gamma_c=0.896$ 时,对应区域为 $[86.8°,93.2°]$ 及 $[-93.2°,-86.8°]$),我们可通过把 Duffing 振子的信号接收窗拓展到覆盖 360° 的范围来解决情况③。

综上分析,得出最终结论如下:

(1)因存在“倒 π 现象”,Duffing 振子只能用于解调 DPSK 信号;

(2)把单一 Duffing 振子的信号接收窗拓展至 360°,即创建对 DPSK 信号初相位无敏感性的新型 Duffing 振子,可解决情况③的问题。

那么,根据 Duffing 振子对 DPSK 信号的检测特点,可得到单一 Duffing 振子检测 DPSK 信号成功的初相位范围示意图,即 Duffing 振子对 DPSK 信号的信号接收窗,如图 4.3 所示。图 4.3 中,无阴影区为 Duffing 振子检测信号成功区域,称为信号接收窗;阴影区为其检测信号失败区域,称为“死区”。此处,死区对应的角度大小用 2α 表示,其位置及取值由 a 和 γ_c 决定。

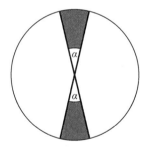

图 4.3　Duffing 振子对 DPSK 信号的信号接收窗

此外,由情况③可推出,死区角度 2α 的计算式为

$$2\alpha=2\pi-4\arccos\left(\dfrac{a}{2\gamma_c}\right) \tag{4.13}$$

4.2.3　移动单一 Duffing 振子信号接收窗的方法

为用多个 Duffing 振子组成对 DPSK 信号初相位无敏感性的新型 Duffing 振子,即具有 360°信号接收窗的 Duffing 振子阵列,需先找到一种能移动单一 Duffing 振子信号接收窗的有效方法。

为达到上述目的,观察 Duffing 振子方程,式(4.8)的内部周期驱动力,显然,若把该驱动力的初相位从 0 改变至 $\overline{\varphi}$，则式(4.10)中的总驱动力的幅值 $\overline{\gamma}$ 也必会随之改变，进而一定会导致 Duffing 振子的信号接收窗移动。上述思路的理论依据如下：

不失一般性，令 Duffing 振子的内部驱动力初相为 φ_1，式(4.8)则改写为

$$\begin{cases} \dot{y}_1 = \omega y_2 \\ \dot{y}_2 = \omega \left[-ky_2 + y_1 - y^3 + \gamma_c \cos(\omega t + \varphi_1) + ax(t) \right] \end{cases} \tag{4.14}$$

重新推导 Duffing 振子的内部总驱动力如下

$$\begin{aligned} A(t) &= \gamma_c \cos(\omega t + \varphi_1) + ax(t) \\ &= \gamma_c \cos(\omega t + \varphi_1) + ad(t)\cos\left[(\omega t + \varphi_1) + (\varphi_0 - \varphi_1)\right] \\ &= \gamma_c \cos(\omega t + \varphi_1) + ad(t)\cos(\omega t + \varphi_1)\cos(\varphi_0 - \varphi_1) - ad(t)\sin(\omega t + \varphi_1)\sin(\varphi_0 - \varphi_1) \\ &= \left[\gamma_c + ad(t)\cos(\varphi_0 - \varphi_1)\right]\cos(\omega t + \varphi_1) - ad(t)\sin(\varphi_0 - \varphi_1)\sin(\omega t + \varphi_1) \\ &= \overline{\gamma}\cos(\omega t + \overline{\varphi}) \end{aligned} \tag{4.15}$$

式中，$\overline{\gamma} = \sqrt{\gamma_c^2 + 2ad(t)\gamma_c\cos(\varphi_0 - \varphi_1) + a^2}$，$\overline{\varphi} = \arctan \dfrac{ad(t)\sin(\varphi_0 - \varphi_1)}{\gamma_c + ad(t)\cos(\varphi_0 - \varphi_1)}$。

由 $\overline{\gamma} > \gamma_c$ 容易得出，Duffing 振子呈现大尺度周期态时，BPSK/DPSK 信号初相位 φ_0 的对应取值范围为

$$-\pi + \arccos\left(\frac{a}{2\gamma_c}\right) + \varphi_1 < \varphi_0 < \pi - \arccos\left(\frac{a}{2\gamma_c}\right) + \varphi_1, \quad d(t) = +1$$

或

$$\arccos\left(\frac{a}{2\gamma_c}\right) + \varphi_1 < \varphi_0 < 2\pi - \arccos\left(\frac{a}{2\gamma_c}\right) + \varphi_1, \quad d(t) = -1 \tag{4.16}$$

上式表明，Duffing 振子的信号接收窗被移动了 φ_1 角度，移动方向如图 4.4 所示。

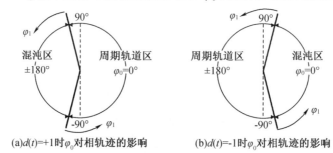

(a)$d(t)$=+1时对相轨迹的影响　　(b)$d(t)$=-1时对相轨迹的影响

图 4.4　Duffing 振子信号接收窗的移动示意图

由此，我们得到了移动 Duffing 振子信号接收窗的一种有效方法，用之构建具有 360° 信号接收窗的 Duffing 振子阵列的步骤在下节中详细介绍。此外，4.2.2 和 4.2.3 节中关于 Duffing 振子的信号接收窗的研究内容已完成小论文撰写，并被收录，详见参考文献[89]。

4.2.4　无相位敏感性的同频 Duffing 振子阵列的构建技术

通过上节的讨论，我们已经获得了移动 Duffing 振子信号接收窗的方法。用多个 Duffing 振子搭建对待检信号无相位敏感性的 Duffing 振子阵列的具体步骤如下[91,102-103]：

步骤1，选取 M 个频率归一化的 Duffing 振子，M 的最佳值由要求单一 Duffing 振子担责覆盖 360° 相位的百分比(多少)和工程实现的复杂性所确定，根据我们的经验，取 $3 \leqslant M \leqslant 9$

为宜。

步骤2，M 个 Duffing 振子的频率归一化方程应具有如下特征

$$\frac{\mathrm{d}^2 y(t)}{\mathrm{d}t^2} + \delta \frac{\mathrm{d}y(t)}{\mathrm{d}t^2} - y(t) + y^3(t) = \gamma_c \cos(t + \varphi_1) + ax(t) \tag{4.17}$$

式中，$x(t) = s(t) + n(t)$ 为外部输入信号，$x(t)$ 为频率归一化的待检信号，$n(t)$ 为加性高斯白噪声，a 为外部信号注入强度因子，$\gamma_c \cos(t + \varphi_1)$ 为内部驱动力，幅值 γ_c 取临界值（混沌态到大尺度周期态的边界值）。

步骤3，为覆盖 360° 相位，将 M 个 Duffing 振子内部驱动力的初相位调整为

$$\frac{\mathrm{d}^2 y(t)}{\mathrm{d}t^2} + \delta \frac{\mathrm{d}y(t)}{\mathrm{d}t^2} - y(t) + y^3(t) = \gamma_c \cos\left(t + \frac{360°}{M}i\right) + ax(t) \tag{4.18}$$

即 $\varphi_1 = \frac{360°}{M}i, i = 0, 1, \cdots, M-1$。

步骤4，令 $t = \omega\tau$，并代入式（4.18），则 M 个 Duffing 振子都工作在同一频率 ω 上，其方程可表示为

$$\frac{1}{\omega}\frac{\mathrm{d}^2 y(\tau)}{\mathrm{d}t^2} + \frac{\delta}{\omega}\frac{\mathrm{d}y(\tau)}{\mathrm{d}t} - y(\tau) + y^3(\tau) = \gamma_c \cos\left(\omega\tau + \frac{360°}{M}i\right) + ax(\tau) \tag{4.19}$$

步骤5，在式（4.19）中，令 $\tau = t$，进一步写出 M 个 Duffing 振子的状态方程，则得

$$\begin{cases} \dot{y}_1(t) = \omega y_2(t) \\ \dot{y}_2(t) = \omega\left[-ky_2(t) + y_1(t) - y^3(t) + \gamma_c \cos\left(\omega t + \frac{360°}{M}i\right) + ax(t)\right] \end{cases} \tag{4.20}$$

式中，$i = 0, 1, \cdots, M-1$。

步骤6，把 M 个以状态方程描述的 Duffing 振子，按图4.5示出的方式连接，构成一个完整的同频 Duffing 振子阵列。

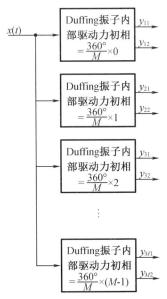

图4.5 同频 Duffing 振子阵列搭建原理图

图中，y_{i1} 和 y_{i2}，$i = 1, 2, \cdots, M$，分别为由状态方程（4.20）描述的 Duffing 振子的输出。该

Duffing 振子阵列是由 M 个同频、初相位依次相差 $\dfrac{360°}{M}$ 的 Duffing 振子构成,具有只敏感待检信号幅度而不敏感待检信号相位的性质。当任意相位的非相干待检信号出现时,同频 Duffing 振子阵列中至少有一个 Duffing 振子会呈现大尺度周期轨道现象[88-89]。

图 4.6 给出了一组显示在不同待检信号初相下同频 Duffing 振子阵列($M=4$)性能的仿真数据[104]。仿真中,待检信号和 Duffing 振子频率均设置为 36.05 MHz,待检信号振幅 $A=0.3$ V,外部信号注入强度因子 $a=0.16$ V,系统采样率为 360.5 MHz,信噪比 SNR = 9 dB,Duffing 振子方程使用 4 阶 Runge – Kutta 法解算[89,104]。

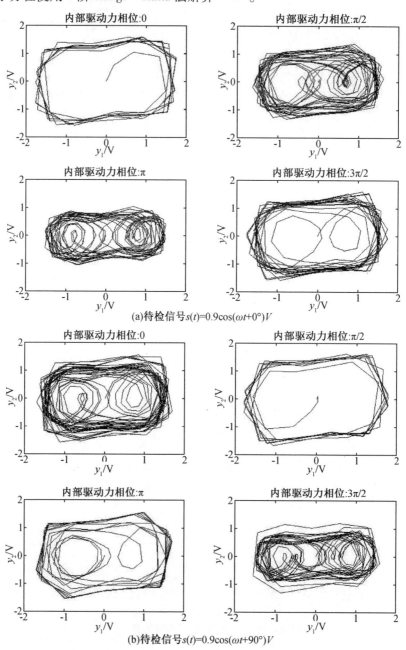

(a)待检信号$s(t)$=0.9cos(ωt+0°)V

(b)待检信号$s(t)$=0.9cos(ωt+90°)V

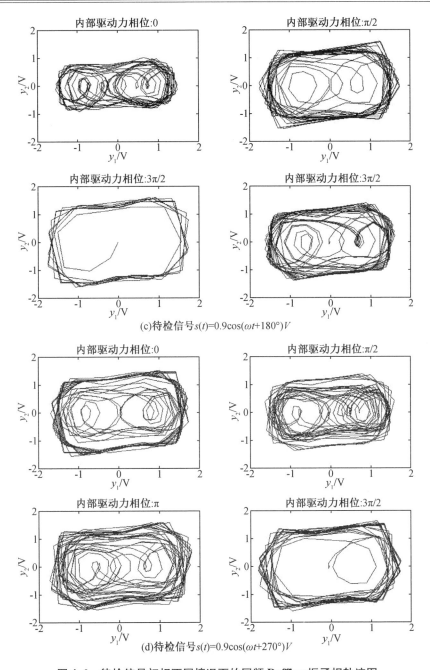

内部驱动力相位:0 内部驱动力相位:π/2

内部驱动力相位:3π/2 内部驱动力相位:3π/2

(c)待检信号$s(t)=0.9\cos(\omega t+180°)V$

内部驱动力相位:0 内部驱动力相位:π/2

内部驱动力相位:π 内部驱动力相位:3π/2

(d)待检信号$s(t)=0.9\cos(\omega t+270°)V$

图 4.6　待检信号初相不同情况下的同频 Duffing 振子相轨迹图

同频 Duffing 振子阵列的设计思路源于相位分割技术,其核心原理是,利用阵列中的 M 个 Duffing 振子把待检信号相位可能落入的 360° 全相位空间分割成 M 个均等的子相位空间,再以初相位依次移动 $\dfrac{360°}{M}$ 的 M 个 Duffing 振子覆盖每一个子相位空间。因此,当具有任意初相位的待检信号出现时,其初相位至少会落入同频 Duffing 振子阵列的某一子相位空间内,故至少有一个 Duffing 振子的信号接收窗会满足信号检测条件,这就使得利用混沌振子检测非相干信号的"梦想"成为现实[88-89]。

4.2.5 同频 **Duffing** 振子阵列解调常规 **DPSK** 通信信号的原理

由 4.2.2 节的讨论可知,因存在"倒 π 现象",所以,Duffing 振子不能解调 BPSK 信号,同理,同频 Duffing 振子阵列也不能解调 BPSK 信号,只可被用于解调 DPSK 信号。

当用同频 Duffing 振子阵列解调常规 DPSK 通信信号时,"倒 π 现象"可通过在同频 Duffing 振子阵列的输出通道中插入 1 – Bit 延时器(一种 DPSK 解码器)来消除。

基于无相位敏感性的同频 Duffing 振子阵列设计的 DPSK 解调器如图 4.7 所示[104]。

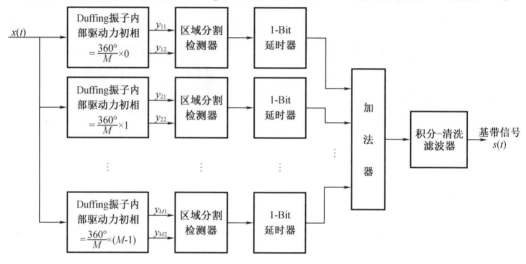

图 4.7　常规 DPSK 通信信号解调器

图中,$x(t)$ 为含噪的 DPSK 调制信号,$s(t)$ 为恢复的基带信息。同频 Duffing 振子按 4.2.4 节给出的方法设计,区域分割器按图 3.6(a)或图 3.6(b)设计,1 – Bit 延时器按图 3.10 设计,积分 – 清洗滤波器按图 3.8 设计。数据融合由加法器完成,积分 – 清洗滤波器在位同步信号控制下工作。

对图 4.7 给出的常规 DPSK 通信信号解调器进行了仿真,仿真结果如图 4.8 所示。在仿真中,采用的参数如下:同频 Duffing 振子阵列的振子数 $M = 9$,基带数据波特率为 1 Mb/s,DPSK 调制信号载波频率及 Duffing 振子频率均为 36.05 MHz,系统采样速率为 360.5 MHz,信噪比为 $\dfrac{E_b}{N_0} = 10$ dB。

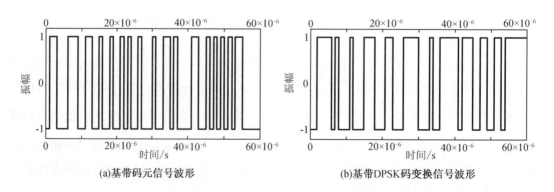

(a)基带码元信号波形　　　　　　　　　(b)基带DPSK码变换信号波形

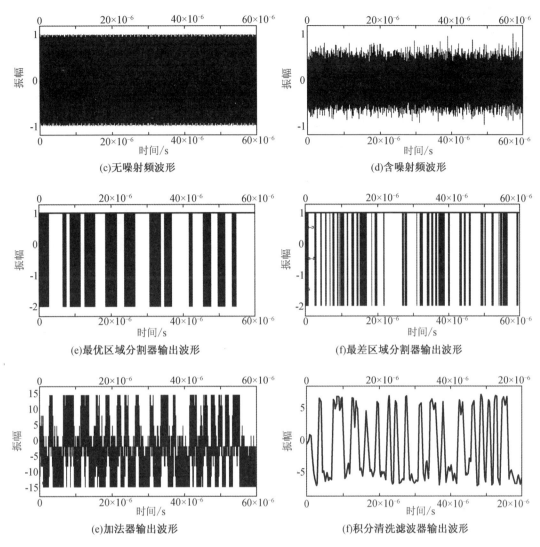

图 4.8　常规 DPSK 通信信号解调器仿真波形图

由图中(a)和(f)的波形可见,该解调器能在未知 DPSK 调制信号相位情况下较好的恢复出基带码元信息。该小节内容已发表,详见参考文献[88]。

4.2.6　单一 Duffing 振子与同频 Duffing 振子阵列的信号接收灵敏度性能比较

在 4.2.2 至 4.2.4 节中,我们通过分析和推导给出了同频 Duffing 振子阵列的构建方法,同时也指出了单一 Duffing 振子与同频 Duffing 振子阵列的信号接收窗在尺度上的差异,但并未揭示二者在信号接收灵敏度上的差异。实际上,采用不同 Duffing 振子数构建的同频 Duffing 振子阵列,尽管信号接收窗都可覆盖 360° 相位,但其信号接收灵敏度特性也存在较大差异。因此,有必要对此给予更深入的讨论。

为便于评价同频 Duffing 振子阵列的信号接收灵敏度特性,我们采用归一化信号接收灵敏度 – 相位关系曲线来表示它。同时,把单一 Duffing 振子视为 $M = 1$ 的同频 Duffing 振子阵列以简化讨论。

这里,归一化信号接收灵敏度 – 相位关系曲线的建立方法是:取 Duffing 振子内部驱动力初相为 0,在误码率 $BER = 10^{-3}$ 条件下,通过改变 DPSK 信号的初相位,取得归一化输入信号功率与 DPSK 信号初相位的关系曲线。

图 4.9 示出了在 $M = 1$、$M = 6$、$M = 9$ 和 $M = 12$ 情况下的同频 Duffing 振子阵列的归一化信号接收灵敏度 – 相位关系曲线。

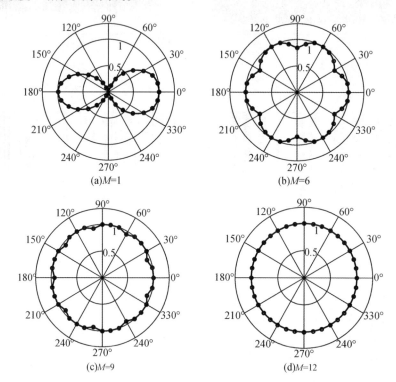

图 4.9　同频 Duffing 振子阵列对 DPSK 信号的归一化接收灵敏度 – 相位关系图

由图可见,$M = 1$(单一 Duffing 振子情况)时,同频 Duffing 振子阵列对初相位为 0° 和 180° 的 DPSK 信号最敏感,即信号接收灵敏度最高;随着初相位从 0° 到 90°、0° 到 – 90°、180° 到 90°、180° 到 270°,接收灵敏度逐渐减弱,在初相位为 90° 和 270° 时最弱,即信号接收灵敏度接近于 0,这表明,单一 Duffing 振子对 DPSK 信号初相位存在接收盲区。

很明显,当 $M = 6, 9, 12$ 时,同频 Duffing 振子阵列对 DPSK 信号初相位没有接收盲区,与单一 Duffing 振子相比,其信号接收灵敏度性能都有显著改善。此外,随着 M(Duffing 振子数)的增加,同频 Duffing 振子阵列的接收灵敏度随初相位变化呈现出的波动性显著减小。这表明,使用越多的 Duffing 振子,同频 Duffing 振子阵列对 DPSK 信号初相位的敏感性越弱,因而接收效果就越好,振子个数对阵列检测性能的影响将在下一小节中讨论。

4.2.7　不同振子数目的同频 Duffing 振子阵列检测性能分析

由 Duffing 振子的信号接收窗和图 4.3 可知,单一 Duffing 振子检测 DPSK 信号成功的概率

p 可由其信号接收窗计算出,即 $p = \dfrac{360 - 2\alpha}{360} = \dfrac{4\arccos\left(\dfrac{\alpha}{2\gamma_c}\right)}{360}$,检测失败的概率 $q = 1 - p = \dfrac{2\alpha}{360}$。

考虑到同频 Duffing 振子阵列中有 M 个振子，若在接收端使用等加权数据融合算法处理各振子的输出信号，把 M 个一维时间信号直接取和作为检测信号，即

$$\tilde{s}(t) = \sum_{i=1}^{M} \overline{y}_i \tag{4.21}$$

式中，$\overline{y}_i$ 为 DPSK 通信信号解调器中 1 – Bit 延时器的输出。

那么，每一个 Duffing 振子是否检测成功 DPSK 信号可表示为

$$D_i = \begin{cases} 1, & \text{第 } i \text{ 个振子检测信号成功} \\ 0, & \text{第 } i \text{ 个振子检测信号失败} \end{cases} \tag{4.22}$$

此外，$D = \sum_{i=1}^{M} D_i$ 表示阵列中检测成功的 Duffing 振子个数。很显然，D 服从二项分布，即 $D \sim B(M, p)$（M 为 Duffing 振子个数，p 为 Duffing 振子检测信号成功的概率）。于是，有 $E(D) = M \cdot p$，$D(D) = M \cdot p \cdot q = M \cdot p \cdot (1-q)$，当有 k 个振子检测成功，$(M-k)$ 个振子检测失败时，其对应检测成功的概率为

$$P(D = k) = C_M^k \cdot p^k \cdot q^{M-k} \tag{4.23}$$

于是，在接收端使用等加权数据融合算法后，利用抽样判决便可得到基带信号波形。在设计的基于同频 Duffing 振子阵列的 DPSK 接收机中，判决门限可设置为 0，此时，能够正确检出信号的条件就是阵列中成功检测信号的 Duffing 振子数至少比失败检测信号的 Duffing 振子数多 1 个，即

$$k - (M - k) \geqslant 1 \tag{4.24}$$

由式（4.23）可知 D 需满足 $D = k \geqslant \dfrac{M+1}{2}$，可得阵列检测 DPSK 信号成功的概率为

$$P\left\{D \geqslant \frac{M+1}{2}\right\} = 1 - P\left\{D < \frac{M+1}{2}\right\}$$

$$= 1 - P\{D = 0\} - P\{D = 1\} - \cdots - P\left\{D = \left[\frac{M}{2}\right]\right\} \tag{4.25}$$

式中，$\left[\dfrac{M}{2}\right]$ 为不大于 $\dfrac{M}{2}$ 的最大整数。根据式（4.25），利用 Matlab 软件得到不同 M 取值下 Duffing 振子阵列检测成功的概率，如图 4.10 所示。

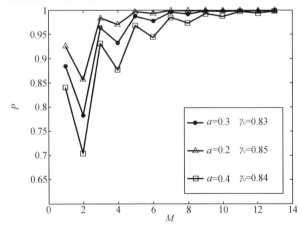

图 4.10　Duffing 振子阵列对 DPSK 信号的阵列振子个数 – 检测成功（M – P）关系图

通过对图 4.10 进行分析,可得到如下结论。

①在不同的 a 和 γ_c 取值下,阵列的检测成功概率不同。但是,随着阵列中 Duffing 振子数目的增加,阵列检测 DPSK 信号成功的概率整体呈现增加的趋势。恰当地选取 a 和 γ_c 的值对实际系统的信号检测性能具有重要影响。

②比较振子数目 $M = 2k - 1$ 和 $M = 2k,(k = 1,2,\cdots)$ 两种情况可发现,$M = 2k$ 的阵列检测成功的概率略小于 $M = 2k - 1$ 的阵列。这是因为阵列为偶数个振子时会增加死区重合的概率,不能实现振子最优利用。

同时,随着阵元个数 M 的增加,同频 Duffing 振子阵列对 DPSK 信号初相位的敏感性减弱,其检测效果越好。然而,无节制的增加阵列中阵元个数会增加算法复杂度、工程实现难度和硬件设计成本。因同频 Duffing 振子阵列中的 Duffing 振子需采用四阶 Runge - Kutta 法解算,硬件实现也需要付出成本。因此,合理的选择 M 的取值需要兼顾同频 Duffing 振子阵列的信号接收灵敏度要求和工程实现性(硬件复杂程度、实现成本)两方面的需求。此外,4.2.6 和 4.2.7 小节中的内容已经完成小论文撰写,并被收录,详见参考文献[88 - 89]。

4.2.8 占优阵元寻优器的设计与实现

在 4.2.4 节中介绍了同频 Duffing 振子阵列中混沌振子对 DPSK 信号的检测结果,由图 4.6 可知,在阵列中存在检测性能较差的 Duffing 振子,这是因为 Duffing 振子信号接收窗的缘故。为了解决这一问题,基于同频 Duffing 振子阵列的 DPSK 信号解调器使用等加权数据融合算法处理阵列中各振子的输出结果,如式(4.21)所示,这可降低系统计算量。然而,由于同频 Duffing 振子阵列中各阵元不能同时都检测出待检信号,故式(4.21)中必然含有检测性能较差阵元的不良影响,这相当于干扰信号。因此,等加权算法并不能保证 DPSK 解调器非相干检测性能的最优化。

针对上述问题,我们设计了一种能自动从同频 Duffing 振子阵列中找出检测性能较好的阵元(Duffing 振子)的方法,其原理图如图 4.11 所示[104]。

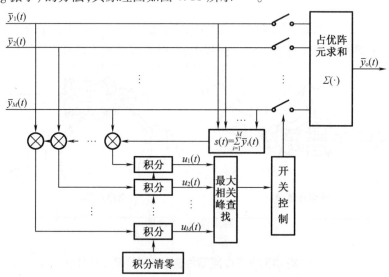

图 4.11　同频 Duffing 振子阵元寻优器原理图

图中,$\overline{y}_1,\overline{y}_2,\cdots,\overline{y}_M$ 是阵列中各 1 - Bit 延时器的输出。

寻优器的设计原理可描述为:

第 1 步,对每一个来自 1 - Bit 延时器的信号进行求和运算,获得等加权数据融合信号,即 $\tilde{s}(t) = \sum\limits_{i=1}^{M} \overline{y}_i$;

第 2 步,计算相关积分,积分时间取 2 ~ 3 倍基带信号周期 T_c,即 $u_i(t) = \int_0^{(2-3)T_c} \overline{y}_i(t)\tilde{s}(t)\mathrm{d}t(i = 1,2,\cdots,M)$,并找出最大相关峰;

第 3 步,以最大峰对应的阵元为最优阵元,将最优阵元输出信号及最优阵元两侧阵元输出信号作为占优阵元信号(当最优阵元为第 1 个阵元时,占优阵元为第 1 个阵元、第 2 个阵元和第 M 个阵元;当最优阵元为第 M 个阵元时,占优阵元为第 1 个阵元、第 $M - 1$ 个阵元和第 M 个阵元),送至占优阵元求和运算单元求和,最后输出基带波形信号 $\overline{y}_o(t)$;

第 4 步,占优阵元的切换时间(选通或关闭)由相关积分时间决定,两次切换之间占优阵元保持不变。

图 4.12 中给出的是寻优算法的仿真实验结果。这里的同频 Duffing 振子阵列由 18 个 Duffing 振子构成,图中,①为采用寻优技术的 DPSK 解调器,②为采用等加权数据融合算法的 DPSK 解调器。显然,在误码率 $BER = 10^{-3}$ 处,采用寻优技术的 DPSK 解调器检测性能优于采用等加权数据融合算法的解调器,信噪比提高约 0.65 dB。

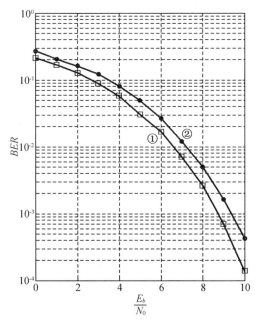

图 4.12　误码率曲线

此项技术的意义在于剔除了同频 Duffing 振子阵列中检测性能较差的阵元影响,这就起到了增强待检信号信噪比的作用,即提高了 DPSK 解调器的检测性能。该内容已发表,详见参考文献[88]。

4.3 接收常规(非混沌)DPSK 信号的混沌振子接收机设计

在上一节,我们已经详细介绍了用 Duffing 振子接收 DPSK 调制信号所面临的问题及其解决方法,本节将进一步讨论用同频 Duffing 振子阵列接收常规 DPSK 调制信号的混沌振子接收机的设计与实现。

4.3.1 混沌振子接收机射频前端技术参数的确定

混沌振子接收机由射频前端和混沌振子解调器组成。其中,射频前端担负下变频和放大接收信号的任务,其作用与图 4.13 所示通信系统中的接收机类似;混沌振子解调器担负从射频前端输出的信号中直接提取(解调)基带码元信息的任务。

(a)   (b)

图 4.13   通信系统

要设计一个能接收常规 DPSK 信号的混沌振子接收机,首先要对通信系统提出设计要求,即给出工作(载波)频率 f、通信距离 d、发射机输出功率 $G_发$、发射天线增益 $G_发^{天线}$、接收天线增益 $G_收^{天线}$、接收机射频前端输出信号功率 P_0 等参数,然后再根据这些参数设计发射机和混沌振子接收机。

为把研究重点放在混沌振子接收机的设计上,我们采用具有图 4.14 所示硬件结构的发射机来产生 DPSK 射频调制信号,这样可使发射机硬件实现起来更为简单。

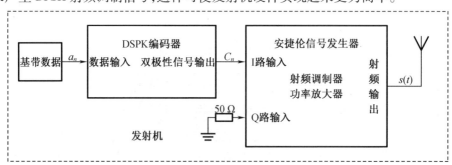

图 4.14   发射机

图中,安捷伦信号发生器用作射频调制器和功率放大器;DPSK 编码器用于对基带数据进行 DPSK 编码和双极性变换[105]。

DPSK 编码器的工作原理由下列方程给出

$$b_n = b_{n-1} \oplus a_n, \quad n = 1, 2, \cdots, N \tag{4.26}$$

$$c_n = b_{n-1} - 0.5, \quad n = 1, 2, \cdots, N \tag{4.27}$$

式中, $a_n \in \{0,1\}$ 表示第 n 个基带数据码元, 其码元周期为 T_c; $b_n \in \{0,1\}$ 表示 DPSK 编码的第 n 个码元; $c_n \in \{+0.5, -0.5\}$ 表示 DPSK 编码器输出的双极性 DPSK 码。

安捷伦信号发生器的输出信号可表示为

$$s(t) = c_n A \sin \omega_c t = \begin{cases} \dfrac{A}{2} \sin \omega_c t, & c_n = +0.5 \\[2mm] \dfrac{A}{2} \sin(\omega_c t + \pi), & c_n = -0.5 \end{cases} \qquad (4.28)$$

把安捷伦信号发生器的输出阻抗和输出功率代入上式, 容易推出

$$s(t) = \begin{cases} \sqrt{10^{\frac{G_{发}}{10} - 1}} \sin \omega_c t, & c_n = +0.5 \\[2mm] \sqrt{10^{\frac{G_{发}}{10} - 1}} \sin(\omega_c t + \pi), & c_n = -0.5 \end{cases} \qquad (4.29)$$

式中, $G_{发}$ 单位为 dBm。

根据设计要求和安捷伦信号发生器的特性, 我们选取发射机技术参数如下

① 载波频率　　　　　　　　36 MHz

② 信号调制方式　　　　　　DPSK

③ 基带信号速率　　　　　　1 MHz

④ 输出功率　　　　　　　　+20 dBm

⑤ 发射天线增益　　　　　　-1 dBi

在已知发射机技术参数基础上, 进一步假定通信距离 1 km、接收天线增益 5 dBi、接收机射频前端输出信号功率 1 mW, 可由下式求出接收机射频前端的系统增益为[106]

$$G_{射频前端} = |G_{发} + G_{发}^{天线} + G_{收}^{天线} - 10\lg P_0 - 32.44 - 20\lg f - 20\lg d| \approx 39.57 \text{ dB} \quad (4.30)$$

式中, f 单位取 MHz; d 单位取 km; $G_{发}$、$G_{发}^{天线}$、$G_{收}^{天线}$、$G_{射频前端}$ 单位取 dB; P_0 单位取 mW。

于是, 综合上述分析结果, 我们选取混沌振子接收机射频前端的技术参数为

① 接收信号载波频率　　　　36 MHz

② 带宽　　　　　　　　　　2 MHz

③ 基带信息速率　　　　　　1 MHz

④ 接收机天线增益　　　　　5 dBi

⑤ 系统增益　　　　　　　　50 dB

⑥ 中频输出信号电平　　　　0.632V_{p-p}@阻抗 50 Ω

⑦ 中频频率　　　　　　　　10.7 MHz

⑧ 过零检测(A/D)输出电平　TTL

⑨ 系统采样频率　　　　　　125 MHz

混沌振子接收机可利用同频 Duffing 振子阵列按图 4.15 所示的硬件结构实现[105]。

图中, $x(t) = r(t) + n(t)$ 为天线接收信号, 其中 $r(t)$ 代表到达天线的发射机信号, $n(t)$ 代表进入天线的环境噪声。射频前端用模拟电路实现, 混沌振子解调器用 ALTERA 公司的 EP2S180 FPGA(field programmable gate array, FPGA)开发板实现[105]。

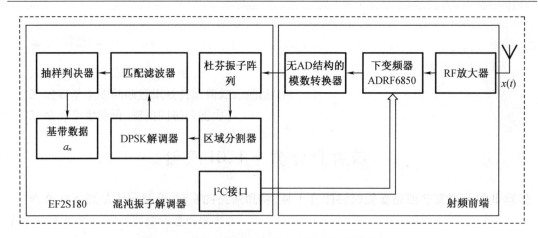

图 4.15　能接收常规 DPSK 信号的混沌振子接收机

4.3.2　发射机 DPSK 编码器设计

本节要设计的 DPSK 编码器是发射机中的一个硬件单元,主要承担对基带数据进行 DPSK 编码和双极性变换的任务。其中,DPSK 编码需依据 4.3.1 节给出的式(4.26)来完成,而双极性变换需依据式(4.27)来完成。

工程实现 DPSK 编码器时,有两种常用的硬件方案可供我们选择,其一是嵌入式 MPU + 数模转换器 DAC 的方案,其二是可编程器件 FPGA + 数模转换器 DAC 的方案。

考虑到产生基带数据码元序列和把其送入 DPSK 编码器进行编码的便利性,我们选择 FPGA + 数模转换器 DAC 的方案来设计 DPSK 编码器,图 4.16 为这一硬件方案的原理构成框图。

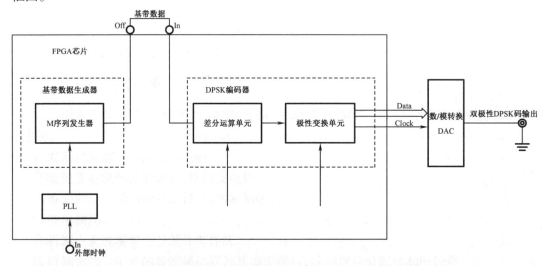

图 4.16　DPSK 编码器和基带数据生成器的原理框图

图中,基带数据生成器由 M 序列发生器构成,它产生的伪随机(PN)序列被作为基带码元数据送入 DPSK 编码器进行编码;DPSK 编码器由差分运算单元、极性变换单元和 DAC 单元构成,其中差分运算单元完成式(4.26)的运算,极性变换单元和 DAC 单元共同完成式

（4.27）的运算,DAC 单元输出电压为 1Vp - p 的双极性 DPSK 编码信号。

　　M 序列发生器按下列方程进行设计：

$$f(x) = x^0 + x^4 + 1 \tag{4.31}$$

　　由图 4.16 可见,式（4.26）产生的基带数据序列的码率等于锁相环 PLL 的时钟频率[104]。

　　为便于实现图 4.14 给出的硬件方案,FPGA 芯片以 ALTERA 公司的 stratx_Ⅱ2s60 开发板代替,DAC 芯片选用 ADI 公司/TI 公司的 AD768。

　　图 4.16 所示的具体实现电路如图 4.17 所示。图中,stratx_Ⅱ2s60 的晶振为 50MHz 的时钟,通过 VerilogHDL 语言编程,对其分频 50 倍,产生 1 MHz 的时钟,送给 M 序列发生器用以产生码元速率为 1Mb/s 的基带数据序列,再由 DPSK 编码器对其进行码变换,并由 14 位 DAC 输出电平为 1Vp - p 的双极性码信号。

　　最后,把双极性 DPSK 码输出信号,送给图 4.14 中的安捷伦信号发生器,并设置载波频率为 36 MHz,便可产生载波频率为 36 MHz 的 DPSK 射频调制信号。

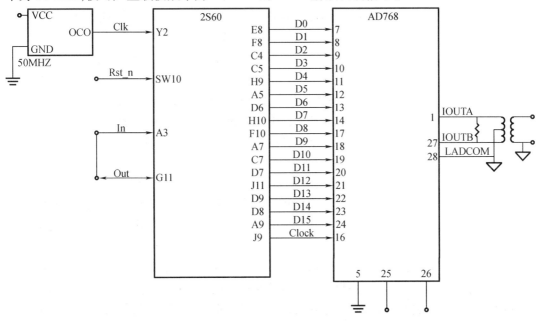

图 4.17　实现图 4.14 设计的电路原理图

　　使用示波器 TDS220 可观测到 DPSK 射频调制信号波形,如图 4.18 所示。图中,示波器显示信号分为 1、2 两路,1 路为基带码元信号波形,2 路为 DPSK 射频调制信号波形。

　　为观测 DPSK 射频调制信号的细节,对图中标记部分进行了局部放大,并以图 4.19 示出。图 4.19 中,标记部分为一个基带码元,其对应的载波周期数为 36,故满足载波频率为基带码元速率 36 倍的关系。

　　进一步把 DPSK 基带码元变化的局部区域放大,如图 4.20 中标记部分,可观测到基带信号码元电平切换时,载波相位发生反相变化,这符合 DPSK 调制原理,故表明设计是正确的。

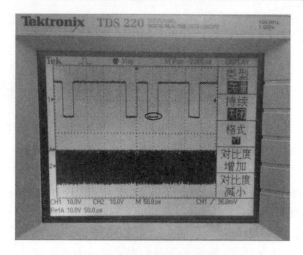

图 4.18　DPSK 调制信号波形测试结果

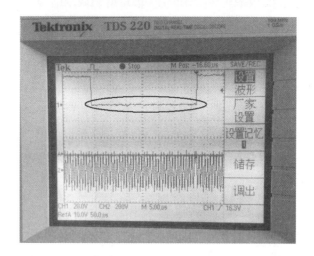

图 4.19　DPSK 基带信号与载波信号波形局部放大图

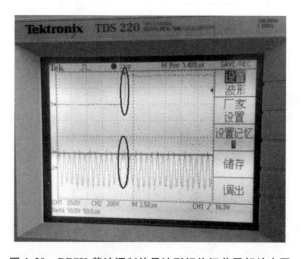

图 4.20　DPSK 载波调制信号波形相位细节局部放大图

4.3.3　接收机射频前端电路设计

本节针对混沌振子接收机的射频前端电路设计问题进行讨论。就一般而言,混沌振子接收机所需的射频前端电路与非混沌振子接收机没有本质的不同,通常由低噪声高放、混频器、中频滤波和放大电路组成,它是混沌振子接收机的一个重要组成部分,其作用是将不易处理的微弱高(射)频信号转变为易于处理的中频信号,再由中频电路放大到满足 A/D 转换所要求的信号电平,从而保证接收机有较大的动态范围,使之在信道衰落较为严重的情况下能可靠地接收发射机信号。

图 4.21 为我们设计的一个混沌振子接收机射频前端电路,它由 TRF37D37 射频增益块和 MC3362 调频芯片构成。与天线相接的 TRF37D73 负责对 36 MHz 的 DPSK 调制信号放大,单级增益约为 19.5dB;MC3362 芯片内部包含混频器,在本振频率取 46.7 MHz 时,可把从天线接收到的 DPSK 调制信号转换为 10.7 MHz 的中频信号;此中频信号由三端陶瓷滤波器滤出,经变压器阻抗匹配后送至 TRF37D73 进行两级中频放大,使中频信号电平达到 $0.632V_{\mathrm{p-p}}$ 左右,即达到接收机系统增益要求[107]。

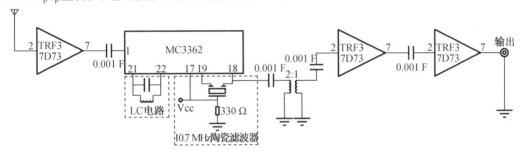

图 4.21　混沌振子接收机射频前端电路图

FPGA 信号处理系统与射频前端电路相接,完成信号解调任务,图 4.22 为其实现原理框图。

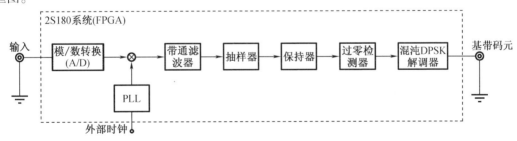

图 4.22　混沌振子接收机 FPGA 信号处理系统的实现原理框图

硬件实现中使用 Altera 公司的 NiOS Ⅱ嵌入式 IP 核设计混沌接收机解调器,可处理信号的频率上限约为 0.9 MHz 左右,故把 10.7 MHz 中频信号用混频器转变为 0.9 MHz 的新中频信号,此功能由图 4.22 中的混频电路完成,PLL 频率合成器产生的本振信号频率为 11.6 MHz,混频后产生 0.9 MHz 的包含基带信息的新中频信号,由带通滤波器选出送入抽样器。

新中频信号经抽样保持后,由过零检测器转换为混沌 DPSK 解调器所需的外部信号。

该信号与同频混沌振子的内部驱动信号同频,是幅值固定的双极性电平信号,幅值大小依据混沌 Duffing 振子的外部信号注入强度因子确定。本设计中,过零检测器把高于等于 0 电平门限的新中频信号转换为 +0.16 V 固定电平信号,把低于 0 电平的新中频信号转换为 −0.16 V 固定电平信号。过零检测器产生的输出被送入混沌 DPSK 解调器进行解调处理[105,108]。

下节我们将详细介绍混沌振子接收机的核心部分——混沌 DPSK 解调器的设计,内容包括 Duffing 方程求解算法——四阶 Runge-Kutta 法的 VerilogHDL 硬件编程语言设计、DPSK 解调器和位同步等模块的设计及其仿真实验结果。

4.3.4 基于同频 Duffing 振子阵列的 DPSK 解调器的设计与实现

1. 四阶 Runge-Kutta 法求解 Duffing 方程的原理

Duffing 振子方程是一类经典的非线性方程,在工程上,常采用四阶 Runge-Kutta 法进行解算,因该算法有较高的数值解算精度。显然,通过用 FPGA 硬件实时解算 Duffing 振子方程,可获得 Duffing 振子模型。下面具体给出四阶 Runge-Kutta 法的 FPGA 编程实现方法。

由式(4.14)知,Duffing 方程的表达式为

$$
\begin{cases}
\dot{y}_1 = \omega y_2 \\
\dot{y}_2 = \omega\left[-ky_2 + y_1 - y^3 + \gamma_c \cos(\omega t + \varphi_1) + ax(t) \right]
\end{cases}
\tag{4.32}
$$

为求解式(4.32),在初始条件已知条件下,可将其表示成状态方程形式

$$
\begin{cases}
\dot{Y} = \begin{bmatrix} \dot{y}_1 \\ \dot{y}_2 \end{bmatrix} = \begin{bmatrix} f_1(t, y_1, y_2) \\ f_2(t, y_1, y_2) \end{bmatrix} = f(t, Y) \\[2mm]
Y_0 = \begin{bmatrix} y_1(0) \\ y_2(0) \end{bmatrix}
\end{cases}
\tag{4.33}
$$

于是,四阶 Runge-Kutta 法的迭代公式可表达为

$$
Y_{n+1} = Y_n + \frac{h}{6}(K_1 + 2K_2 + 2K_3 + K_4)
\tag{4.34}
$$

式中,Y_n 为前一步状态值,Y_{n+1} 为当前状态值,h 为迭代步长,且有

$$
\begin{cases}
K_1 = f(t_n, Y_n) \\[1mm]
K_2 = f\left(t_n + \dfrac{h}{2}, Y_n + \dfrac{h}{2}K_1\right) \\[2mm]
K_3 = f\left(t_n + \dfrac{h}{2}, Y_n + \dfrac{h}{2}K_2\right) \\[2mm]
K_4 = f(t_n + h, Y_n + hK_3)
\end{cases}
\tag{4.35}
$$

式中,各中间变量的含义为:K_1 为第 n 时间段(步长)内起始时刻的斜率;K_2 为第 n 时间段内中点的斜率,即斜率 K_1 的修正值;K_3 为第 n 时间段(步长)内中点斜率 K_2 的修正值;K_4 为第 n 时间段(步长)内中点斜率 K_3 的修正值。对四个斜率按下式取平均时,中间的两个斜率具有更大的权值

$$
K = \frac{K_1 + 2K_2 + 2K_3 + K_4}{6}
\tag{4.36}
$$

将式(4.32)代入式(4.35)可得

$$\begin{cases} k_{11} = \omega y_{2,n} \\ k_{12} = \omega \left[-ky_{2,n} + y_{1,n} - y_{1,n}^3 + \gamma\cos(\omega t_n + \varphi) + ax(t_n) \right] \end{cases} \tag{4.37}$$

$$\begin{cases} k_{21} = \omega \left[y_{2,n} + \dfrac{h}{2}k_{12} \right] \\ k_{22} = \omega \left[-k\left(y_{2,n} + \dfrac{h}{2}k_{12}\right) + \left(y_{1,n} + \dfrac{h}{2}k_{11}\right) - \left(y_{1,n} + \dfrac{h}{2}k_{11}\right)^3 + \lambda\cos\left(\omega\left(t_n + \dfrac{h}{2}\right) + \varphi\right) + ax\left(t_n + \dfrac{h}{2}\right) \right] \end{cases} \tag{4.38}$$

$$\begin{cases} k_{31} = \omega \left[y_{2,n} + \dfrac{h}{2}k_{22} \right] \\ k_{32} = \omega \left[-k\left(y_{2,n} + \dfrac{h}{2}k_{22}\right) + \left(y_{1,n} + \dfrac{h}{2}k_{21}\right) - \left(y_{1,n} + \dfrac{h}{2}k_{21}\right)^3 + \lambda\cos\left(\omega\left(t_n + \dfrac{h}{2}\right) + \varphi\right) + ax\left(t_n + \dfrac{h}{2}\right) \right] \end{cases} \tag{4.39}$$

$$\begin{cases} k_{41} = \omega \left[y_{2,n} + hk_{32} \right] \\ k_{42} = \omega \left[-k\left(y_{2,n} + h2k_{32}\right) + \left(y_{1,n} + hk_{31}\right) - \left(y_{1,n} + hk_{31}\right)^3 + \lambda\cos\left(\omega(t_n + h) + \varphi\right) + ax(t_n + h) \right] \end{cases} \tag{4.40}$$

$$\begin{cases} y_{1,n+1} = y_{1,n} + \left[k_{11} + 2k_{21} + 2k_{31} + k_{41} \right] \times \dfrac{h}{6} \\ y_{2,n+1} = y_{2,n} + \left[k_{12} + 2k_{22} + 2k_{32} + k_{42} \right] \times \dfrac{h}{6} \end{cases} \tag{4.41}$$

式（4.37）－（4.41）中，$t_n = n \times h (n = 1,2,\cdots)$ 为时间变量；h 为迭代步长，由四阶 Runge-Kutta 法的计算原理可知，计算步长越小，所得到的递归计算值 Y 越接近理论值，即计算中的累积误差越小。但这会占用更多的 FPGA 资源，并使计算时间增加，计算速度下降，故为兼顾计算精度与计算速度的要求，通过实验得知：迭代步长范围取 $\dfrac{1}{10f_0} \leqslant h \leqslant \dfrac{1}{5f_0}$ 为宜，其中 f_0 是输入信号的载波频率。于是，本设计取 $h = \dfrac{1}{10f_0}$。$x(t_n)$ 为 Duffing 振子的外部输入信号，即由过零检测器经取样保持器注入 Duffing 振子的待解调信号，其取值为 ＋0.16 V 和 －0.16 V。

2. 四阶 Runge-Kutta 法求解 Duffing 方程的改进算法

4.2 节已经介绍了同频 Duffing 振子阵列对 DPSK 调制信号的非相干检测原理，该同频 Duffing 振子阵列是构成 DPSK 解调器的重要组成部分，其中 Duffing 振子的解算通过四阶 Runge-Kutta 法实现。但是，对同频 Duffing 振子阵列中的多个振子进行实时解算的计算量很大，因此，如何有效利用 FPGA 的内部逻辑资源是一个问题。

下面结合过零检测器的输出、Duffing 方程的特点、四阶 Runge-Kutta 法算法和 FPGA 的硬件环境，对同频 Duffing 振子阵列解算过程中的数据重用和运算简化问题进行讨论，以期达到降低（节省）FPGA 资源消耗的目的。

这里，同频 Duffing 振子阵列的振子数目取为 6，由式（4.18）知，Duffing 振子内部驱动力的初始相位应依次选取为 $\varphi_0 = 0°，60°，120°，180°，240°，300°$，待解调信号与 Duffing 振子内部驱动力的频率同为 $f_0 = 0.9$ MHz，系统采样频率为 $f = 10f_0 = 9$ MHz。现以第一个振子（$\varphi_0 = 0°$）为例，对其 Verilog HDL 编程实现算法进行运算步骤简化。

取 Duffing 振子内部驱动力角频率 $\omega = 2\pi f_0$，则 Duffing 振子内部驱动力可表达为

$$\gamma\cos(\omega t_n) = \gamma\cos(2\pi f_0 \cdot nh) = \gamma\cos\left(2\pi f_0 \cdot n \cdot \frac{1}{10 f_0}\right) = \gamma\cos\left(\frac{1}{5} n\pi\right) \tag{4.42}$$

因 n 为正整数，故知式(4.42)是一个周期为 10 的余弦函数。

在 FPGA 内部，实现三角函数的计算通常有两种算法：Cordic 算法和查表法，Cordic 算法是基于旋转坐标系的逐步替代法；查表法是基于 ROM 的查找表法直接读出函数值，不必经过内部计算过程。由式(4.42)可知，本设计中采用查表法比较适合。于是，利用 Duffing 振子内部驱动力以 10 为周期的特点，把一个周期内 10 个余弦函数值预先算出来，再存储到 ROM 寄存器变量中，然后，根据时间变量读取相应的余弦函数值，即可节省处理器内部的计算步骤。基于这一思想，式(4.38)可以调整为

$$\begin{cases}
k_{21} = \omega y_{2,n} + \omega\dfrac{h}{2}k_{12} = k_{11} + \dfrac{\omega h}{2}k_{12} \\[2mm]
k_{22} = \omega\left\{-k\left(y_{2,n} + \dfrac{h}{2}k_{12}\right) + \left(y_{1,n} + \dfrac{h}{2}k_{11}\right) - \left(y_{1,n} + \dfrac{h}{2}k_{11}\right)^3 + \lambda\cos\left[\omega\left(t_n + \dfrac{h}{2}\right) + \varphi\right] + \right. \\[3mm]
\qquad \left. ax\left(t_n + \dfrac{h}{2}\right)\right\} \\[3mm]
\quad = \omega\left[-ky_{2,n} + y_{1,n} - y_{1,n} + \lambda\cos(\omega t_n + \varphi) + ax(t_n)\right] + \\[3mm]
\qquad \omega\left\{-k\dfrac{h}{2}k_{12} + \dfrac{h}{2}k_{11} - \dfrac{3h}{2}y_{1,n}^2 k_{11} - \dfrac{3h}{2}y_{1,n}k_{11}^2 - \dfrac{h^3}{8}k_{11}^2 + \lambda\cos\left[\omega\left(t_n + \dfrac{h}{2}\right) + \varphi\right] - \right. \\[3mm]
\qquad \left. \lambda\cos(\omega t_n + \varphi) + ax\left(t_n + \dfrac{h}{2}\right) - ax(t_n)\right\} \\[3mm]
\quad = k_{12} + \omega\left\{-k\dfrac{h}{2}k_{12} + \dfrac{h}{2}k_{11} - \dfrac{3h}{2}y_{1,n}^2 k_{11} - \dfrac{3h}{2}y_{1,n}k_{11}^2 - \dfrac{h^3}{8}k_{11}^2 + \lambda\cos\left[\omega\left(t_n + \dfrac{h}{2}\right) + \varphi\right] - \right. \\[3mm]
\qquad \left. \lambda\cos(\omega t_n + \varphi) + ax\left(t_n + \dfrac{h}{2}\right) - ax(t_n)\right\}
\end{cases}$$

$$\tag{4.43}$$

式中，所有乘积项的系数都是已知的，只有中间变量和迭代计算结果是未知的，因此，可运用并行计算的设计思想将这个方程分割为所有乘积项同时运算。因该并行运算无先后顺序，故既不会对整个计算式产生影响，又可提高系统计算速度。此外，由 $\lambda\cos\left[\omega\left(t_n + \dfrac{h}{2}\right) + \varphi\right] - \lambda\cos(\omega t_n + \varphi)$ 项的角频率、时间变量和迭代步长三者之间的关系可见，该项也是以 10 为周期的周期序列，故可预先计算出结果；而 $ax\left(t_n + \dfrac{h}{2}\right) - ax(t_n)$ 项是输入的采样信号，由于采样信号是过零检测器的输出信号，在 FPGA 内被映射为 $+0.16$ 和 -0.16，其系统采样率是信号载波的 10 倍，所以此项的计算结果多数情况为 0，少数情况是一个很小的值，对整个计算式的最终数值影响很小，在此做舍去处理。同理，对公式(4.39)、公式(4.40)做展开处理，也可得到同样的结果，故亦可做舍去处理。

综合以上分析可知，对每一步中间变量 K_i 的内部计算都是并行的，而中间变量 K_i 间的计算都是顺序执行的，因此，对于 K_i 间的计算，按先后顺序以有限状态机实现时最为合适。在每个状态机内进行不相关变量的同时运算会更有效率。最后，以四阶 Runge – Kutta 法数值求解 Duffing 方程的 Verilog HDL 程序的设计流程图可由图 4.23 给出。

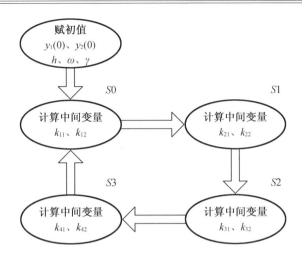

图 4.23 四阶 Runge – Kutta 法求解 Duffing 方程的中间变量计算流程图

在每个状态机的内部进行乘积项运算时,需直接调用 FPGA 内部集成的硬件乘法器,因此,在四阶 Runge – Kutta 法模块设计中,对所有数值都进行了定点化处理,这样就可避免因双精度浮点运算引起的 FPGA 内部大量硬件资源和时钟周期的过度消耗。设计中所有涉及的数据都被转换为 18 位的有符号定点数,最高位是符号位,其余 17 位分成 3 位整数位和 14 位小数位,在满足计算精度的同时,采取 18 位定点数在 FPGA 内计算两个数乘法时,可以调用一个 FPGA 的硬件乘法器实现。

在四阶 Runge – Kutta 法计算模块(以下简称:RK4 模块)中,将实际的常系数乘以 2^{14} 可得到对应的定点数,同样想要把运算后获得的定点数恢复成浮点数,仅仅需要除以 2^{14}。图 4.24 给出的为整个四阶 Runge – Kutta 法计算模块在 FPGA 内的 RTL(real time language, RTL)结构形式。

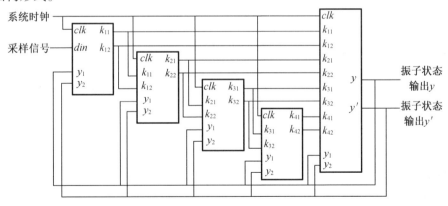

图 4.24 单一 Duffing 振子 RK4 模块的实现结构图

按图 4.24 示出的算法实现结构图,使用 Verilog HDL 语言编写了四阶 Runge – Kutta 法的运算程序,再经过 Quartus Ⅱ 软件编译通过,得到 RTL 仿真结果如图 4.25 所示。

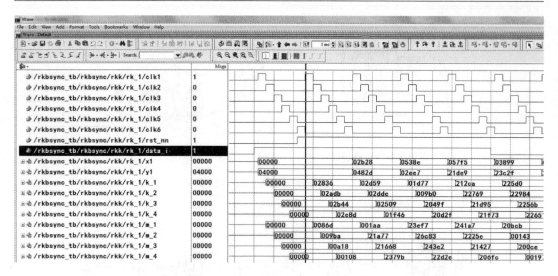

图 4.25　RK4 模块的 RTL 仿真结果

图中,变量 x_1、y_1 分别是公式(4.33)中的 y_1 和 y_2,即 Duffing 振子的两个输出变量。由图 4.25 可见,本次仿真中预设变量的两个初始值:$x_1 = 0x00000$、$y_1 = 0x4000$,将定点数转换成为实际的浮点数值为:$x_1 = 0.0$、$y_1 = \dfrac{(0x4000)}{2^{\wedge}14} = 1.0$。此设计中,Duffing 振子的阻尼系数 $k = 0.5$,内部驱动力幅值 $\gamma_c = 0.84$,中间变量 k_{11} 可表示为

$$k_{11} = h\omega y_2 = \frac{1}{10f} \times 2\pi f \times 1.0 = \frac{\pi}{5} = 0.628\ 318\ 52 \tag{4.44}$$

将 k_{11} 转换为 14 位的定点数为:$0.628\ 318\ 52 \times 214 = 10\ 294.370\ 6$,整数部分的十六进制表示为:0x02836,可见其与图 4.25 中的数据相吻合,计算误差为 $0.370\ 6/10\ 294 = 3.6 \times 10^{-5}$,RK4 模块计算的精确度为小数点后 4 位,进一步依次对各中间变量进行验证可知,RK4 模块的计算结果是正确的。

很明显,图 4.25 中给出的仿真结果与单一 Duffing 振子方程的四阶 Runge-Kutta 法数值解相吻合,因此 RK4 模块的 FPGA 设计的正确性获得验证。在 6 个 Duffing 振子中,除了每个振子内部驱动力的初相位取值不同外,其他参数都相同,所以,RK4 模块的部分数据可复用,这就减少了 FPGA 内部资源占用率。

为了验证同频 Duffing 振子阵列算法编写的正确性,将同频 Duffing 振子阵列的 Verilog HDL 设计结果的 RTL 仿真数据按 .txt 文件格式导出,并在 MATLAB 软件中画出待检信号存在与否两种情况下的相轨迹图,结果如图 4.26 所示。在图 4.26 中,(a)为无待检信号输入情况下同频 Duffing 振子阵列中 6 个振子的输出相轨迹图。此时,6 个 Duffing 振子相轨迹均为混沌态,表示无外部信号输入;(b)为有待检信号输入情况下 6 振子输出相轨迹图。此时,阵列中有 5 个振子相轨迹为大尺度周期态,1 个振子处于过渡期,都表示有外部信号输入,这说明同频 Duffing 振子阵列的数值求解算法(四阶 Runge-Kutta 法)的 FPGA 设计是正确的。

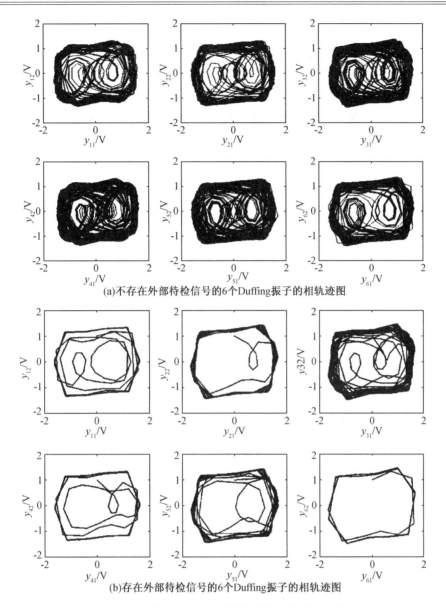

(a)不存在外部待检信号的6个Duffing振子的相轨迹图

(b)存在外部待检信号的6个Duffing振子的相轨迹图

图 4.26　同频 Duffing 振子阵列输出的相轨迹图

3. DPSK 解调器的 FPGA 实现方法

　　上节中介绍了如何使用同频 Duffing 振子阵列检测 DPSK 信号和完成基带信号的检测方法。但是,接收机最终恢复出基带信号波形还需要使用 DPSK 解调器。3.2 节中介绍了域分割检测器的设计方法及 DPSK 解调器的结构,4.2.5 节中给出了使用同频 Duffing 振子阵列检测 DPSK 信号的方法,图 4.7 是 DPSK 解调器结构图,根据上述给出的 DPSK 解调器结构和功能,用 FPGA 平台实现 DPSK 解调器同样也参考图 4.7 示出的 Duffing 振子 DPSK 调制信号解调器的技术架构。

　　显然,由图 4.7 可知 DPSK 解调器包含了区域分割器,1 – Bit 延时器和积分 – 清洗滤波器。在 3.2.2 节中详细说明了区域分割器的结构、算法及仿真结果,包括圆域分割器和矩形域分割器,通过仿真图 3.7 可知二者有相同的检测效果。但是,对比二者的算法结构,由于圆域分割器结构简单、运算复杂度较低,故在本接收机的 FPGA 设计中采用了圆域分割器。使用 Verilog 语言编写这一算法时,包含平方运算、求和运算和阈值比较器。在构建 FPGA 算法时,调用 FPGA 内部的硬件乘法器可实现平方运算,采用定点数的表示方法,在进行加法运算时需要先完成原码和补码的转换,再运用补码进行求和运算,将运算结果进行补码转换恢复为原码送入比较器中判断输出,即可得到圆域分割器的检测结果。另一方面,1 – Bit 延时器需要精确地延时电路,这在 FPGA 平台上很容易实现,对于数字信号而言,其本身具有精确的时钟控制,可以做到精确地延时。

此外,在 FPGA 平台实现积分－清洗滤波器,需要采用数字滤波器结构实现。在一个码元周期内进行积分运算,在码元终了时刻进行清零处理,然后,周而复始地进行运算,这相当于用 Verilog HDL 语言实现时,在宽度为一个码元周期的时间窗口内进行求和运算,每过一个采样间隔清零后,再重新在一个码元周期内进行求和运算。根据上述 FPGA 实现方法,DPSK 解调器的仿真结果由图 4.27 给出。图 4.27 中 add_ave6 即为 DPSK 解调器输出结果,实现了恢复基带信号波形的任务。

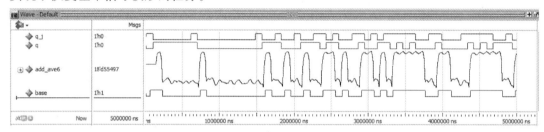

图 4.27　基于同频 Duffing 振子阵列的混沌数字接收机对 DPSK 信号解调的 Modelsim 仿真图

4. 位同步模块的 Verilog HDL 实现方法

本设计采用 Verilog HDL 编写微分型位同步器的 FPGA 实现程序,如图 4.28 所示为微分型位同步器的 RTL 视图,主要包括五个模块:双相时钟产生模块、微分鉴相器模块、单稳态触发器模块、控制及分频模块和位同步形成及移相模块。

图 4.27 中,q_j 信号是由测试激励中的 PN 码生成模块产生,模拟发射机发射的基带数据原码,q 信号是经过码变换器得到的相对码,base 信号是经过同频 Duffing 振子阵列数字接收机解调恢复出的码元信号,通过与 q_j 信号的对比可知,经过 Duffing 振子解调获得的码元信号 base 只是 q_j 信号的延迟信号。对其 RTL 仿真结果分析可得,基于同频 Duffing 振子阵列的混沌数字接收机的 FPGA 实现部分的功能正确,实现了理论仿真的功能。

图 4.28 中 u2 为双相时钟子模块,根据位同步环的工作原理,双相时钟子模块主要的功能就是根据系统时钟信号产生满足一定相位和占空比条件的周期性脉冲信号。因为产生的时钟信号的频率和相位是固定的,不用随着环路的工作情况进行跟踪调整,因此没有反馈部分,实现起来结构简单。u3 为微分鉴相模块,主要完成对输入信号的微分整流及其与分频器输出的两路相位相反的信号之间的鉴相功能,在 FPGA 上的实现结构是与门电路。u4、u5 模块为单稳态触发器部分,当检测到高电平脉冲信号时,单稳态电路将连续输出一定时间长度的脉冲信号,时间宽度要保证双相时钟部分输出的二路信号只有其中的一个可以顺利过去。u6 为控制及分频模块,主要完成与门电路的功能,产生 clk_in 信号及对其进行 8 分频的输出信号 clk_i 及 clk_q。u7 为位同步形成及移相模块,主要实现根据分频器输出的

位同步信号 clk_i 和 clk_q 转换成占空比为 1∶7 的脉冲信号,由于位同步信号的形成过程中存在着相位的调整,同时对输入数据进行相应的移相调整。

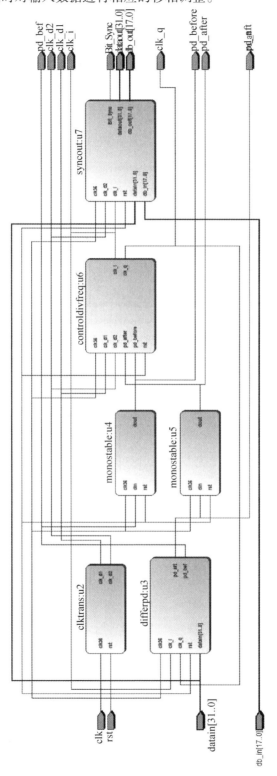

图 4.28　微分型位同步器的 RTL 视图

图 4.29 给出了数字锁相环法的位同步器的 Modelsim 仿真结果。图中的检测时钟是码元速率的 32 倍,采样速率是检测时钟的四分之一,所以在本设计中,每次进行相位调整的步进值是码元周期的八分之一。图 4.29 中的 pd_bef 和 pd_aft 信号表示鉴相器的比较结果,当本地位同步信号超前或者滞后时二者分别会产生一个系统时钟宽度的高电平脉冲信号,通过控制部分使得输入时钟信号 clk_in 减少一个脉冲或者多一个脉冲,进而实现相位的调整。另外,datain 为测试激励中设置的模拟的输入信号,bit 为位同步脉冲信号,通过对比可知,位同步脉冲 bit 正好对应于输入信号码元的中间位置,说明位同步模块的功能正确。

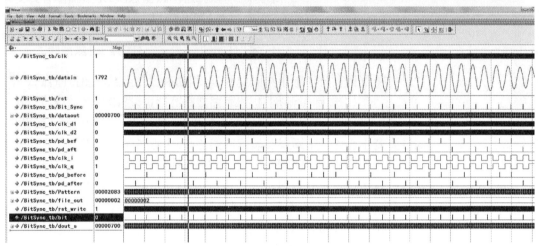

图 4.29　微分型位同步器的 Modelsim 仿真结果

5. 基于同频 Duffing 振子阵列的 DPSK 解调器的 Modelsim 仿真

前几节中详细阐述了混沌振子接收机中各模块的 FPGA 实现方法,根据图 4.15 中所示的混沌数字接收机结构,可得该接收机 FPGA 实现的 RTL 图,如图 4.30 所示。

图 4.30 中所示混沌振子接收机中 FPGA 实现部分主要包含 5 个模块:同频 Duffing 振子阵列信号检测器、时钟分频模块、低通滤波器模块、位同步信号提取模块和基带信号恢复模块。其中 rk 模块为同频 Duffing 振子阵列检测模块,主要实现对输入信号 data_i 的检测解调功能,是整个同频 Duffing 振子阵列数字接收机的核心部分,其工作能力直接限制了整个混沌数字接收机性能到达的上限;IIR_LPF 为低通滤波器模块,主要是对解调信号进行滤波处理,使得解调信号更加平滑,便于后续的相关处理;BitSync 为位同步信号提取模块,主要实现对解调信号进行位同步信号的准确提取和解调数据的移相功能;clk_div 为时钟分频模块,功能是输出位同步信号提取模块的系统时钟;最后的 basecovery 是基带码元恢复模块,主要的功能是根据已经得到的位同步信号对解调数据进行抽样判决恢复出发射机发射的码元数据流。

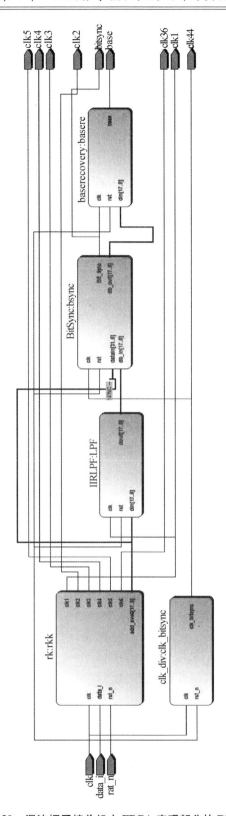

图 4.30　混沌振子接收机中 FPGA 实现部分的 RTL 图

4.3.5 混沌数字接收机的测试结果

1. 混沌数字接收机的仿真结果

通过 SystemView 仿真软件搭建了基于同频 Duffing 振子阵列的混沌数字接收机的仿真模型。该模型中包括的 Duffing 振子数是 6 个,进行了在加性高斯白噪声信道下不同信噪比的误码率仿真测试,并得到了误码率曲线,如图 4.31 所示。同时,为便于对比性能,在 SystemView 中搭建了基于科斯塔斯环的常规 DPSK 信号接收机模型并且进行了误码率测试。此外,在图 4.31 中也给出了文献[109]中给出的 DCSK 接收机的误码率及理想情况下的 DPSK 系统误码率曲线。

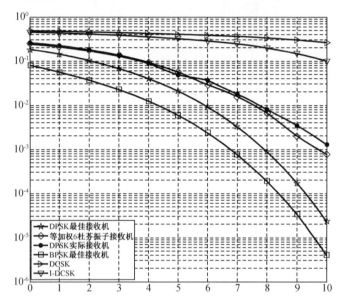

图 4.31　误码率仿真测试结果

图中的仿真结果显示,本文设计的基于同频 Duffing 振子阵列的混沌数字接收机性能略优于基于科斯塔斯环的 DPSK 实际接收机的性能。在低信噪比下,Duffing 振子接收机的误码率性能与基于科斯塔斯环的 DPSK 接收机的误码率性能接近;但是在常规信噪比下,误码率性能相比 DPSK 实际接收机有一定的提升。此外,该混沌数字接收机误码率性能远优于基于现有混沌通信技术的 DCSK 和 I - DCSK(improved differential chaos - shift keying)接收机。这表明,本设计取得了促进混沌振子接收机技术进步的良好效果。

2. 混沌数字接收机的硬件测试结果

基于前文提出的理论和方法,设计完成了基于 FPGA 平台的混沌数字接收机样机,其硬件实物照片如图 4.32 所示。

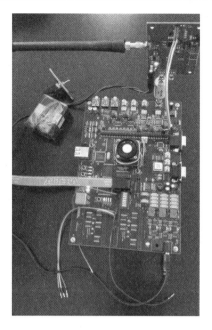

图 4.32 混沌数字接收机样机实物照片

在完成所有必要装机、调试、实验后,对整个混沌数字接收机进行了硬件测试,测试所需要的发射机实物照片如图 4.33 所示。

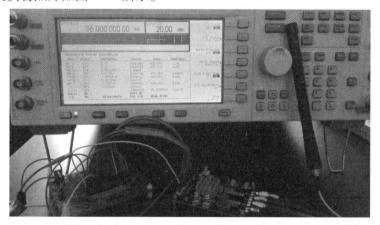

图 4.33 DPSK 调制信号发射机实物照片

基于同频 Duffing 振子阵列的混沌数字接收机的全系统性能测试示意图,如图 4.34 所示。图 4.34 中的发射机和接收机通过无线信道连接,对整个数字通信系统的测试首先采用示波器观察,实验中发射机发射的基带码元序列为 m 序列(伪随机序列),用安捷伦 500 MHz 的示波器的两个通道分别观察发射机发送的基带数据和由混沌数字接收机解调恢复出的基带信号。

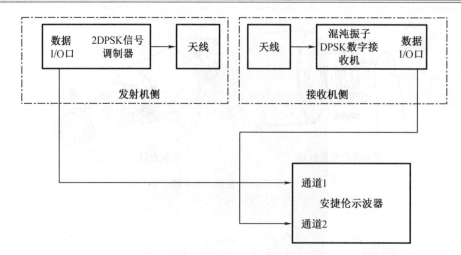

图 4.34 示波器测试混沌数字接收机实验原理示意图

如图 4.35 所示,示波器的通道 1 为发射机传送的基带信号波形,通道 2 为接收机根据收到的信息恢复出的码元信号,通过二者的对比可以发现,在一段时间内的接收信号与发射信号的波形只是时间上存在延迟而已,也就是说接收机恢复出的信号与发射的信号一致,表明基于同频 Duffing 振子阵列的混沌数字接收机可以有效地解调常规 2DPSK 调制信号,验证了该方法的可行性和正确性。

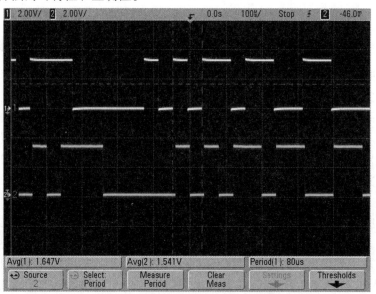

图 4.35 示波器测试混沌数字接收机的波形图

进行初步的测试结果仅能够说明基于同频 Duffing 振子阵列的混沌数字接收机的功能正确,并不能就此判断出本文设计中的信号接收机的性能优劣,所以又进行了误码率测试实验。如图 4.36 所示,为本文构建的实验方案连接图,以此测试该接收机在不同信噪比下的误码率性能。通过 RS232 串口将数据从 PC 机上发送到 2DPSK 发射机进行调制和发射,通过本文设计的混沌接收机接收信号,接收机解调恢复出的基带数据再传回 PC 端。PC 端通过串口调试助手软件进行数据的传送和接收,对于 PC 端的串口调试助手软件参数的基本设置操作时需要注意:实验中的串口传输速率(波特率)设置为 25 kb/s,波特率设置的正确与否直接决定着串口助手能否正确接收和发送数据,试验中在 PC 端通过串口软件将传送和接到的数据保存成文件[110]。

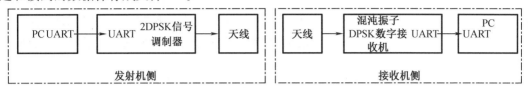

图 4.36　混沌数字接收机的误码率实验测试图

　　然后将实验中得到的数据文件,使用文件比对软件,将发射的基带数据和接收到的基带数据文件进行对比,即可得到接收机复原出的错误数据,其误码率曲线如图 4.37 所示。

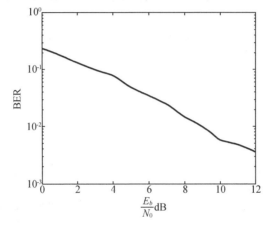

图 4.37　混沌数字接收机的误码率实验测试曲线

　　由图 4.37 可知,该混沌数字接收机可实现不同信噪比下对常规 DPSK 调制信号的接收,且误码率随 $\frac{E_b}{N_0}$ 的增大而降低。然而,受当前实验室硬件校准条件的限制,系统性能虽未能达到最优,但明显优于 DCSK 和 I – DCSK 接收机的性能。此外,需指出,若进一步完善对该混沌数字接收机的校准,仍存在提升和改进其性能的空间。此外,4.3.4 和 4.3.5 节中内容由硕士研究生王艳伟提供,且该部分内容已发表,详见参考文献[105,108,110]。

参 考 文 献

[1] LI T Y, YORKE J A. Period three implies Chaos[J]. The American Mathematical Monthly, 1975,82(10):985−992.

[2] DEVANEY R L. An introduction to chaotic dynamical systems[M]. 2nd ed. New York: Addison−Wesley Publishing Company, Inc. ,1989.

[3] MELNIKOV V K. On the stability of the Center for Time Periodic P-erturbations[J]. Moscow Math. Soc,1963(12):1−57.

[4] 张筑生. 微分动力系统原理[M]. 北京:科学出版社,1999.

[5] 张琪昌. 分叉与混沌理论及应用[M]. 天津:天津大学出版社,2005.

[6] 关新平,范正平,陈彩莲,等. 混沌控制及其在保密通信中的应用[M]. 北京:国防工业出版社,2002.

[7] 王兴元. 复杂非线性系统中的混沌[M]. 北京:电子工业出版社,2003.

[8] FEIGENBAUM M J. The universal metric properties of nonlinear transformations[C]. Journal of Statal Physics,1979,21(6):669−706.

[9] 李月,杨宝俊. 混沌振子检测引论 [M]. 北京:电子工业出版社,2004.

[10] 赵向阳,刘君华. 基于 Duffing 方程参数敏感性提取谐振型传感器频率的仿真研究[J]. 传感技术学报,2002(1):1−4.

[11] WANG G Y, CHEN D J, LIN J Y, et al. The Application of chaotic oscillators to weak signal detection[J]. IEEE Transactions on Industrial Electronics,1999,46(2):440−444.

[12] 薛春浩,戴琼海. 两种混沌机制测定强噪声下数字调制信号相位的方法 [J]. 有线电视技术,2004,l(7):89−93.

[13] 胡莺庆. 转子碰摩非线性行为与故障辨识的研究 [D]. 长沙:国防科技大学,2001:147−151.

[14] 李健,何坤,乔强,等. 应用混沌系统实现弱信号的检测 [J]. 四川大学学报(自然科学版),2004,41(6):1180−1183.

[15] 陈奉苏. 混沌控制及其应用[M]. 北京:中国电力出版社,2006.

[16] 刘明华,禹思敏. 多涡卷高阶广义 Jerk 电路 [J]. 物理学报,2006,55(11):5707−5713.

[17] LIU C X, YI J, XI X C, et al. Research on the Multi−scroll Chaos Generation Based on Jerk Model [J]. Procedia Engineering,2012,29:957−961.

[18] BIRX D L, PIPENBERG S J. Chaotic oscillators and complex mapping feed forward networks (CMFFNS) for Signal Detection in Noisy Environments [C]. IEEE conference,1992,2:881−888.

[19] STARK J, ARUMUGAM B V. Extracting slowly varying signals from a chaotic background [J]. International Journal of Bifurcation and Chaos,1992,2(2):413−419.

[20] HAYKIN, S. Neural Nerworks: acomprehensive foundation [M]. London: Macmillan College Publishing,1999.

[21] BROOMHEAD D S, HUKE J P, POTTS M A S. Cancelling Deterministic Noise by

Constructing Nonlinear Inverses to Linear filters［J］. Physica D Nonlinear Phenomena, 1996,89(4):439 –458.

［22］ LEUNG H,HUANG X P. Parameter estimation in chaotic noise［J］. IEEE Transactions on Signal Processing,1996,44(10):2456 –2463.

［23］ SHORT K M. Signal extraction from chaotic communications［J］. International Journal of Bifurcation and Chaos,1997,17(07):1579 –1597.

［24］ HAYKIN S,PRINCIPE J. Making sense of a complex world［J］. IEEE Signal Processing Magazine,1998,15(3):67 –81.

［25］ HU N Q,WEN X S. The application of duffing oscillator in characteristic signal detection of early fault［J］. Journal of Sound and Vibration,2003,268(5):917 –931.

［26］ ALDRIDGE J S,CLELAND A N. Noise-enabled precision measurements of a duffing nanomechanical resonator［J］. Physical review letters,2005,94(15):156403.

［27］ LIM C W,WU B S,SUN W P. Higher accuracy analytical approximations to the duffing-harmonic oscillator［J］. Journal of Sound and Vibration,2006,296:1039 –1045.

［28］ ZIS T,YLLDLRLM A. Determination of the frequency-amplitude relation for a duffing-harmonic oscillator by the energy balance method［J］. Computers and Mathematics with Applications,2007,54:1184 –1187.

［29］ LOU T L. Frequency estimation for weak signals based on chaos theory［J］. International Seminar on Future Bio-Medical Information Engineering,2008,361 –364.

［30］ MA L X. Weak signal detection based on duffing oscillator［C］. 1st International Conference on Information Management, Innovation Management and Industrial Engineering,2008,1:430 – 433.

［31］ PERKINS E,BALACHANDRAN B. Effects of phase lag on the information rate of a bistable duffing oscillator［J］. Physics Letters A. 2015,379(4):308 –313.

［31］ 何建华,杨宗凯,王殊. 基于混沌和神经网络的弱信号探测［J］. 电子学报. 1998,26(10):33 –37.

［33］ 黄显高,徐健学,何岱,等. 利用小波多尺度分解算法实现混沌系统的噪声减缩［J］. 物理学报,1999,48(10):1810 –1817.

［34］ 程文青,何建华,沈春蕾. 一种基于神经网络的激光水下目标探测方法［J］. 华中理工大学学报,1999,27(3):56 –58.

［35］ 汪芙平,郭静波. 强混沌干扰中的谐波信号提取［J］. 物理学报. 2001,50(6):1019 –1023.

［36］ 王冠宇,陶国良,陈行,等. 混沌振子在强噪声背景信号检测中的应用［J］. 仪器仪表学报,1997,18(2):209 –212.

［37］ WANG G Y,ZHENG W,HE S L. Estimation of amplitude and phase of a weak signal by using the property of sensitive dependence on initial conditions of a nonlinear oscillator ［J］. Signal Processing,2002,82(1):103 –115.

［38］ 李月,杨宝俊,石要武,等. 用混沌振子检测淹没在强背景噪声中的方波信号［J］. 吉林大学学报(理学版),2001,(2):65 –68.

［39］ 聂春燕,石要武. 基于互相关检测和混沌理论的弱信号检测方法研究［J］. 仪器仪表学

报,2001,22(1):32-35.

[40] 林红波,祁放,邓小英,等.混沌噪声背景下弱谐波信号的 GRNN 检测 [J].吉林大学学报,2004,22(3):209-213.

[41] 路鹏,李月.微弱正弦信号幅值混沌检测的一种改进方案 [J].电子学报,2005,33(3):527-529.

[42] 李瑜,章新华,肖毅,等.杜芬振子阵列实现弱正弦信号频率检测 [J].系统仿真学报,2006,18(9):2650-2656.

[43] 周玲,田建生,刘铁军.Duffing 混沌振子用于微弱信号检测的研究 [J].系统工程与电子技术,2006,28(10):1477-1479.

[44] 代理,李健,郑豫,等.基于双耦合 Duffing 振子的随机相位正弦信号检测 [J].成都信息工程学院学报,2008,23(1):50-53.

[45] 倪云峰,康海雷,刘健,等.基于 DUFFING 阵列的接地网故障诊断弱信号幅值检测新方法 [J].电测与仪表,2008,45(10):22-25.

[46] 王凤利,段树林,于洪亮,等.基于局域波和混沌的转子系统早期碰摩故障诊断 [J].大连海事大学学报,2008,34(3):85-88.

[47] 李香莲,陈蕾.基于混沌振子的微弱振动信号频变跟随器仿真设计 [J].中国机械工程,2009,20(2):229-233.

[48] WANG J X,HOU C L. A Method of Weak Signal Detection Based on Duffing Oscillator [C]// e-Education, e-Business, e-Management, and e-Learning, 2010. IC4E '10. International Conference on. IEEE Computer Society,2010.

[49] 贺莉,王小敏.基于 Duffing 振子的梯形增幅波弱信号检测 [J].计算机应用研究,2011,28(2):677-680.

[50] 徐艳春,杨春玲.高阶混沌振子的微弱信号频率检测新方法 [J].哈尔滨工业大学学报,2010,42(3):446-450.

[51] 张刚,王颖,王源.基于伪哈密顿量的变尺度 Duffing 振子弱信号检测 [J].电子技术应用,2014,40(8):101-104.

[52] 行鸿彦,徐伟.混沌背景中微弱信号检测的神经网络方法 [J].物理学报,2007,7(56):3771-3775.

[53] 金芳,李日永.基于矩阵理论的微弱通信信号数据融合算法研究 [J].无线电工程,2015,45(2):37-38.

[54] PECORRA L M, CARROLL T L. Synchronization in chaotic system [J]. Physical Review Letters,1990,64:821-824.

[55] NIKOLAI F R,MIKHAIL,M S,TSIMRING L S,et al. Digital communication using chaotic-pulse-position-modulation [J]. IEEE. Transctions on Fircuits and Systems I:Fundamental Theory and Applications,2001,48(12):1436-1444.

[56] 蒋国平,杨华,段俊毅.混沌数字调制技术研究进展 [J].南京邮电大学学报(自然科学版),2016,36(1):1-7.

[57] 罗伟民,丘水生,余新科.CSK 调制系统误码性能分析 [J].通信技术,2001(8):11-13.

[58] KOCAREV L,PARLITZ U . General approach for chaotic synchronization with applications

to communication[J]. Controlling Chaos,1996,74(25):161 – 164.

[59] 方锦清. 非线性系统中混沌控制方法、同步原理及其应用前景(二)[J]. 物理学进展,1996,16(2):137 – 159.

[60] HUBERMAN B A, LUMER E. Dynamics of Adaptive Systems [J]. IEEE Transactions on,1990,37(4):547 – 550.

[61] YANG T,CHUA L O. Impulsive control and synchronization of nonlinear dynamical systems and application to secure communication [J]. International Journal of Bifurcation and Chaos,1997,7(3):645 – 664.

[62] 钟晓旭,林波涛,陈文,等. 混沌神经网络的同步 [J]. 华南理工大学学报(自然科学版),1998,26(12):19 – 22.

[63] DE ANGELI A,GENESIO R,TESI A. Dead-beat chaos synchronization in discrete – time systems [J]. IEEE Transactions on circuits and systems I fundamental Theory and Applications,2002,42(1):54 – 56.

[64] LAI Y C,GREBOGI C. Synchronization of Chaotic Trajectories Using Control [J]. Physical Review E,1993,47(4):2357 – 2360.

[65] WORNELL C,ISABELLE S H,CUOMO K M. Signal Processing in the Context of Chaotic Signals [C]. Proceedings-ICASSP,IEEE International Conference on Acoustics,Speech and Signal Processing,1992,4:117 – 120.

[66] KOCAREV L, HALLE K L, ECKERT K, et al. Experimental Demonstration of secure Communication via Chaotic Synchronization [J]. International Journal of Bifurcation and Chaos,1992,2(03):709 – 713.

[67] YANG T,CHUA L O. Secure Communication Via Chaotic Parameter Modulation [J]. IEEE Transactions on Circuits and Systems I Fundamental Theory and Applications, 1996, 43(9):817 – 819.

[68] HEIDARI-BATENI G,MCGILLEM C D. Chaotic Direct-sequence Spread-Spectrum Communication System[J]. IEEE Transactions on Communications,1994,42(234):1524 – 1527.

[69] DEDIEU H,KENNEDY M P,HASLER M. Chaos Shift Keying:Modulation and Demodulation of A chaotic Carrier Using Self-synchronizing Chua's Circuits[J]. IEEE Transactions on Circuits and Systems II Analog and Digital Signal Processing,1993,40(10):634 – 642.

[70] HANY A A M,FU Y. Performance evaluation of coded hybrid spread spectrum system under frequency selective fading channel[J]. Research Journal of Information Technology,2012,6(1):1 – 14.

[71] 禹思敏,林清华,丘水生. 基于多涡卷系统的多进制数字混沌键控方式 [J]. 中国图像图形学报,2004,9(12):1473 – 1479.

[72] XU D,CHEE C Y. Chaos-based M-ary Digital Communication Techniqueusing Controlled Projective Synchronization [J]. IEE Proceedings – Circuits,Devices and Systems,2006,153(4):357 – 360.

[73] 邵玉斌. Matlab/Simulink 通信系统建模与仿真实例分析[M]. 北京:清华大学出版社,2008.

[74] 吴东梅.基于达芬振子的微弱信号检测方法研究[D].哈尔滨：哈尔滨工程大学,2010.

[75] 刘曾荣.混沌的微扰判据[M].上海：上海科技教育出版社,1994.

[76] 姜万录.基于混沌和小波的故障信息诊断[M].北京：国防工业出版社,2005.

[77] 高本庆.椭圆函数及其应用[M].北京：国防工业出版社.1991

[78] 张芳.混沌振子多进制调制解调技术研究[D].哈尔滨：哈尔滨工程大学工学,2011.

[79] 李星渊.基于 Hamilton 振子的混沌四进制数字通信系统设计及其仿真研究[D].哈尔滨:哈尔滨工程大学,2016.

[80] 付永庆,张芳,张林,等.一种混沌多进制数字调制方法:201010197230.3[P].2013－03－20.

[81] 禹思敏.混沌系统与混沌电路:原理、设计及其在通信中的应用[M].西安:西安电子科技大学出版社,2011.

[82] LIU C X, YI JIE, WEI H, et al. Research on Jerk Visual Model simulation and Control Based on Simulink[C],Proceedings of ICCTA2011：Beijing,China,14－16 october 2011：1005－1008.

[83] 陈邦媛.射频通信电路[M].北京:科学出版社,2006.

[84] 刘长军,黄卡玛,闫丽萍.射频通信电路设计[M].北京：科学出版社,2005.

[85] 樊昌信,曹丽娜.通信原理[M].6版.北京:国防工业出版社,2013.

[86] 付永庆,张林,吴冬梅,等.Duffing 振子相图图案域分割检测方法:200710071895.8[P].2009－5－13.

[87] FU Y Q, WU D M, ZHANG L, et al. A Circular Zone Partition Method for Identifying Duffing Oscillator State Transition and Its Application to BPSK Signal demodulation[J]. SCIENCE CHINA Information Sciences,2011,54(6)：1274－1282.

[88] FU Y, LI Y, ZHANG L,et al. The DPSK signal noncoherent demodulation receiver based on the duffing oscillators array[J]. International Journal of Bifurcation & Chaos,2016(13)：1274－1282.

[89] LI Y, FU Y . The detection property analysis of duffing oscillator to DPSK Signal[C]// 2018 14th IEEE International Conference on Signal Processing (ICSP). IEEE,2018.

[90] FU Y,LI X,LI Y,et al. Chaos M-ary modulation and demodulation method based on Hamilton Oscillator and Its application in Communication[J]. Chaos,2013,23(1):821－92.

[91] FU Y, LI X, LI Y, et al. The Design and Research of Anti-color-noise Chaos M-ary Communication System[J]. AIP Advances,2016,6(3):943－92.

[92] 沈保锁,侯春萍.现代通信原理[M].北京:国防工业出版社,2006.

[93] 高媛媛,魏以民,沈越泓.通信原理[M].3版.北京:机械工业出版社,2020.

[94] ISAEVA O B, KUZNETSOV S P, MOSEKILDE E. Hyperbolic Chaotic Attractor in Amplitude Dynamics of Coupled Self-oscillators with Periodic Parameter modulation[J]. Phys. rev. e,2011,84(2):016228.

[95] LIU Z J. Noise in dithering loops[J]. The Journal of Northwest Telecommunications Engineering Institute,1983,1：15－20.

［96］ 罗新民,薛少丽,田琛,等. 现代通信原理［M］. 北京:高等教育出版社,2017.

［97］ 邵超. 雷达发射机和接收机设计［D］. 西安:西安电子科技大学,2012.

［98］ 陈国宇. 大动态范围宽带接收机射频前端设计与实现［D］. 哈尔滨:哈尔滨工程大学,2007.

［99］ 王英英. 无线接收机射频前端电路的设计和优化［D］. 南京:南京邮电大学,2012.

［100］ LI J,SHEN Y. The study of weak signal detection using duffing oscillators Array［C］// Testing and Diagnosis,2009. ICTD 2009. IEEE Circuits and Systems International Conference on. IEEE,2009:1 - 4.

［101］ WANG G,CHEN D,LIN J,et al. The Application of Chaotic Oscillators to Weak Signal Detection［J］. IEEE Transactions on Industrial Electronics,1999,46(2):440 - 444.

［102］ NIE C,WANG H,GUO W. Detecting Method of Weak Sine Signal with Initial Phase［C］. International Conference on Electronic Measurement and Instruments,2007,3:742 - 745.

［103］ 付永庆,张林,吴东梅,等. 对待检信号相位无敏感性的同频 Duffing 振子及构建方法: 200810209736.4［P］. 2010 - 11 - 11.

［104］ 王艳伟. 基于 FPGA 的杜芬振子阵列数字接收机的研究与实现［D］. 哈尔滨:哈尔滨工程大学,2017.

［105］ 付永庆,张林,刘迪铭,等. 非相干 DPSK 通信信号混沌振子检测器及构建方法: 201110076320.1［P］. 2013 - 06 - 05.

［106］ 陈嘉丽. 四阵元宽带接收机射频前端电路设计与实现［D］. 哈尔滨:哈尔滨工程大学,2017.

［107］ 宫芳. 基于 MC3362 的 FM 接收系统［J］. 中国科技信息,2005(20):16 - 16.

［108］ FU Y,LI Y,YU L,et al. FPGA implementation for a DPSK digital receiver using duffing oscillators array［C］. Proceedings of 2018 IEEE International Conference on Mechatronics and Automation. IEEE,2018.

［109］ KADDOUM G,SOUJERI E,ARCILA C,et al. I-DCSK:An improved noncoherent communication system architecture［J］. Circuits and Systems Ⅱ:Express Briefs,IEEE Transactions on,2017,62(9):901 - 905.

［110］ 王艳伟,付永庆,肖易寒. 基于杜芬振子的常规 DPSK 信号混沌数字接收机的研究与实现［J］. 应用科技,2017(44):1 - 7.